装备科技译著出版基金

无人机系统导论

（第4版）

Introduction to UAV Systems（Fourth Edition）

［美］ Paul Gerin Fahlstrom　Thomas James Gleason　著

郭　正　王　鹏　陈清阳　鲁亚飞　译

侯中喜　审校

国防工业出版社

·北京·

著作权合同登记　图字:军－2013－006号

图书在版编目(CIP)数据

无人机系统导论:第4版 / (美)法尔斯特伦
(Fahlstrom, P. G.), (美)格里森(Gleas, T. J.)著;
郭正等译. — 北京:国防工业出版社,2020.8 重印
书名原文:Introdction to UAV systems (fourth edition)
ISBN 978 - 7 - 118 - 09970 - 6

Ⅰ. ①无…　Ⅱ. ①法…　②格…③郭…　Ⅲ. ①无人驾驶
飞机—研究　Ⅳ. ①V279

中国版本图书馆 CIP 数据核字(2015)第 059924 号

※

国防工业出版社出版发行

(北京市海淀区紫竹院南路 23 号　邮政编码 100048)
天津嘉恒印务有限公司印刷
新华书店经售

*

开本 710×1000　1/16　印张 17¾　字数 335 千字
2020 年 8 月第 4 版第 5 次印刷　印数 8501—10500 册　定价 70.00 元

(本书如有印装错误,我社负责调换)

国防书店:(010)88540777　　书店传真:(010)88540776
发行业务:(010)88540717　　发行传真:(010)88540762

序

《无人机系统导论》第四版既适用于无人机系统的初学者，又适用于已经熟悉无人机系统但想对无人机系统有全局视野、或者是精通无人机系统某一专业领域但想要深入了解与无人机系统相关的其他专业领域的读者。本书基于标准工科教科书和作者所收集整理的资料，面向高中文化程度以上读者编写。本书对于无人机领域的从业人员，不论读者是否有技术背景，都具有可读性。为了避免将本书写成涵盖广泛、无所不包的手册，全书多数方程省略了证明过程。读者如果对其中的设计与分析等技术细节感兴趣，可参见相关领域的专业书籍。

本书并非定位于一本介绍空气动力学、图像传感器或者数据链的教科书，但对以上几门学科以及其他与无人机相关学科会提供足够详细的解释说明，以展示这些学科如何支撑一个完整无人机系统的设计，并使读者理解系统总体设计的多学科之间折中权衡的特点。如此说来，本书也可以作为提供系统视角的任一专业领域的辅助性教材。

对于初学者，编者希望本书可以帮助他们了解至少一门无人机相关技术领域并向他们展示即便最简单的数学变换也能体现的总体设计过程中所不可避免的折中权衡。

对于无人机使用者或者操作员，编者希望本书可以帮助他们理解系统技术如何影响无人机任务完成方式以及可以保障完成无人机任务的各项技术。

对于涉及无人机系统设计任一学科的专家读者，编者希望帮助他们更好地理解他们的专业如何在保障整个系统成功运行中发挥不可替代的作用，以及有些事物在他们看来无关紧要而其他专业专家却颇为关注的原因。

最后，对于技术经理这类读者，编者希望本书可以帮助他们理解各子系统如何合为一体，在系统设计之初系统集成的重要性，促使他们在选择子系统设计方案时考虑集成问题，并帮助他们理解专家意见，甚至可能在研发的关键阶段提出核心问题。

本书共有六部分，第一部分包括第1、第2章。第1章是关于无人机的历史简介与总览。第2章介绍了无人机的分类与任务。

第二部分包括第3～第7章，涵盖飞行器设计的多个专题，具体包括基础空气动力学，飞行器性能、稳定性与控制，推进与负载，结构与材料。

第三部分包括第 8、第 9 章。其中第 8 章讨论了任务规划和控制函数,第 9 章讨论了操作控制。

第四部分包括第 10 ~ 第 12 章,涉及飞行器载荷。第 10 章讨论了通用载荷、侦察与监视传感器。第 11 章讨论了武器载荷,武器载荷自从 10 年前被引入便一直备受关注。第 12 章讨论一些无人机可能搭载的其他类型载荷。

第五部分包括第 13 ~ 第 16 章,涵盖数据链与通信子系统。通信子系统用于建立飞行器与地面站之间的通信连接,下传飞行器载荷所收集的数据至地面站。第 13 章介绍与讨论了数据链路的基本功能和属性。第 14 章列举了影响数据通信质量的各种因素,包括自然与人为干扰的影响。第 15 章展示了多种为适应有限通信带宽而减小数据通信速率的方法对无人机操作手以及系统性能所产生的影响。第 16 章总结了数据链路折中设计,数据链路折中设计是系统总体折中设计的重要组成部分。

第六部分包括第 17 ~ 第 19 章,介绍了无人机发射与回收的方法,包括传统的起飞与着陆,也包括许多有人机未采用的方法。其中第 17 章和第 18 章分别介绍了无人机发射系统与回收系统,第 19 章总结了多种发射与回收方法之间的折中权衡。

本书第一版于 1992 年出版。自本书第一版面世以来,在过去的 20 年里无人机领域发生了巨大变化。在本书第二版(1998 年出版)前言中,编者曾做出战术型无人机的发展仍面临诸多问题的结论;但在波斯尼亚维和行动中,已有无人机支持这次维和行动的迹象;甚至美国空军已经开始关注无人机,并在内部开展了无人战斗机潜在用途的讨论。在美国空军开始关注无人机之际,编者又做了以下论断:尽管无人机获得了一些关注,并在一些领域取得实质性进展,但我们仍然认为整个无人机领域还有待接受,而且无人机还没有发展成熟,尚未作为一项使用工具确立稳固的地位。

自编者做出这一论断的 14 年来,情势已大不相同:无人机在军事领域已得到广泛应用;无人战斗机已经部署于战场,高调亮相,频频出现在新闻报道之中;无人作战系统正成为下一代战斗机与轰炸机的有力竞争者。

然而受阻于无人机如何在通用空域中与有人机互不干扰的实际问题,无人机在民用领域的发展仍然滞后。无人机在军事领域的成功应用将有力推动这一问题的解决,促使无人机在非军事领域扮演重要角色。

本书第四版经过大量修改。编者希望这些修改会使本书更加清晰易懂。本次修改加入了无人机领域近 10 年来日益重要的内容,如电推进、武器载荷和赋予无人机系统不同程度的自主性。本次修改还修订了与事件更新有关的多处细节,而且保证了所有章节在介绍新术语、新概念和过去 14 年间出现的无人机系统的时效性。另一方面,构建无人机系统的基础子系统并未发生显著变化,而且从本书的层面而言,无人机系统的基础问题和主要原理自从本书第一版面世以来一直未曾改变。

　　本书的编者们在参加"红队"时结识。"红队"是在一个早期无人机项目中致力于诊断与解决重要问题的组织。针对出现的问题所得到的诊断往往表明:在系统设计环节,"系统工程"远未实现,很多子系统并未有效整合达到预定的系统级指标。本书的编者们有这样一个愿望,至少要记录一些亲历的"经验教训",希望能对读者在未来设计无人机系统时有所借鉴。

　　我们相信本书所呈现的大多数"经验教训"具有通用性,这些"经验教训"在今天与它们在若干年前被发现时同样适用。我们同时希望本书可以帮助未来的无人机系统设计者直接运用这些"经验教训",从而避免付出不必要的代价。

Paul G. Fahlstrom

Thomas J. Gleason

2012 年 1 月

"凯特灵虫子"无人机(图片由"荷兰人"Norman C. Heilman 提供)

致　谢

我们诚挚地感谢卓达宇航的分部(Division of Zodiac Aerospace),工程拦阻系统公司(Engineering Arresting System Corporation,ESCO)(阿斯顿,宾夕法尼亚州),以及通用原子航空系统有限公司(General Atomics Aeronautical Systems, Inc.),他们提供了关于各自研制的飞行器及相关设备的图片、图表和其他信息。

联合无人机计划办公室(The Joint UAV Program Office)(帕图森河海军航空基地,马里兰州)、美国陆军航空和导弹司令部(US Army Aviation and Missile Command)(亨茨维尔,阿拉巴马州)也都在本书第一版的筹备中提供了综合素材。

我们特别感谢 Robert Veazey 先生,他在 ESCO 公司任职期间提供了发射和回收系统的素材和草稿。一并感谢 Tom Murley 先生(曾在里尔航电(Lear Astronics)效力)和 Bob Sherman 先生,他们严格地审阅了书稿并给出了建设性意见。我们还要感谢 Geoffrey Davis 先生,他仔细阅读了第四版书稿,并在文风和语法方面给出了很多有益的建议。

我们还要感谢 Eric Willner 先生,作为 John Wiley and Sons 出版机构的执行编辑,他最早建议 Wiley 出版社出版本书新的修订版,并在实现新版出版的细节工作过程中对我们表现出极大的耐心。随后,Elizabeth Wingett 女士,John Wiley and Sons 出版机构的项目编辑,为我们提供了书稿筹备方面的指导。

缩略词表

AC	alternating current	交流电
ADT	air data terminal	航空资料终端
AJ	Antijam	抗干扰
AR	aspect ratio	展弦比
ARM	antiradiation munition	反辐射弹药
AV	air vehicle	飞行器
BD	bi – directional	双向的
CARS	Common Automatic Recovery System	通用自动回收系统
CCD	charge – coupled device	电荷耦合装置
CG	center of gravity	重心
CLRS	central launch and recovery section	中央发射和回收科
CP	center of pressure	压心
COMINT	communication intelligence	通信情报
C rate	charge/discharge rate	充放电倍率
CW	continuous wave	连续波
dB	decibel	分贝
dBA	dBs relative to the lowest pressure difference that is audible to a person	相对于人耳可辨最低压差的分贝数
dBmV	dBs relative to 1 mV	相对于 1mV 的分贝数
dBsm	dB relative to 1 square meter	相对于 $1m^2$ 的分贝数
DF	direction finding	定向
ECCM	electronic counter – countermeasures	电子反对抗
ECM	electronic countermeasure	电子对抗
ELINT	electronic intelligence	电子情报

EMI	electromagnetic interference	电磁干扰
ERP	effective radiated power	有效辐射功率
ESM	electronic support measure	电子支援措施
EW	electronic warfare	电子战
FCS	forward control section	前方控制科
FLIR	forward – looking infrared	前视红外(探测系统)
FLOT	Forward Line of Own Troops	己方部队前沿
FOV	field of view	视场
Fps	frames per second	每秒帧数(帧频)
FSED	Full Scale Engineering Development	全尺寸工程研制
GCS	ground control station	地面控制站
GDT	ground data terminal	地面数据终端
GPS	global positioning system	全球定位系统
GSE	ground support equipment	地面保障设备
Gyro	gyroscope	陀螺仪
HELLFIRE	helicopter launched fire and forget missile	直升机载发射后不管导弹(如"地狱火"导弹,"海尔法"导弹)
HERO	Hazards of Electromagnetic Radiation to Ordnance	电磁辐射对武器的危害
HMMWV	High Mobility Multipurpose Wheeled Vehicle	高机动多用途轮式车辆
I	intrinsic	固有的
IAI	Israeli Aircraft Industries	以色列飞机制造工业
IFF	identification friend or foe	敌我识别
IMC	Image Motion Compensation	图像移动补偿
IR	infrared	红外
ISO	International Organization for Standardization	国际标准化组织
JATO	Jet Assisted Take – Off	喷气助推起飞
JII	Joint Integration Interface	联合集成界面

JPO	joint project office	联合项目办公室
JSTARS	Joint Surveillance Target Attack Radar System	联合目标监视攻击雷达系统
LAN	local area network	局域网
Li – ion	lithium ion	锂离子
Li – poly	lithium polymer	锂聚合物
LOS	line of sight	视线
LPI	low – probability of intercept	低截获概率
MARS	mid – air recovery system	空中吊挂回收
MART	Mini Avion de Reconnaissance Telepilot	"玛尔特"无人机(法国)
MET	meteorological	气象的
MICNS	Modular Integrated Communication and Navigation System	模块化综合通信导航系统
MPCS	mission planning and control station	任务规划控制站
MRC	minimum resolvable contrast	最小可分辨对比度
MRDT	minimum resolvable delta in temperature	最小可分辨温差
MRT	minimum resolvable temperature	最低可分辨温度
MTF	modulation transfer function	调制传递函数
MTI	Moving Target Indicator	移动目标指示器
N	negative	负的
NASA	National Aeronautics and Space Administration	美国航空航天局
NDI	nondevelopmental item	不发展的项目
NiCd	nickel cadmium	镍镉
NiMH	nickel metal hydride	镍氢
OSI	Open System Interconnection	开放系统互连
OT	operational test	操作测试
P	positive	正的
PGM	precision guided munition	精确制导武器(弹药)
PIN	positive intrinsic negative	P 型 – 本征 – N 型

PLSS	Precision Location and Strike System	精确定位打击系统
RAM	radar – absorbing material	雷达波吸收材料
RAP	radar – absorbing paint	雷达波吸收涂料
RATO	rocket assisted takeoff	火箭助推起飞
RF	radio frequency	无线电频率(射频)
RGT	remote ground terminal	远程地面终端
RMS	root mean square	均方根
RPG	rocket propelled grenade	火箭推进榴弹
RPM	revolutions per minute	每分钟转数
RPV	remotely piloted vehicle	遥控飞行器
SAR	synthetic aperture radar	合成孔径雷达
SEAD	Suppression of Enemy Air Defense	压制敌方防空
shp	shaft horsepower	轴马力
SIGINT	signal intelligence	信号情报
SLAR	side – looking airborne radar	机载侧视雷达
SOTAS	Stand – Off Target Acquisition System	机载目标捕获系统
SPARS	Ship Pioneer Arresting System	"先锋"无人机舰上回收系统
TADARS	Target Acquisition/Designation and Aerial Reconnaissance System	目标捕获／锁定和空中侦察系统
TUAV	tactical UAV	战术无人机
UAS	unmanned aerial system	无人飞行器系统
UAV	unmanned aerial vehicle	无人机
UCAV	unmanned combat aerial vehicle	无人战斗机
UD	unidirectional	单向的
VTOL	vertical takeoff and landing	垂直起降

目　录

第一部分　导　论

第二部分　飞行器

第三部分　任务规划和控制

第四部分　有效载荷

第五部分　数据链

第六部分 发射和回收

第一部分 导 论

本部分给出了无人机系统(unmanned aerial vehicle systems,UAV systems 或 unmanned aerial systems,UAS)技术的一般介绍和背景知识。

第 1 章首先简短叙述了无人机的发展史,然后区分并描述了一般无人机系统中主要分系统的功能,最后,介绍了一个重要无人机开发计划的简要历程,尽管该型无人机最终没能形成装备,但其许多分系统都分别获得了较大成功,总结该计划的经验教训,强调了理解分系统内在联系和相互作用的重要性,以及从完整系统的层面考虑潜在的系统性能需求的重要性。引用这个实例就是为了强调在"无人机系统"中"系统"一词的重要性。

第 2 章给出了目前或曾经应用的无人机系统调查综述,并讨论了根据尺寸、航时、任务等指标对无人机系统进行分类的多种分类方式。无人机技术在航空工程领域经历了多年的边缘化后正逐渐成为主流部分,由于许多无人机分系统技术正在迅速发展,因此本章提供的信息也将逐渐显得过时。尽管如此,为了在后续章节中引入关于设计和系统集成问题的讨论,知晓一些对无人机系统多样化概念和类型的观点和看法是必不可少的。

第1章 历史和概述

1.1 概　述

本章1.2节回顾了从最早期的、最原始的"飞行物"到最近10年间各个事件的无人机系统发展史,最近10年被认为是无人机系统发展的关键时期。

1.3节介绍了构成完整无人机系统的分系统,为后续论述完整无人机系统中各种分系统技术构建了总体框架。飞行器本身就是一个包含结构、空气动力部件(翼面和控制面)、推进系统以及控制系统的复杂系统。在此基础上,完整无人机系统还包括传感器和各种载荷、通信组件以及发射/回收分系统。

1.4节通过讲述一个具有告诫意义的故事来说明为什么要从整体角度考虑无人机系统,而不是仅仅关注单个分系统或组成部分。这个故事是关于在1975—1985年间发展的一型无人机系统,以系统的观点来看,这个计划可能是无人机界到目前为止付诸实施的对于系统完整性的最为雄心勃勃的尝试。该系统以完全自我完备的模式包含了无人机系统所有关键组成部分,所有部分都从零开始设计直到形成一个协同工作的轻便系统,除了一块较小的开放场地用于布设弹射器和回收网系统外,不需要其他当地基础设施。这个系统被称为"天鹰座"(Aquila)遥控飞行器系统,经历了大约10年的开发和测试,耗费经费近10亿美元。"天鹰座"无人机系统最终能够满足大部分使用需求,但同时也证明了该系统十分昂贵,其运输需要一个由5t卡车组成的大型车队。最重要的是,该系统不能完全满足在研制过程所经历的那个10年间不断提出的一些不切实际的期望指标。该系统没有投入生产,也没有装备部队。然而,它却是作者所知道的唯一试图做到自我完备的无人机系统,这种努力推动了成本和复杂度的增长,最终导致该系统被放弃并被成本低廉、地面保障简单、功能够用的无人机系统取代,这一必然结果及其经验教训值得很好地总结学习。

1.2 发 展 史

1.2.1 早期发展史

贯穿无人机系统的发展史,军事应用总是在起推动作用,在很多技术领域都具有类似的发展趋势,一旦完成在军事斗争领域的开发和测试,非军事应用就会紧随而来。

可能有人会说,史前时期的穴居野人投掷的石块或 13 世纪中国人发射的火箭是最早的无人机。这些"飞行物"只有很少甚至没有控制并且基本上沿弹道轨迹飞行。如果我们将飞行器限制在能够产生气动升力,并且/或者拥有少量控制的范畴,那么风筝或许更符合第一种无人机的定义。

1883 年,英国人道格拉斯·阿奇博尔德(Douglas Archibald)将一台风速计系在风筝线上,在直至 1200ft 的高度上测量了风速。阿奇博尔德先生在 1887 年又将照相机系在风筝上,构成了世界上最早的侦察无人机之一。威廉·埃迪(William Eddy)在美西战争期间使用风筝平台拍摄了几百张照片,这可能是无人机在战争中最早的应用之一。

然而,直到第一次世界大战,无人机才成为被普遍认可的系统。查尔斯·凯特灵(Charles Kettering)(因通用汽车而闻名)为陆军通信兵开发了一种双翼无人机。该无人机开发耗时 3 年,被称为"凯特灵空投鱼雷",不过其最为人熟知的名字是"凯特灵虫子"或干脆简称为"虫子"。"虫子"无人机能够携带 180lb 高爆炸药以 55mile/h 的速度飞行 40min。其飞行器由程序控制导引向目标飞行,当飞临目标上空时抛掉可分离机翼从而使机身像炸弹一样直冲地面。无独有偶,在 1917 年,劳伦斯·斯佩里(Lawrence Sperry)为海军开发了一种无人机,与凯特灵的无人机类似,被称为"斯佩里—柯蒂斯(Sperry – Curtis)空投鱼雷"。该无人机从斯佩里长岛飞行场飞出,完成了几次成功的飞行,但没有在战争中应用。

我们常听说的无人机早期发展,往往是一些先行者们开发了早期飞机,而另一些先行者们在发明、发展系统重要组成部分方面起到了重要作用。阿奇博尔德·蒙哥马利·洛(Archibald Montgomery Low)开发了数据链就是一个例子。洛教授,1888 年生于英格兰,被认为是"无线电制导系统之父"。他开发了最早的无人机数据链并解决了发动机导致的干扰问题。尽管他的第一架无人机坠毁了,但他在 1924 年 9 月 3 日完成了世界上第一次成功的无线电控制飞行。他是一位多产的作家和发明家,逝世于 1956 年。

1933 年,英国人在舰船平台上采用遥控方式试飞了三架重新翻新的"费利王后"(Fairey Queen)双翼机。其中两架飞机坠毁,第三架飞行成功,这使得英国因此成为第一个全面意识到无人机实用价值的国家,特别是在他们决定使用一架无人机作为靶标又没有能够将其击落这一事件之后,上述观点更加令人信服。

在 1937 年,另一名英国人,雷金纳德·利·丹尼(Reginald Leigh Denny),与两名美国人,沃尔特·赖特和肯尼思·凯斯(Walter Righter 和 Kenneth Case),开发了系列无人机 RP - 1、RP - 2、RP - 3 和 RP - 4。他们在 1939 年成立了无线电飞机公司,该公司后来成为诺斯罗普 - 文图拉(Northrop – Ventura)分部的一部分。无线电飞机公司在第二次世界大战期间制造了数以千计的靶机。(玛丽莲·梦露曾是他们的早期装配工之一,她当时的名字为 Norma Jean Daugherty。)尽管在第二次世界大战后期的几年间德国人使用了自杀攻击无人机(V-1 和 V-2),但直到越南战争时期无人机才被成功地用于侦察作战。

1.2.2 越南战争

越南战争期间,无人机在战场上得到广泛应用,但仅仅用于侦察任务。无人机通常是从 C-130 运输机上空中发射、降落伞回收。这些无人机被称为"纵深侵入者",是从现有的靶机基础上发展而来的。

无人机在东南亚战场投入军事行动的推动力来自于古巴导弹危机,当时研发了无人机用于侦察目的,但由于在其具备实用能力之前危机结束而没有付诸应用。当时最早的研制合同之一是瑞安(Ryan)于 1962 年与空军签订的,即 147A,旨在基于瑞安"火蜂"靶机(延长放大版)研发无人飞行器,这些无人飞行器被称为"萤火虫"。尽管"萤火虫"在古巴导弹危机期间并不具备实用能力,它们却为在越南战争中大显身手搭好了舞台。诺斯罗普(Northrop)公司也改进了他们的早期设计,将那些基本上属于航模的飞机改为喷气推进的"纵深侵入者",不过公司的主要业务仍侧重于靶机研制。瑞安"萤火虫"成为在东南亚使用的主要无人机。

越战期间无人机总共飞行 3435 架次,其中大多数架次(2873 架次,接近 84%)成功回收。有一架"雄猫"(TOMCAT)无人机,在失踪之前成功完成了 68 次任务。另一架无人机完成了它所执行的低空、实时图像获取任务的 97.3%。到 1972 年越南战争结束,无人飞行器的任务成功率为 90%[1]。

1.2.3 战后复兴

越南战争结束后,人们对无人机的整体关注度日渐减少,一直到 1982 年以色列在贝卡谷地清除了叙利亚防空系统,无人机才再次引起人们注意,这次行动使用了无人机进行侦察、干扰和诱饵欺骗。实际上,以色列无人机在技术上并不像人们认为的那样成功,很多作战行动的成功是由意外因素促成的而并非依靠技术的先进性。当时的飞行器基本谈不上可靠性并且不能在夜间飞行,数据链路传输还与有人驾驶战斗机的通信相干扰。然而,他们证明了无人机的确能够在实战环境下完成有价值的实时战场服务。

1971 年 8 月,国防科学委员会(Defense Science Board)建议为炮兵部队研制小型目标定位和激光指示遥控飞行器(mini-RPV),美国再次开始无人机研究工作。1974 年 2 月,陆军装备司令部(Army's Materiel Command)成立了遥控飞行器(RPV)武器系统管理办公室,同年底(12 月份)将一份"系统技术验证"合同授予了洛克希德飞机公司,其中飞行器部分分包给了发展科学有限公司(Developmental

Sciences Incorporated)(后来的发展科学中心 DSC,里尔航电,安大略市,加利福尼亚)。起飞弹射器由全美工程公司(All American Engineering)(后来的 ESCO – Datron)制造,回收网系统由当时的西德的道尼尔(Dornier)公司研制。这个项目总共有 10 个承包商投标竞争。最后演示验证获得圆满成功,证明了总体概念设计是可行的。这套系统由陆军部队人员操作飞行,积累了超过 300 小时的飞行时数。

1978 年 9 月,所谓的目标捕获/锁定和空中侦察系统(TADARS)操作使用性能需求(ROC)获得了批准,大约一年后,在 1979 年 8 月,为期 43 个月的全尺寸工程研制(FSED)合同授予洛克希德公司单独承担。该系统命名为"天鹰座",关于它的更详细论述将在本章最后给出。出于多方面的原因和问题,"天鹰座"系统的开发延续了很多年却始终没有形成装备,这些问题为无人机系统研发者提供了重要的经验教训。

1984 年,一方面由于需求紧迫,另一方面由于陆军希望为"天鹰座"引入一些竞争,陆军启动了一项名为"灰狼"(Gray Wolf)的计划,该计划第一次针对无人机在能够称得上"实战条件"的环境下,验证了几百小时的夜间作战应用。这个计划,目前仍有部分未解密,因为资金不足而终止。

1.2.4 联合开发

1985 年,美国海军和海军陆战队通过采购马扎拉特/以色列飞机工业公司(IAI)和 AAI 公司联合研制的"先锋"无人机系统涉足无人机领域,该系统经受了相当多的发展初期困难,但仍然在服役。然而,到此时国会却失去了耐心,要求成立一个联合项目办公室(JPO),以便使各军种之间的通用性和互用协同性达到最大化。JPO 在海军部的行政管辖下行使职能。这个办公室建立了一个总体规划,不仅为各军种所需的每一种系统定义了任务,而且还描述了希望拥有的技术特征。这个规划的一些纲要将在第 2 章"无人机系统分类"一节中讨论。

美国空军最初并不情愿接受无人机系统,尽管他们拥有丰富的无人驾驶靶机的使用经验。然而,这种态度在 20 世纪 90 年代发生了明显的变化,空军不仅在针对多种用途开发和应用无人机方面表现十分积极,而且还成为美国军方四个军种中试图控制所有无人机项目及投资最活跃的一方。

1.2.5 沙漠风暴

科威特/伊拉克战争给了军事谋略家们一个在战役条件下应用无人机的机会。他们发现无人机是一笔非常值得拥有的财富,尽管那时的系统所具备的性能在很多方面还达不到令人满意的程度。在军事行动中使用了五种无人机系统:①美军的"先锋"无人机系统;②美军的"敢死蜂"(Ex – Drone,BQM – 147A)无人机系统;③美军的指针无人机系统;④法国军队的"玛尔特"(Mini Avion de Reconnaissance

Telepilot，MART)无人机系统；⑤英国军队的 Cl 89 无人机系统(原著此处误称其为无人直升机,译者注)。

虽然有很多关于无人机伟大成就的轶闻趣事和描述被广为传颂,但实际上无人机在此次战争中并没有起到决定性的或者说关键的作用。例如,从一篇1991年11月发表于海军论文集的论文[2]获悉,在地面进攻作战中,海军陆战队就没有朝无人机获取的单个目标开过火。然而,此次无人机参战所真正实现的,是军事界思维上的觉醒,认识到了"什么才是本应能做到的"。无人机是一种潜在的关键武器系统,这是在"沙漠风暴"行动中所学到的,正是这一收获保证了无人机的持续发展。

1.2.6 波斯尼亚

在波黑战争中,北约无人机执行的是监视或侦察任务。在1995年北约针对波斯尼亚—塞尔维亚军事设施的空袭过后,无人机成功地完成了轰炸毁伤效果评估。航拍的照片上清晰显示出了塞尔维亚坦克和炸弹损毁的建筑物。由于有夜幕的掩护,夜间侦察具有特别的重要性,大多数隐秘行动都是在夜间开展。"捕食者"是在波斯尼亚使用的主要无人机,它们从匈牙利的一个空军基地起飞执行任务。

1.2.7 阿富汗和伊拉克

伊拉克战争使无人机的地位从寻求支持和任务的潜在的关键武器系统,转变为对于四个军种的行动发挥很多重要核心作用的真正关键武器系统,这本是无人机应有的地位。在战争初期,无人机仍处于开发过程中,仍带有一些问题,但是很多试验性无人机在"伊拉克自由行动"中被付诸应用。"全球鹰"无人机在第一年中的应用卓有成效,尽管它当时还处在研发的早期阶段。"先锋""影子""猎人"和"指针"等无人机也被广泛使用。

海军陆战队在费卢杰的战斗中使用"先锋"无人机执行了几百次任务飞行,定位和标记目标并跟踪敌反抗部队。这些无人机在夜间尤其有效,甚至被推崇为那场战役中的决定性武器之一。

"捕食者"无人机的武装型、类似"龙眼"无人机的微型无人机,以及更宽范畴的其他无人机系统被用于阿富汗和伊拉克战场,证明了无人机的军事价值。

1.3　无人机系统概述

除导弹外,不带有机载飞行员的飞行器有三种:无人机(UAV)、遥控飞行器(RPV)和无人靶机。当然,所有上述飞行器都是无人驾驶的,因此"无人机"或UAV这个名称可以认为是一个一般化的称谓。有些人将遥控飞行器(RPV)和无人机(UAV)的称谓互换使用,但如果追求语言纯正,"遥控飞行器"是从一个远程位置驾驶或操纵(控制)的,因此遥控飞行器(RPV)一定是无人机(UAV),但无人机(UAV)可执行自主的或预设程序的任务,则不一定是遥控飞行器(RPV)。

在过去,这些飞机都被称为"drone",即"通过无线电信号控制的无人驾驶飞机",这是韦氏大词典的解释。今天,无人机的研发和用户群体不再使用"drone"这个词了,除非用来描述那些灵活性有限,只为完成技术成熟的任务,并且始终以一种简单、平常、缺少变化的方式飞行的飞行器,例如靶机。但新闻媒体和一般公众并没有受到影响,他们仍使用"drone"这个词作为无人机的一种方便的、一般称谓,哪怕在技术层面上不太准确。于是,在早报或晚间新闻上,即使是拥有大量半自主功能的最精密复杂的飞行器都可能被冠以"drone"的标题。

无人机无论是由人工控制还是由预设程序的导航系统控制,都不必且不应该认为它一定要由有驾驶技巧的某个人来控制飞行。军用无人机一般拥有自动驾驶仪和导航系统,可以自动保持姿态、高度和地面航迹。

人工控制一般是指通过使用地面控制站上的开关、操纵杆或某种指向装置(鼠标或轨迹球)人工调整航向、高度、速度等状态来控制无人机的位置,而由自动驾驶仪来稳定飞行器并承担进入理想航线后的控制。各种各样的导航系统(全球定位系统(GPS),无线电,惯导)可以用来实现预设程序的任务,这些系统可以具有人工超越控制功能,也可以不具有该功能。

就最简系统而言,一个典型的无人机系统由飞行器、一个或多个地面控制站(GCS)和/或任务规划控制站(MPCS)、有效载荷和数据链组成。另外,很多无人机系统包括发射/回收子系统、飞行器运载器以及其他地面操作和维护设备。图1.1 表示出了一个简单的一般无人机系统构成。

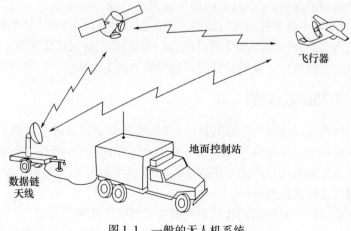

图 1.1　一般的无人机系统

1.3.1　飞行器

飞行器是无人机系统中在空中飞行的部分,包括机体结构、推进装置、飞行控制和电力系统。飞行数据终端安装在飞行器上,是通信数据链路的机载部分。有效载荷也安装在飞行器上,但它是一个独立的子系统,通常情况下易于在不同飞行器间互换使用,并且是为完成一项或多项具体任务而特别设计的。飞行器可以是固定翼飞机、旋翼类飞机或涵道风扇。轻于空气的飞行器归为无人机范畴也是适宜的。

1.3.2　任务规划和控制地面站

任务规划和控制站(MPCS),也被称为地面控制站(GCS),是无人机系统的操作控制中心,从飞行器上传来的视频、命令和遥测数据在这里处理和显示。这些数据通常是通过一个地面终端,也就是数据链的地面部分来中继。MPCS 方舱包含一个任务规划设备、控制和显示操作台、视频和遥测设备、计算机和信号处理模组、地面数据终端、通信设备、环境控制和生存防护装备。

MPCS 也可以充当指挥人员,例如任务指挥官的战地指挥所,他们执行任务规划,从所归属的指挥部接受任务部署,并将获取的数据和信息报告给诸如武器射击指挥、情报或指挥控制等合适的单位。地面站通常为飞行器和任务载荷的操作手都提供了位置,以便完成监视和任务执行控制功能。

在一些小型无人机系统中,地面控制站装在一个能够置于背包内随身携带的箱子里,并能在地面上设置,其组成部分差不多就是一个遥控和某种显示设备,并可能通过嵌入式微处理器增强或内置于一台加固型笔记本电脑中。

另一个极端情况是,一些地面站位于远离飞行器飞行区域上千英里的永久性建筑内,利用卫星中继保持与飞行器的通信。在这种情况下,操作手的控制台可能位于一栋大型建筑的一个内部房间,与屋顶上的圆盘卫星天线相连接。

一个典型的战地任务规划和控制站剖视图如图 1.2 所示。

1.3.3　发射和回收装置

发射和回收可以通过一系列的技术,包括使用设施完备的场地常规起降和使用旋翼或风扇系统垂直降落等来实现。使用火工品助推(火箭)或气/液组合机构的弹射装置也是发射飞行器的常用方法。一些小型无人机采用手掷发射,基本上像玩具滑翔机一样被抛到空中。

在狭小空间中一般采用回收网和拦阻装置捕获固定翼飞行器。在小面积区域采用降落伞和翼伞着陆实现定点回收。旋翼型或升力风扇驱动型飞行器的一个优势是通常不需要复杂精巧的发射和回收设备。然而,如果在俯仰摇摆的舰船甲板

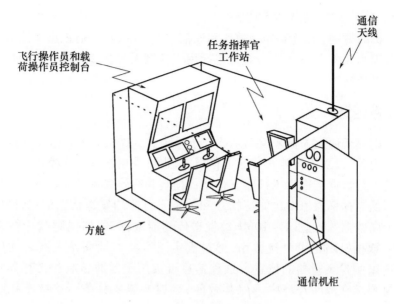

飞行操作员和载荷操作员控制台

任务指挥官工作站

通信天线

方舱

通信机柜

图 1.2　任务规划和控制地面站

上操作,即便是旋翼飞行器,在舰船的运动不是很微小的情况下,也需要下拉固定设备助降。

1.3.4　有效载荷

携带有效载荷是拥有和使用无人机系统的根本原因,有效载荷通常是无人机最为昂贵的子系统。有效载荷通常包括可见光类型或夜视类型(像增强器或热红外)的视频摄像机,用于侦察和监视任务。在过去,胶片相机被广泛用于无人机系统,但今天已大量地被电子图像采集和存储设备取代,这种转变在所有应用视频图像的领域也同样发生了。

如果需要进行目标指示,成像装置中会加入激光器,导致成本急剧增加。雷达传感器通常采用移动目标指示器(MTI)和/或合成孔径雷达(SAR)技术,也是无人机执行侦察任务的重要有效载荷形式。有效载荷的另一大门类是电子战(EW)系统,它们包括全谱段信号情报(SIGINT)和干扰机设备。其他传感器,例如气象和化学探测装置也已被用作无人机有效载荷。

武装型无人机携带可射击、可投放或可发射的武器系统。"自杀型"无人机携带炸药或其他类型的战斗部撞击目标。可见,在无人机、巡航导弹和其他类型的导弹之间有一个显著的重叠部分,关于这一点在本书的其他章节也有论述。导弹是有意在飞行末段自毁的一次性系统,其设计问题不同于可重复使用的无人机系统,本书专注于可重复使用的系统,当然,很多关于可重复使用系统的论述也同样适用于可损耗型(一次性)无人机系统。

无人机的另一个用途是作为数据和通信中继平台,扩展通视型无线电射频系统覆盖范围和距离,这些射频系统也包括用于控制无人机和向无人机用户回传数据的数据链系统。

1.3.5　数据链

数据链对任何无人机来说都是关键子系统。数据链为无人机系统提供了双向通信能力,可以采用按需求开通工作模式,也可采用连续工作模式。数据率为几千赫的上行数据链提供飞行器飞行路径控制和有效载荷指令。下行数据链提供了一个低数据率通道发送应答指令和关于飞行器的发送状态信息,同时还提供了一个高数据率通道(1~10MHz)发送传感器数据,例如视频载荷数据和雷达数据。数据链路也可以被调用,通过确定飞行器与地面站天线之间的方位角和距离来测量飞行器的位置。这种信息可被用于辅助导航和飞行器精确定位。如果要求在战斗环境中确保其效能,数据链需要具备一些抗干扰和抗欺骗能力。

地面数据终端通常是一种微波电子系统及其天线,为 MPCS 与飞行器之间提供视距通信,或有时通过卫星或其他设备的中继通信。地面数据终端可以与 MPCS 共用方舱,也可以远离 MPCS 方舱设置。对于远离 MPCS 方舱的情况,地面数据终端通常采用有线形式(通常采用光缆)与 MPCS 连接。地面终端发送导航和载荷指令并接收飞行状态信息(高度,速度,航向,等等)以及任务载荷传感器数据(视频图像,目标距离,方位线,等等)。

空中数据终端是数据链的机载部分,包括发送视频和飞行器数据的发射机和天线以及接收地面指令的接收机。

1.3.6　地面保障设备

由于无人机系统是一个精密电子和复杂机械系统,因此地面保障设备(GSE)越来越重要。GSE 可能包括:测试和维护设备,备件和损耗件供应,特定飞行器所需的燃料供应和任何形式的燃料加注设备,对于非便携式或无起落架滑行能力飞行器的地面转运/搬运设备,以及为所有其他保障设备供电的发电机。

如果无人机地面系统希望具有地面机动能力,而不是位于建筑物内的固定地面站,那么 GSE 就必须包括运输上述所有器材的能力,同时还要能够运输备用飞行器和地勤人员,包括用于他们的工作和生活的方舱、食品、服装和其他个人装备。

可以看出,一个完全自我完备的、机动的无人机系统需要大量保障设备以及各种类型的卡车。即便是设计为三四人可搬运的飞行器,情形也是如此。

1.4 "天鹰座"无人机系统

命名为"天鹰座"的美国无人机系统是对完整集成系统的唯一的早期发展实例。这是最早规划和设计有独特的发射、回收和战术操作单元的无人机系统之一。"天鹰座"是包含前文所述一般系统的所有组件的无人机系统实例。它也是一个很好的案例,告诉我们为什么要考虑无人机的各个组成部分如何组成一个整体、协同工作进而推高系统的成本、复杂度和后勤保障成本,为什么这种考虑是至关重要的。关于"天鹰座"的故事在这里给出简要讨论。贯穿本书始终,我们将用"天鹰座"计划中以高昂代价换来的教训来阐明一些问题,这些问题对于从事无人机系统技术需求制定以及从事系统设计和集成以满足这些技术需求的人员来说仍然是十分重要的。

1971 年,也就是距以色列在贝卡谷地获得成功十多年前,美国陆军曾成功推出了一个验证无人机计划,并将其扩展为包含一种高科技传感器和数据链的系统。这些传感器和数据链技术在探测、通信和控制能力上开辟了新天地。这个计划在1978 年进展到正式开发阶段,制定了一份 43 个月的进度表以期研制就绪待产的系统。由于过于复杂的模块化综合通信导航系统(MICNS)的数据链遭遇了难关并延期,该计划被迫延长到 52 个月。然后,军方完全终止了该计划,其原因工业部门并不知晓。随后(大约在 1982 年),该计划又被国会重新启动,但代价是该计划周期延伸为 70 个月。从那时起,一切都开始走下坡路。

1985 年,为评估该系统而成立的一个"红色"小组得出结论,该系统不仅没有演示出继续发展为产品的必要的成熟度,在系统工程上也未能正确考虑和解决在数据链、控制系统和有效载荷集成中的缺陷,导致系统可能根本不工作。经过政府和承包商两年多的集中力量攻关,很多问题得到了解决,但尽管如此该系统仍未能演示验证在操作测试(OT)第二阶段所需的全部能力,因此该系统从未投入生产。

在"天鹰座"计划中得到的教训,对于任何从事无人机系统使用需求制定、设计或集成的人员来说仍然是很重要的。这些教训在本书讲述侦察和监视载荷及数据链的章节中还要特别提到,原因是"天鹰座"的系统级问题在很大程度上存在于对子系统的理解方面,以及对它们之间如何相互作用、与系统外界之间如何相互作用、与潜在的基本过程比如连接地面控制器和飞行器的控制回路及其子系统之间如何相互作用的理解方面。

1.4.1 "天鹰座"任务需求

"天鹰座"系统的设计用途是在地面支援部队的视距范围外实时获取目标和作战信息。在任何一次任务中,"天鹰座"无人机系统都要能够执行空中目标捕获和定位、为精确制导弹药(PGM)进行激光指示、目标毁伤效果评估以及战场侦察(白天或晚上)。这是一项相当精细复杂的技术要求。

要实现这种技术要求,一个"天鹰座"无人机营需要 95 个人、25 辆 5t 卡车、9 辆小型卡车,以及很多辆拖车和其他设备,需要 C-5 运输机几个架次飞行来完成空运部署。所有这些装备支持操作和控制 13 架"天鹰座"飞行器。在战术运用上使用了一个中央发射和回收科(CLRS)的概念,在这里进行发射、回收和维护作业。执行任务时飞行器向己方部队前沿(FLOT)飞行,然后任务控制移交给前方控制科(FCS),该部门主要由一个地面控制站构成,由该部门执行作战行动。地面控制站连同 FCS 原计划最终实现小型化,并由高机动多用途轮式车辆(HMMWV)运输,以提供更高的机动性并降低抵近己方部队前沿作业时的目标尺度。"天鹰座"无人机营隶属于一个陆军军。CLRS 配属于炮兵师,因为无人机营支持一个师。FCS 配属于一个机动旅。

1.4.2 "天鹰座"飞行器

"天鹰座"飞行器是一种无尾飞翼布局飞机,动力系统为后部安装的 26hp 二冲程发动机和一个推进螺旋桨。飞行器外形见图 1.3。飞行器机身长约 2m,翼展 3.9m。机体结构由环氧树脂增强凯夫拉纤维材料制造,但为了防止雷达波穿透蒙皮后在内部电子设备的方形外壳上形成向外的反射,对机体结构进行了金属化处理。飞行器总起飞重量为 265lb,能以 90~180km/h 的速度飞行,飞行高度可以达到 12000ft。

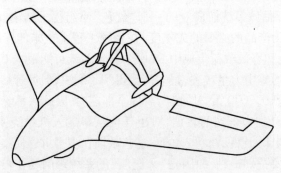

图 1.3 "天鹰座"飞行器

1.4.3 地面控制站

"天鹰座"的地面控制站包含三个控制和显示操作台、视频和遥测设备、一台计算机和信号处理器组、内部/外部通信设备、地面数据终端控制设备和生存防护装备。

12

地面控制站是任务指挥官的战地指挥所,并且为飞行器操作员、载荷操作员和任务指挥官设有控制和显示操作台。地面控制站由一台 30kW 的发电机供电。另外还有一台 30kW 的发电机作为备用。远程地面终端(RGT)通过 750m 长的光缆连接到地面控制站。远程地面终端由一个圆盘跟踪天线、发射机、接收机和其他电子设备组成,所有设备作为一个单元安装在一辆拖车上。远程地面终端以飞行状态信息、有效载荷传感器数据以及视频的形式接收飞行器下传的数据,同时向飞行器发送导航指令和任务载荷指令。远程地面终端必须与飞行器保持通视联系,并且为实现导航目的必须测量飞行器的距离和方位角,系统的整体精度取决于其安装结构的稳固性。

1.4.4　发射和回收

"天鹰座"发射系统中包含了一个初始化程序,初始化程序与远程地面终端相连,用来控制包括惯性平台初始化在内的发射过程时序。发射系统的弹射器是一个气压/液压混合系统,将飞行器以适当的空速弹射到空中。

飞行器由一套安装在一辆 5t 卡车上的阻拦网回收。阻拦网由液压驱动的折叠臂支撑,折叠臂上也设置了自动引导飞行器飞入网内的制导设备。

1.4.5　有效载荷

"天鹰座"的有效载荷是一台可见光摄像机,带有视场轴线激光器用于指示目标。一旦锁定某个目标,不论是移动的还是静止的,几乎都不会丢失。激光测距仪/指示器是与摄像机光学同轴并自动校准的。场景和特征跟踪模式为精确定位及跟踪移动和固定目标提供了视线稳定和自动跟踪功能。一种用于"天鹰座"无人机的红外夜视有效载荷也在开发之中。

1.4.6　其他装备

无人机营地面支持设备中还包括一辆飞行器操作保障卡车,该车带有一台升降起重机。这台起重机是必要的,原因并不是飞行器非常重,而是它的运输包装箱含有铅以抵抗核辐射。另外,一个维修方舱,同样是装在 5t 卡车上,用于单元级维修,也是无人机营的一部分。

1.4.7　小结

"天鹰座"系统拥有我们能想到的能称之为"完备无人机系统"的一切组件:"零长"弹射器,"零长"自动回收网,抗干扰数据链,以及带有指示器的可见光和夜视载荷。然而,这一切建立在极高的成本之上,不仅表现在资金方面,也表现在人力、车辆和装备方面。整个系统变得庞大而笨重,不易操作,这一点促使了该系统的衰落。为满足陆军赋予"天鹰座"系统的复杂的操作和设计要求,包括在核爆炸和辐射下的生存性指标水平(这是影响方舱和 RGT 安装基座尺寸、重量的一个重要因素),所有这些装备都是必需的。最终,可以确定的是,该系统的很多部件可以做得更小、更轻,并且可以安装在 HMMWV 上,而不必用 5t 卡车,但到那时,整个系统已经收到了一个坏名声,因为:

- 已经研发了超过 10 年时间;
- 非常昂贵;
- 需要大量的人力、大型机动性重型卡车车队、大规模后勤保障;
- 该系统被普遍认为是一个可靠性低劣的反面范例(由数据链、飞行器子系统和"零长"回收系统的复杂性促成的);
- 未能满足一些不切实际的操作上的期望性能,但由于系统开发人员并不理解系统的局限性,这些期望指标仍被获准设立在研制计划中。

在操作使用上最主要的不尽人意之处是,"天鹰座"不能实现对小股渗透车辆的大范围搜索,更不用说对徒步的人员了。这种不足是由于传感器视场角和分辨率的限制,以及在实现搜索能力上的系统级缺陷造成的。另外,这种不足也是部分由于未能理解以下事实造成的,即采用无人机搭载成像传感器搜索地面物体需要受过图像搜索和判读专业技术训练的人员。这些问题的根源以及通过更佳的系统级策略实现区域搜索来减弱这些问题的一些技术途径将在本书第四部分讨论成像传感器和第五部分讨论数据链时给予解决。

尽管成功地研制了很多能够单独满足它们各自技术要求的子系统和组件,"天鹰座"计划还是以失败而终止。美国陆军红色小组得出的结论是,在项目的概念论证和设计阶段,系统工程普遍缺失。这种缺失使美国装备一种基于陆军范畴的战术无人机系统的努力受到挫折,但却为一系列小尺度的"实验机系统"打开了大门,这些系统使用较廉价的、不太复杂的、由日益增多的"山寨产业"无人机供应商开发提供的飞行器。

这些飞行器一般是采用传统布局的大号飞机模型或小号的轻型飞机,如果基于陆地使用则倾向于跑道滑跑起飞和降落,不采取任何措施试图降低雷达特征,几乎没有或很少采取措施减少红外和声学特征,而且极少具有激光指示器或其他任何途径来积极参与武器的制导。

它们一般都没有明确显示出包含一个庞大的支援保障体系。尽管它们也需要与"天鹰座"系统相同的大多数支援保障,但通常可以通过随系统特设专家顾问的方式由承包商派遣保障人员提供技术支持。

在"天鹰座"之后,为无人机制定技术要求时已经认清了一个"完备的"的性能卓越系统所需付出的代价,从而放松了一些在"天鹰座"系统中将设计推向极端的自我完备性技术要求。特别是现在许多陆基无人机系统,要么小到可以手抛发射和软碰撞着陆回收,要么设计成跑道滑跑起飞降落。全部或大部分都使用全球定位系统(GPS)导航。很多无人机通过卫星传送数据,可以使地面站位于远离操作区域的固定设施内,进而取消本来算作无人机系统一部分的数据链子系统。

然而,"天鹰座"遇到的核心问题,如成像传感器视场角和分辨率限制、下行数据链数据速率限制、地对空控制回路等待和延迟等问题依然存在,并可能由于使用环绕全球的卫星数据通信和控制回路而加剧。使无人机项目管理者、设计者、系统集成商和用户了解在无人机系统设计和集成中的上述以及其他类似的普遍问题的基本原理,是本书的目的之一。

参 考 文 献

[1] Wagner W,Sloan W. Fireflies and Other UAVs. Tulsa, Aerofax Inc. , 1992.
[2] Mazzarra A. Supporting Arms in the Storm, Naval Proceedings, V. 117, United States Naval Institute, Annapolis, November 1991, p. 43.

第 2 章　无人机种类和任务

2.1　概述

本章介绍无人机系统(UAS)的代表性实例,包括一些对当前无人机系统有较大影响的早期设计。现在无人机系统的尺寸和类型范围跨度很大,从小到在手掌上即可降落的飞行器到大型轻于空气的浮空飞行器。本章内容专注于从模型飞机到中等尺寸飞行器这一范围内的无人机,本书其余部分也是如此。

很多无人机系统的早期发展是由政府和军方的需求所驱动,管理这些项目的政府机构已经反复作出努力试图建立一套标准术语体系,以便根据飞行器的功能来描述不同类型的无人机系统。这种"标准"的术语体系一直在不断地演变,有时甚至发生突变,其中的某些部分已经在无人机行业内普遍应用,本书将会给出简要介绍。

最后,本章还试图总结无人机系统已经涉及或正在考虑中的应用,这些应用提供了系统需求背景,促进了设计上的权衡,设计权衡是本书的主要议题。

2.2　无人机系统实例

我们在这里试图对世界范围内已经或正在设计、测试和装备的多种类型无人机给出广泛的调研。这些调研的意图是将无人机行业的新手带入一个纷繁宽广的无人机系统领域,种类繁多的无人机系统是从 20 世纪 80 年代对无人机的兴趣回暖之后的几十年间出现的。

现在可找到多种多样的关于无人机的介绍资料并且大量信息被发布在互联网上。我们采用《简明全球工业指南》[1]作为当前无人机系统定量规格参数的来源,对于不再生产的系统,我们利用各种公开发布的信息来源和自己的个人文件来获取相关信息。

作为一条通常的组织原则,我们将从最小的无人机开始,继而介绍一些公务喷气机尺度的无人机。在 20 世纪 80 年代,最初的无人机研究专注于特征尺寸在 2~3m(6.6~9.8ft)的飞行器,部分原因是出于搭载传感器和电子设备的需求,当时的机载设备还没有达到后来所实现的小型化先进水平。在最近几年,无人机领域对扩大无人机尺度范围的兴趣日益增长,一个极端是小至昆虫大小的设备,而另一个极端则是大至中型运输机尺度。

发展较小型无人机的动机是为了能让使用者随身携带,以便于士兵或边防守卫可以携带、发射、控制模型飞机大小的无人机,这样他们就可以看到相邻山丘上或挡在面前的建筑物后面的情况。使无人机进一步小型化,达到小鸟甚至昆虫的大小,是为了让其飞进建筑物,或不被觉察地停落在窗台或屋顶排水沟并观察建筑物内部或狭窄街道的情况。

小型无人机领域不存在来自于有人驾驶飞机的竞争。它们是能够充分利用传感器和电子元器件微型化优势的独一无二的飞行器系统,使人们可以通过飞行器观察世界,而这些飞行器可以在手掌上起飞或降落,并能够去往类似人类大小的物体所无法进入的地方。

研发较大型无人机的目的是在高空提供长航时飞行能力,能够从某个基地起飞进行长距离飞行,然后在某个区域上空巡航待机飞行多个小时,使用大型传感器阵列搜索某些目标,或者持续监视某些区域。在军事领域,越来越多的大型无人机还具备了长距离搭载大型武器载荷并投送到目标区域的能力。

现在关于使用无人机执行诸如重型空运、轰炸甚至客运任务的讨论日渐增多。无论这些讨论的结果如何,最终的趋势将很可能是各种尺度规模的飞行器系统的无人化。

在后续章节,我们采用直观意义上的尺度分类,虽然这种分类并非标准但便于本书的论述。

2.2.1 微小型无人机

为了本书论述的目的,"微小型无人机"涵盖从"微小"尺度,即与较大型昆虫大小相仿,直到尺寸 30~50cm(12~20in)的飞行器范围。微小型无人机主要有两种类型。一类采用扑翼形式像昆虫或鸟类一样飞行,而另一类则采用接近常规飞机的布局形式,通常是微小尺度的旋翼机。之所以选择扑翼或者旋翼,通常是受到对垂直起降需求的影响,即能够降落在狭小表面,不需要消耗能源盘旋飞行就可以进行持续监视。扑翼飞行器的另一个优势是隐蔽性,因为这种无人机可能看起来很像一只鸟或昆虫,能够非常接近其所监视的目标来回飞行,或停落某处俯视而不暴露,它实际上是一个传感器平台。

对于这个范畴的微小尺寸飞行器和扑翼飞行器来说,在支持其飞行的空气动力学领域存在很多特殊问题。然而,基本的空气动力学原理和方程对于所有的情况都仍然适用,充分理解了这些基本原理才能进一步研究微小型飞行器和扑翼飞行器相关的特殊气动问题。本书的第二部分介绍了基本的空气动力学知识和一些关于微小尺寸飞行器及扑翼飞行器气动问题的讨论。

微小型无人机的例子有:以色列 IAI(以色列飞机工业公司)玛拉特分部的"蚊

子"(Mosquito)，这是一个椭圆形的飞翼带有前拉式单螺旋桨；美国极光飞行科学公司的"鳐鱼"(Skate)，一个矩形飞翼带有双发动机/螺旋桨组合件，动力推进组件可倾斜以提供推力矢量控制；还有澳大利亚网络信息技术公司(Australian Cyber Technology)的"塞博迷你四旋翼"(CyberQuad Mini)，具有四个按正方形排列的涵道风扇。

"蚊子"无人机的机翼/机身长 35cm(14.8in)，翼展 35cm(14.8in)。它使用电池和电动机作为能源动力系统，续航时间 40min，并标称任务作用半径大约为 1.2km(0.75mile)。它由手掷或橡筋弹射起飞，并可布置一个降落伞用于回收。

"鳐鱼"机身/机翼组合体翼展约 60cm(24in)，长度为 33cm(13in)。它可以沿中心线对折成一半大小以便于运输和储存。它具有两台安装于前缘的电动机，能够上下倾转实现垂直起降(VTOL)，并能转换到高效率的水平飞行。该无人机没有控制舵面，所有飞行控制均通过倾斜电机/螺旋桨组件和调整两个螺旋桨的转速来实现。它能够携带 227g(8 盎司)有效载荷，总起飞重量约为 1.1kg(2lb)。

"塞博迷你四旋翼"有四个涵道风扇，每个风扇的直径略小于 20cm(7.8in)，安装后包括风扇护罩在内的总外廓尺寸大约 42cm×42cm(16.5in×16.5in)。包括有效载荷和电池在内的总高度为 20cm(7.8in)，有效载荷和电池位于正方形结构中心处的机身内。这种飞行器类似一种目前正在美国 Brookstone 高档连锁商店销售的飞行玩具，叫作 Parrot AR Drone，售价约 300 美元。塞博迷你四旋翼搭载了低亮度固态摄像机或热成像摄像机以及可实现全自主航路点导航的控制系统。市售飞行玩具有两个机载相机，一个前视一个下视，像玩电脑游戏一样通过类似平板电脑或智能手机的便携数字设备来控制飞行。

这些无人机的简图如图 2.1 所示。

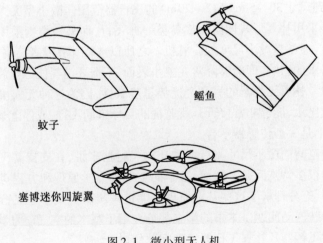

图 2.1　微小型无人机

2.2.2　小型无人机

本书所指的"小型无人机"至少有一个维度大于50cm(19.7in),再大一些甚至达到一两米的尺度。许多此类无人机具有固定翼模型飞机的构型,由操作手以手掷方式抛到空中起飞,就像我们放飞玩具滑翔机一样。

小型无人机的实例有美国航空环境公司生产的"大乌鸦"无人机和土耳其的"巴伊拉克塔尔－迷你"(Bayraktar Mini)无人机,两者都是常规固定翼飞行器。在这个尺寸级别中也有许多旋翼类无人机,但基本都是由中型旋翼无人机系统按比例缩小的版本,中型旋翼系统将会在下一节进行阐述,在此不一一举例说明。

RQ－11"大乌鸦"是一个"模型飞机"尺寸级别的无人机实例。它的翼展大约为1.4m(4.6in),机长大约1m(3.3in)。起飞重量只有不到2kg(4.4lb),由操作手像放飞玩具滑翔机一样掷入空中起飞。它采用电机推进系统,可以持续飞行将近一个半小时。"大乌鸦"无人机及其"控制站"能够由操作手背负携带,机上能够搭载用于侦察的可见光、近红外以及热成像系统,同时还可以搭载"激光照明器"为地面人员指示目标。(注意:这种激光并不用于导引激光制导武器,它更像是一个激光指示器,工作在近红外谱段,为使用像增强夜视装置的地面人员指示出目标物。)

最新的型号,RQ－11B"大乌鸦"无人机已经列到美国陆军于2005年启动的小型无人机选型计划中。"大乌鸦"B型仍由航空环境公司制造,在早期的"大乌鸦"A型基础上引入多项改进,包括改进的传感器、更轻便的地面控制系统以及加入了机载激光照明器。续航时间以及与战场通信网络的互操作性也得到提升。

"巴伊拉克塔尔－迷你"(Bayraktar Mini)无人机由土耳其巴伊卡尔－玛吉娜(Baykar Makina)公司研发。它是比"大乌鸦"稍大一些的常规布局电动飞行器,机长1.2m(3.86ft),翼展2m(5.22ft),起飞重量5kg(10.5lb)。其广告宣传声称它拥有扩频技术加密的数据链路,这在现有的无人机货架产品中是一个非常可取但又不常见的特征。它的数据链作用距离为20km(12.4英里),尽管这一距离可能取决于当地的地理形态以及地面天线的架设位置,但这毕竟限制了其操作使用要在此范围内。在本书第五部分(数据链路)将对此进行详细讨论。

Bayraktar Mini无人机搭载了云台稳定的日间或夜视相机,通过GPS或其他无线电导航系统实现航路点导航。

尽管"巴伊拉克塔尔－迷你"的尺寸和重量稍大,但仍能像"大乌鸦"一样投掷起飞。它可以通过机腹擦地着陆回收,或采用内置的降落伞回收。该无人机部署在陆军基层小规模单位,自2006年装备部队以来被土耳其陆军大量采用。这些无人机实例外形图如图2.2所示。

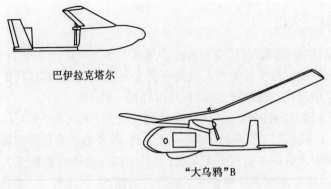

巴伊拉克塔尔

"大乌鸦"B

图 2.2　小型无人机

2.2.3　中型无人机

假如无人机的尺寸对于单人随身携带来说太大,但又仍小于一般轻型飞机,我们就称之为中型无人机。(对于这些非正规的尺寸描述,在此处的定义中我们不要求太严谨。关于为无人机制定标准化的通用分类方法的一些尝试将在本章稍后进行阐述。)

当代那些使人们对无人机的兴趣死灰复燃的著名机型,诸如"先锋"(Pioneer)和"天眼"(Skyeye)等,即属于中型无人机。其典型翼展在 5 ~ 10m(16 ~ 32in)量级,有效载荷能力为 100 ~ 200 多千克(220 ~ 440lb)。很多无人机都属于这一尺度类别。以色列与美国合作研发的"猎人"(Hunter)和英国的"守望者"(Watchkeeper)是较近期的中型固定翼无人机实例。

在这一类别中还有很多旋翼类无人机。英国先进无人机技术公司(Advanced UAV Technologies)开发了一系列旋翼直径为 2m(6.4in)量级的常规直升机。另外还有很多涵道风扇无人机系统,与"塞博迷你四旋翼"(CyberQuad Mini)无人机的构型很相似,只不过其尺寸要用米而非厘米来度量。

最后,值得一提的是美国波音公司的"鹰眼"(Eagle Eye)无人机,它是一种中型垂直起降无人机系统,由于使用了倾转旋翼技术而备受瞩目。

RQ - 2"先锋"无人机是一种比轻型有人飞机小,但比我们通常所认为的模型飞机大的飞行器实例。该机型多年来一直是美国战术无人机队伍中的骨干。"先锋"无人机起初由以色列人设计,美国 AAI 公司制造,美国海军在 1985 年采购列装。该无人机为地面指挥官提供实时侦察和情报信息,其主要作战任务是为炮兵及海军火炮校射和毁伤评估提供高质量的日间和夜间图像。该无人机采用常规布局,总重量 205kg(452lb),翼展 5.2m(17ft)。它的巡航速度为 200km/h,搭载有效载荷 45.4kg(100lb)(原著此处有误,译者注),最大飞行高度为 15000ft(4600m),

20

续航时间 5.5h。该系统的地面控制站可以设在由一辆 HMMWV 或卡车承载的方舱内。其飞行器平台由玻璃纤维制造，装备一台 26hp 的发动机，并可上舰使用。其动力系统有活塞式发动机和转子发动机两种可供选择。

"先锋"无人机可采用气压弹射器弹射或火箭助推起飞，也可在事先备好的跑道上以常规轮式滑跑方式起飞。回收可通过带拦阻装置的常规轮式滑跑着陆或撞网捕获来实现，舰上回收也采用撞网捕获系统。

英国 BAE 系统公司研制的"天眼"（Skyeye）R4E 无人机系统在 20 世纪 80 年代装备部队，与"先锋"无人机基本上处于同一时代，因此两者也具有一些相同特征，但"天眼"系统的飞行器尺寸明显比"先锋"的大，这也使得其综合性能更强。它所使用的弹射起飞装置与"先锋"的类似，但不具备撞网回收能力。其地面控制站在原理上也与"先锋"无人机系统类似。"天眼"无人机系统仍在埃及和摩洛哥服役使用。

"天眼"系统的飞行器由轻质复合材料制造，得益于模块化结构设计，地面装配和拆解运输非常方便。其翼展为 7.32m（24ft），机长 4.1m（13.4ft），装备一台 52hp 转子发动机（特里达因－大陆发动机公司（Teledyne Continental Motors）生产），具有高可靠性和低振动特性。它的最大起飞重量为 570kg（1257lb），续航时间 8～10 小时，飞行高度可达 4600m（14803ft），最大有效载荷重量约为 80kg（176lb）。

"天眼"无人机系统列装使用时，其最独特的特征恐怕就是它可以采用多种的方式进行回收。为了防止产生较大的雷达回波和阻挡有效载荷的视场，"天眼"没有安装起落架。由于前起落架经常会阻挡任务载荷摄像机的正前方视场，所以不设前起落架特别有实际意义，但同时也意味着不能利用机载摄像机拍摄的景像进行滑跑着陆。不过，它可以利用位于有效载荷后方的可收放滑橇降落在未经充分修整的地面上。这需要在飞行器最后抵近时，通过外部观察人工控制着陆，在夜间操作时这种方式极其危险。

"天眼"无人机的着陆滑跑距离，或更准确一点称为"滑行距离"约为 100m（322ft），该机还装备了一套翼伞或降落伞作为备选的回收系统。翼伞本质上就是一种柔性机翼，在回收区域展开使飞行器以很慢的速度落地。翼伞回收方式对于在船舰或驳船等移动平台上降落是很有效的，降落伞则可用作备选的降落方式或作为应急降落装置。然而，使用降落伞回收就要完全听任变幻莫测的风场环境的支配，因此这种方式主要还是在应急回收情况下采用。所有这些回收方法目前正在各种各样的固定翼无人机上应用，但将所有方法都汇集在一种无人机系统上备选，仍是不多见的。

RQ-5A"猎人"（Hunter）是美国陆军用以替代已经终止的"天鹰座"系统，并作为标准的"近程"无人机系统的第一种型号。"猎人"无人机不需要回收网和弹射器,这大大简化了其可部署的全套最简系统配置,并省去了"天眼"无人机所必需的弹射装置。在合适的条件下,它能够在公路或跑道上起飞和降落。滑跑着陆时使用了阻拦索系统,在紧急情况下也可使用降落伞回收。该机型不能采用撞网回收方式,因为它使用了一副前拉式螺旋桨,撞网时前拉桨会被损毁或折断,同时也会破坏用来捕获飞机的回收网。当没有合适的公路或跑道用来滑跑时,还可以选择使用火箭助推起飞方式。

"猎人"无人机采用轻质复合材料制造,便于维修。其翼展为 10.2m(32.8ft),机长为 6.9m(22.2ft)。它的动力系统是两台双缸(V 型)、四冲程、风冷摩托 - 古兹(MotoGuzzi)发动机,该发动机采用了燃油喷射技术和独立计算机控制。两台发动机沿机身中线安装,一推一拉,使飞行器具有双发的可靠性,而且在仅有一台发动机工作时也不存在不对称控制问题。该机最大起飞重量约 885kg(1951 磅),续航时间大约 12h,巡航速度为 120kn。

赫尔墨斯(Hermes)450/"守望者"是一种执行情报、监视、目标获取和侦察任务的全天候无人机。它的尺寸大小与"猎人"无人机相似,由法国泰雷兹(Thales)公司和以色列埃尔比特系统(Elbit Systems)公司的合资公司在英国生产。该无人机重 450kg(992lb),其中包括有效载荷 150kg(331lb)。

按照原计划,"守望者"无人机从 2011 年末开始随英军部队在阿富汗服役。

英国先进无人机技术(Advanced UAV Technology)公司开发了一系列旋翼无人机系统,称为 AT10、AT20、AT100、AT200、AT300 以及 AT1000。它们都是常规直升机布局,有一个主旋翼和一个带有尾桨的尾撑,尾桨用于偏航稳定和控制。旋翼直径从 AT10 的 1.7m(5.5ft)一直增大到 AT1000 的 2.3m(7.4ft)。从 AT10 到 AT1000,随着级别的升高,这个系列无人机的航速、升限、载荷能力和载荷种类也相应增加。该系列无人机都能够垂直起飞,并且都宣称具备在移动运载平台上自主着陆的能力。

诺斯罗普 - 格鲁曼公司研制的 MQ - 8B"火力侦察兵"(Fire Scout)是一种常规布局垂直起降无人机的范例。它看起来很像一架典型的轻型直升机,机长 9.2m(30ft)(主旋翼桨叶折叠,不会导致总长度增大),机高 2.9m(9.5ft),旋翼直径 8.4m(27.5ft)。由一台 420 轴马力(shp)的涡轮轴发动机提供动力。"火力侦察兵"无人机大致与 OH - 58"基奥瓦"(Kiowa)轻型观察直升机大小相似,后者拥有双人机组成员和两个乘员座位。"基奥瓦"的最大有效载荷重量约为 630kg(1389lb),相比之下"火力侦察兵"的有效载荷为 270kg(595lb),但是如果除去机组成员的重量以及与人员相关的其他物品的重量,则"火力侦察兵"的净载荷能力与"基奥瓦"有人直升机差不多。

"火力侦察兵"正在通过美国陆军和海军的测试,旨在完成各种各样的类似于同等大小有人直升机所执行的任务。

贝尔"鹰眼"倾转旋翼无人机(Bell Eagle Eye)在20世纪90年代研制。它采用了倾转旋翼技术,这就意味着它的螺旋桨位于机翼前缘,能够在起飞和降落时朝向上方,而在水平飞行时又转向前方。这样倾转旋翼飞机就可以在巡航飞行时利用机翼产生的升力,机翼产生升力比旋翼产生升力效率更高,同时仍旧具备像直升机一样的垂直起降操作能力。

"鹰眼"机长5.2m(16.7ft),重约1300kg(2626lb),能够以高达大约345km/h的速度飞行,飞行高度可达6000m(19308ft)。

这一类别的部分无人机如图2.3所示。

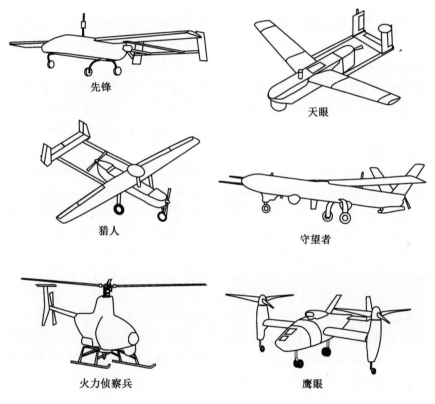

先锋

天眼

猎人

守望者

火力侦察兵

鹰眼

图2.3　中型无人机

2.2.4　大型无人机

我们按尺寸大小给出的非正式分类并不能对无人机进行细致的区分,我们将把尺寸大于典型的轻型载人飞机的无人机都归到大型无人机类别。

这一类别中包括一个特定类型,即能够远离基地长距离飞行,并在一定区域盘旋待机,发挥长时间监视作用的无人机。而且,它们的尺寸足够大,能够携带大量的武器。此类系统中的低端型号包括美国通用原子航空系统公司的"捕食者"A无人机，它的航程、航时能力很可观，但只能携带两枚目前正在使用的重量级别的导弹。两枚导弹的限制意味着发射完这两枚机载导弹之后，无人机要么失去投送武器的能力，要么必须返航回基地重新装载武器。出于这个原因，为执行与"捕食者"相类似的任务而研制的第二代此类无人机，包括"捕食者"B在内，展现出体型更大的特征，能够在一个架次携带更多的武器。

EADS旗下的凯希典安防系统公司（Cassidian）研制的"雪鸮"（Harfang，也称为Eagle）无人机是一种与捕食者A非常相似的系统，而该公司的另一种无人机系统——塔拉里昂（Talarion），将是新出现的"捕食者"A的接替者之一。

位居大型无人机类别高端位置的一个实例，就是美国诺斯罗普－格鲁曼公司研制的"全球鹰"（Global Hawk）无人机，它的尺寸更大，为实现超长航程和航时而设计，能够独自在全球任何地方飞行。

有很多专门针对军用和情报获取的无人机系统，其向公众开放的信息十分有限。此类系统的一个代表就是美国洛克希德－马丁公司研制的"哨兵"（Sentinel）无人机。关于这些系统，基本上没有可用的官方信息，我们把到互联网上搜寻有用资料的工作留给读者。

MQ－1"捕食者"A无人机比轻型单引擎私人飞机要大，能够使用高分辨率摄像机、红外成像设备以及合成孔径雷达提供中空实时监视能力。该机翼展为17m（55ft），机长8m（26ft）。相比更小一些的无人机，它大幅度地提升了升限（7620m或24251ft）和续航时间（40h）。使用全球定位系统和惯导系统进行导航，操控可通过卫星完成。该机飞行速度为220km/h（119kn），可在距离操纵基地925km（575mile）的任务区驻留飞行24h。该机可携带200kg（441lb）的内部载荷和136kg（300磅）的外部载荷（挂装在机翼下方）。

"雪鸮"无人机由法国欧洲宇航防务集团（EADS）下属的子公司凯希典安防系统公司（Cassidian）生产。其大小与"捕食者"基本相当，设计的作战任务也大致相同。但它的气动布局不同，采用了双尾撑的尾翼构型，可以搭载多种可能的有效载荷。据称，其性能可与"捕食者"相媲美，但它的续航时间较短，只有24h。它的起飞和降落都采用常规的机轮滑跑的方式，操控也可通过卫星完成。

"塔拉里昂"（Talarion）作为"捕食者"/"雪鸮"这类无人机的第二代继任者，正在由凯希典公司（Cassidian）研发。它使用两台涡喷发动机，能够携带800kg（1764lb）内部载荷和1000kg（2205lb）外部载荷，升限15000m（49215ft），飞行速度约550km/h（297kn）。

RQ－4"全球鹰"无人机由诺斯罗普－格鲁曼公司航空航天系统生产。该机型飞行高度很高，使用雷达、光电设备以及红外传感器执行监视任务。它装有一台涡扇发动机，并且外形看上去能够降低其雷达反射特征，但它并非隐身飞机。该无人机长 14.5m(47ft)，翼展 40m(129ft)，最大起飞重量为 1460kg(3219lb)。巡航速度 575km/h(310kn)，续航时间 32h。该机还拥有携带一系列种类齐全的潜在有效载荷的能力，而且似乎一贯都是通过卫星数据链来控制。

据报道，RQ－170"哨兵"无人机是一种由洛克希德－马丁公司生产的隐身飞行器。我们没有关于该无人机的官方数据资料，但根据最近媒体上披露的图片来判断，其气动布局似乎很像 B－2 轰炸机那种飞翼布局，并且尺寸大小属于中型到大型之间的级别，翼展 12～13m(38～42ft)。

部分大型无人机的外形如图 2.4 所示。

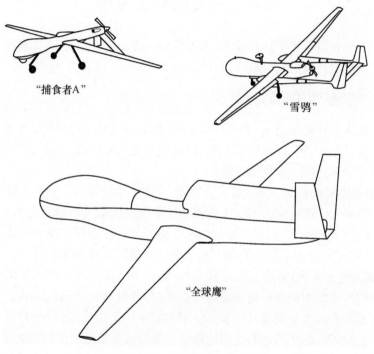

图 2.4　大型无人机

2.3　可损耗型无人机(一次性无人机)

可损耗型无人机是一种设计为完成任务后不需返回的无人机。在军用领域，这通常意味着它们可以在内部装载一个战斗部，故意撞向目标，并与目标同归于尽。关于这种类型的损耗型无人机，本书第 11 章将会进一步讨论，我们将进行论断，此类飞行器并不是真正的无人机，而是某种类型的导弹。导弹和无人机之间的确有很大的重叠范畴，有一个事实很好地诠释了这一点，即人类航空时代最早的无人机其实大部分都是制导武器。

另一种关于可损耗的定义是,在可能的情况下无人机是可以(也应该)被回收的,只不过损失率非常高而已。

在2.2.2节介绍过的由电机驱动的"大乌鸦"无人机,就是一种可损耗但可回收的无人机。它采用手掷起飞方式,并使用手提式地面控制站。"大乌鸦"是用来在5km范围内执行侦察任务,完成任务后可回收,不过即使它没有返回或在着陆时坠毁,造成的损失也是可以接受的。

2.4　无人机系统分类

制定一套普遍认可的体系原则,无人机分类将会非常方便,正如军用飞机的类别一般分为运输机、观察机、战斗机、攻击机、货机等。

2.4.1　按照航程和航时分类

联合无人机计划办公室(The Joint UAV Program Office,JPO)在被指定为美国军用无人机计划中心管理单位后不久,就定义了无人机类别,这是为无人机术语提供标准化定量描述的一个重要进展。

• 低成本超远程无人机:需求方为海军陆战队和陆军,任务半径大约5km(3mile),每架飞行器造价约10000美元。这种无人机系统适合归类为所谓的"模型飞机"类型的系统。它们在性能和成本方面的可行性还没有得到验证,但是"大乌鸦"和"龙眼"(Dragon Eye)等无人机系统已经演示了这种概念。

• 超近程无人机:需求方为所有军种,但其作战概念因军种不同而存在很大差异。在空军中的用途将是机场设施毁伤评估,并且是在自己的场站上空操作使用。陆军和海军陆战队则将其用于从空中察看下一个山头的情况,并且希望得到的是一种在战场上易于移动和操作的系统。海军则要求能够在护卫舰等小型船舰上操作使用。该类型无人机任务半径为50km(31mile),也就是到达己方部队前沿(FLOT)的前方30km(19mile)。所需要的航时根据任务的不同从1h到6h不等。所有军种都认同其首要任务是日夜侦察和监视。

• 近程无人机:正如超近程无人机一样,近程无人机也是所有军种都需要的,并且以昼/夜侦察和监视作为最首要的任务。它需要到达己方部队前沿之外150km(93mile)的范围,但这一范围最好能达到300km(186mile)。续航时间要达到8h～12h。海军要求该无人机系统能够从两栖攻击舰和战列舰级别的大型舰船上起飞和回收。

• 中程无人机:中程无人机的需求方是除陆军外的其他所有军种。要求具备从地面起飞或空中发射起飞的能力,但并不需要很强的长航时性能。后面这一要求意味着这种飞行器是一种高速大纵深渗透型无人机("纵深侵入者"),并且,对其速度的要求实际上达到高亚声速。其任务半径为 650km(404mile),用途为昼/夜侦察和监视。中程无人机的一个次要任务是收集气象数据资料。

 • 长航时无人机:长航时无人机的需求方为所有军种,并且,顾名思义,需要具备至少 36h 的续航能力。这种飞行器必须能够从陆地或海上操作使用,并且具有大约 300km(186mile)的任务半径。以昼/夜侦察为首要任务,以通信中继为次要任务。对飞行速度未作明确要求,但必须能够在高空可能经历的大风环境下保持在作业区域内。对飞行高度也未作明确要求,但一般认为可能达到 30000ft(9.14km)或更高。

这一分类体系现已被取代,然而其中的一些术语和概念,特别是将航程和作战任务相结合来界定无人机类别,在今天仍然适用。而且,将这些术语形成常识对于在无人机领域工作的任何人都是大有裨益的,这些术语已经成为一部分无人机界约定俗成的行话。

以下几个小节概述了一些用于无人机分类的最新术语。政府制定的任何分类体制都可能随着时间的推移而变化,以满足计划管理者不断变化的需求。如果读者需要了解现行的政府制定的分类标准,可以搜索查阅互联网上的相关文献。

2.4.2 基于尺寸的小型无人机非正式分类

1. 微型

"微型"这个称谓所指的一类无人机,在本书编撰之时大多仍处于概念设计阶段或研发的初期阶段。它们预期的尺度范围小到大型昆虫,大到翼展为 1 英尺的模型飞机。微型无人机的出现带来了一系列与尺度因素相关的新问题,特别是雷诺数和边界层现象。假设有效载荷和动力系统的问题能够得到解决,此类飞行器过低的翼载荷也会导致其在大多数环境条件下无法使用,除非是最平静温和的环境条件。一些诸如此类的问题及其解决方案将在本书第二部分进行讨论。

前面讲述过的"黄蜂"(Wasp)无人机就是一种在能够称其为"微型"的无人机范畴中位于尺度上限的例子。

2. 小型

"小型"这个类别起源于原来的可损耗型无人机定义,包括手掷型和带有某种弹射器的小型无人机。它并没有被 JPO 正式定义为一种无人机类型,但在过去的很多年间开展了大量的演示验证和试验。在本章的前文选作实例的电动无人机"大乌鸦"和"巴伊拉克塔尔-迷你"(Bayraktar Mini)便是这个类别的例证。

2.4.3 梯级分类系统

现在无人机行业内已经在普遍应用一整套的术语和定义,它们都来源于在美军各兵种为了定义按梯次分布的无人机需求所做的尝试。这些梯次中的等级被称为"梯级",并且像"梯级Ⅱ"这样的词汇经常用来对某型特定无人机进行归类,或用来描述一个完整的无人机类别。

美军各军种的梯级定义是不同的,这可能会引起一些混淆,下面将其罗列出来并给出简要说明。

美国空军梯级

梯级 N/A(不纳入分类):小型/微小型无人机。

梯级Ⅰ:低空,长航时。

梯级Ⅱ:中空,长航时(MALE)。以 MQ-1"捕食者"(Predator)为代表。

梯级Ⅱ+:高空,长航时(HALE)常规无人机。飞行高度 60000~65000ft (19800m),飞行速度低于 300kn(560km/h),任务半径 3000n mile(6000km),具备在作业区域巡航 24h 的能力。梯级Ⅱ与梯级Ⅲ的飞行器具有互补性。代表机型为 RQ-4"全球鹰"。

梯级Ⅲ-:高空,长航时(HALE),低可视度(LO)无人机。除增加低可视度性能之外与梯级Ⅱ+飞行器技术指标相同。代表机型为 RQ-3"暗星"(DarkStar)。

海军陆战队梯级

梯级 N/A(不纳入分类):微小型无人机。以"黄蜂"(Wasp)为代表。

梯级Ⅰ:小型无人机。以"龙眼"(Dragon Eye)为代表。

梯级Ⅱ:以 RQ-2"先锋"为代表。

梯级Ⅲ:中程无人机,以"影子"(Shadow)为代表。

陆军梯级

梯级Ⅰ:小型无人机。以 RQ-11A/B"大乌鸦"为代表。

梯级Ⅱ:近程战术无人机。扮演的角色如 RQ-7A/B"影子"200。

梯级Ⅲ:中程战术无人机。

2.4.4 近期分类变更

尽管之前的梯级分类体系仍然存在,但在美国使用的最新分类体系是与作战任务紧密相关的。将无人机划分为四个一般的类别,即小型、战术型、战区型无人机以及无人战斗机,则与其相关的作战任务有 18 种。这些任务和分类是专门针对美军的作战需求设定的,在本书中不作阐述。

2.5 任 务

定义无人机的任务是一件很困难的工作,这是因为:①战场环境瞬息万变,一切皆有可能;②在战场上从来就没有足够的系统来涵盖所有的可能性。但这并不是说人们还没有仔细思考这个问题,因为作为分类体系的一部分,为了提出全面的任务列表,人们已经付出再三的努力。所有这些任务列表对于无人机行业内那些制定它们的人来说,渐显独特和难得,而随着新的任务概念的不断出现,这些任务列表也终将过时。

对于无人机来说,其任务的两个主要分支是民用和军用,但在侦察和监视方面这两类任务存在相当多的重叠部分,用于民用则可能称之为搜索和监视或称为观察,而这正是无人机在民用和军用领域最大的用途。

无人机系统的发展是由军队引领的,而且有一些一直被认为是潜在军事任务的其他方面的应用,在民用领域也同样存在。这些应用包括针对辐射和(或)化学药剂的大气采样,为视距通信系统提供中继,以及气象测量。

有一种用途在民用和军用领域都很令人感兴趣,那就是提供一个高空平台,能够在全球某个地点上空无限期地驻留,能够完成很多种由卫星执行的任务,而使用成本远低于卫星,并且能够着陆进行维护或升级,还可以在需要时重新部署到其他的地区。

过去的 10 年间,在军事斗争领域,无人机任务的另外一个分支显得十分突出。对于军用无人机系统而言,一个日益增长的任务是用来投送杀伤性武器系统。与非杀伤打击型任务相比,这种任务使得飞行器在设计上有很多显著的不同之处,同时也提出了与飞行器任务行动中的人为控制水平和层次相关的新问题。

当然,所有的导弹都是"无人飞行器",但我们在此只考虑那些设计意图是向目标投送内部装载的战斗部,并在摧毁目标的同时自身也被毁的无人机系统,这种无人机本身就是武器,有别于那些本来就设计为可回收、可多次飞行重复使用的飞行器。在本书的后面还会对此进行讨论,尽管可飞行的武器与可重复使用的飞机之间有很多共同之处,但在很多方面武器与飞机的设计权衡是不同的。

在本书撰写之时,武装无人机的主要形式还是一个无人化平台。例如"捕食者",携带有精确制导弹药,以及附属的诸如图像传感器和激光指示器之类的目标获取和火力控制系统。这种趋势正在演变发展为具备投送小型制导炸弹和其他形式的配用弹药的能力。这些系统可以看作是无人对地攻击机。未来还可能包括无人战斗机和无人轰炸机,作为有人驾驶飞机的补充或替代者。

有一类军事打击任务划分得不甚明晰,即无人机并不携带和发射任何武器,但可以为武器提供导引以击中目标。这种任务是由飞行器上的激光指示器来完成的,激光指示器为有人驾驶飞机或火炮发射的激光制导武器指示出目标位置。正如我们所见,这种任务正是 20 世纪 70 年代末期美国陆军对无人机的兴趣重燃的一个主要推动力。此类任务仍然是军队所使用的众多较小型战术无人机系统的主要任务形式。

无人机系统的类别,即超近程、近程、中程和长航时无人机,由这些名称的特点暗含了其任务形式,但是各军种通常是以独特的方式来运用这些无人机系统,很难说每一种类别名称仅仅对应一种任务形式。例如,空军机场战斗损伤评估任务和陆军目标指示任务都可以使用相似的飞机平台(比如具有相同的重量和外形),但是对航程、航时、速度以及有效载荷能力的需求却完全不同。有些任务看上去对所有军种都是通用的,例如侦察任务,但陆军希望"超近程"侦察能够到达 30km 以外,而海军陆战队则认为 5km 就已经很合适了。

不论是军用还是民用,无人机系统的核心任务是侦察(搜索)和监视,二者常常是相结合的,但在一些重要的实施方式上是不同的,从下面的定义中便可以看出来:

● 侦察:通过视觉或其他探测手段,获取某一地点或区域已经存在的或正在发生的事物的相关情报信息的行动。

● 监视:通过视觉的、听觉的、电子的、图像的或其他方式对空间、地面、水面、地下或水下区域的地点、人员、事物进行系统的观察。

因此,监视意味着长航时能力,对于军事用途,也意味着某种程度的隐身行动能力,从而使无人机能够在目标正上空停留很长时间。正是因为监视与侦察之间的相互联系,通常会使用相同的装备及其功能特性来完成这两种任务。

这些任务意味着在昼间和夜间对静止目标和移动目标的探测和识别能力,讨论有效载荷和数据链时就会知道,这是一项很有难度的工作。目标探测和识别能力的硬件需求几乎影响到飞行器和地面站的每一个子系统。每一个无人机用户都可能对从无人机基地到待搜索区域之间的航程、搜索区域的范围大小以及监视所需的任务区驻留时间提出不同的需求,因此,侦察/监视任务及其硬件装备也会有很大的不同。

在军用和民用领域都存在陆基和空基的任务。一个陆基的操作基地可以是固定的,也可能是可运输的。如果是可运输的,那么它的机动灵活性水平可能跨度很大,从能够装入背包携带,到使用大型卡车或火车运送,到达一个新地点后花上几天甚至几周时间重新组装。每一个层次的机动性水平都会对飞行器尺寸、发射和回收方法乃至系统设计的每一部分的设计权衡产生影响。

舰载操作几乎总是会给飞行器的尺寸大小增加上限要求。如果是航空母舰,那么对尺寸的限制就不会太严格,但可能会要求能够拆除或折叠细长的机翼,在本书后面我们会看到,这是长航时飞机典型的机翼特征。

与军事侦察任务紧密相连的是炮兵目标定位。当某一特定目标被发现后,就可以在激光指示下导引精确制导弹药向其开火射击。对于常规(非制导)炮兵武器,通过侦察校射,可以调整射击参数使每一发后续弹药更加接近或命中目标。以这样的方式使用无人机系统,即可以实现精确炮兵打击、海军炮火打击以及近距空中支援。所有这些任务基本上都可以采用侦察/监视有效载荷来执行,如果要控制精确制导弹药,则必须要增加激光指示器功能。增加这一功能器件将会导致有效载荷的造价大大提高。

在军事和情报领域一个重要的任务就是电子战。侦听敌方发送的信号(通信或雷达信号),然后对其进行干扰或分析其传输特征都归属于电子战范畴。

总之,到目前为止,侦察/监视任务诠释了无人机的绝大多数行动方式,当今发展的主要焦点落在传感器和数据链路上。目标定位紧随其后,是第二大类任务,电子战是第三大类任务。然而,就公众了解程度和受到的评论程度而言,武器投送已经成为最受强烈关注的一个应用,这也是无人机将来发展的一个主要侧重点。现在正在积极开展的应用和任务所取得的成功为今后的任务形式铺平了道路,其他形式的任务也迟早会得到认可。

参 考 文 献

[1] Kemp I (editor). Unmanned Vehicles, *The Concise Global Industry Guide*, Issue 19. The Shephard Press, Slough, Berkshire, UK, 2011.

第二部分　飞 行 器

　　本部分介绍任何无人机系统的核心分系统——飞行器。本部分从简单讨论空气动力学基础开始，说明空气动力学基础知识如何帮助我们理解飞行器性能、稳定性及控制等关键环节。对无人机系统通常采用的各种各样的动力推进方式进行了探究，包括对旋翼和涵道风扇概念的介绍。最后，叙述了对无人机设计者来说十分重要的若干结构和载荷问题。

第3章 空气动力学基础

3.1 概述

作用在飞行器上的力主要有推力、升力、阻力和地球引力(或重力)。这些力如图 3.1 所示。另外,关于俯仰、滚转、偏航轴线的力矩会导致飞行器绕这些轴线转动。升力、阻力及转动力矩可以由动压、机翼面积和无量纲气动力系数计算得到。这些量的数学表达式就是决定飞行器性能的基本空气动力学方程。

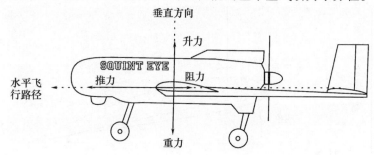

图 3.1 作用在飞行器上的力

3.2 空气动力学基本方程

气流的动压 q,由下式给出:

$$q = \frac{1}{2}\rho V^2 \tag{3.1}$$

式中:ρ 为空气的密度;V 为气流速度。

作用在飞机机翼上的力是动压 q、机翼面积 S 和由雷诺数、马赫数以及机翼截面形状决定的无量纲气动力系数(C_l, C_d, C_m)的函数。前两个力即升力和阻力可表示如下:

$$L = C_l q S \tag{3.2}$$

$$D = C_d q S \tag{3.3}$$

在上述气动力三要素中的第三种力就是俯仰力矩,必须包含一个附加尺度项才能

33

生成有量纲力矩。机翼弦长 c（图3.2）通常被选为力臂参考长度。俯仰力矩的相关知识对于理解飞行器稳定性和控制是至关重要的：

$$M = C_m qSc \qquad (3.4)$$

C_l, C_d, C_m 描述了任何一个剖面翼型的升力、阻力和力矩特性，并且是无人机设计者关注的主要气动力系数。还有一些其他气动系数，称为稳定性导数，但它们是影响飞行器动态特性的专用函数，对它们的讨论超出了本书的范围。

每一个特定的机翼截面翼型都有其升力系数、阻力系数和力矩系数的特性曲线族，这些曲线取决于迎角和雷诺数。气动力系数由风洞试验确定，本书中以小写字母下标来注明。图3.2描绘了一个翼型剖面的几何形状以及升力和阻力的方向。升力总是垂直于来流方向，阻力总是平行于来流方向。力矩可以对任意一点取值，但是传统上是对机翼前缘之后1/4弦长处的参考点取值，即对1/4弦长处求矩。

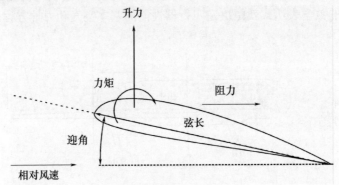

图3.2　翼型的几何特征

基本的空气动力学数据通常是在风洞中由一段从一个壁面延伸到另一个壁面的机翼测量得到，如图图3.3所示。机翼从一个壁面延伸到另一个壁面阻止了展向气流，从而得到真正的二维压力分布模式。这就是所谓的无限展长机翼的概念，因为无限展长机翼不可能有绕过翼梢的气流，从而不会造成展向流动，也就不会干扰纯二维的压力分布模式，这种二维模型是描述机翼上的空气动力的必要出发点。真实飞机的机翼具有有限展长，并可能具有锥度（大根梢比）和扭转，而对其空气动力特性的分析首先从二维气动系数开始，然后加以修正以计及真实机翼的三维效应影响。

剖面翼型及其二维气动系数采用 NASA 制定的一套标准体系进行分类整理，并由 NASA 的数字编号系统标记识别，大多数空气动力学教科书对翼型知识都有描述。图3.4～图3.6给出了 NASA 数据库汇总图表中关于 NASA23201 翼型的数据，作为一个实例来说明在很多翼型设计中可以获取的数据资料。

图3.4给出了 NASA23201 翼型的截面轮廓。翼型表面的 x 坐标（横轴）和 y 坐标（纵轴）分别以无量纲 x/c 和 y/c 的形式画出，其中 c 是翼型弦长，即从前缘到后缘的总长度。

34

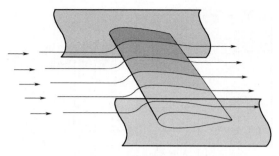

图 3.3   无限翼展机翼

该翼型的二维升力系数和俯仰力矩系数作为迎角的函数,在图 3.5 中以曲线形式画出。

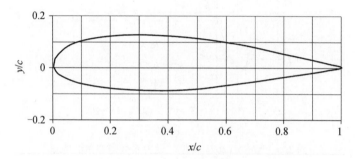

图 3.4   NASA 23021 翼型剖面

关于俯仰力矩以及它们是如何确定的将在 3.4 节中进一步讨论。如前文所述,图中的力矩系数是对 1/4 弦长处的轴线求得的。

图 3.5 对每一个气动系数给出了两条曲线,每一条曲线对应一个指定的雷诺数。NASA 数据库包含针对两个以上雷诺数的数据,但图 3.5 仅复制了其中 $Re = 3.0 \times 10^6$ 和 $Re = 8.9 \times 10^6$ 的数据。两条力矩曲线几乎互相重叠,难以区分。

图 3.6 给出了二维阻力系数和俯仰力矩系数作为升力系数的函数的变化曲线。升力随阻力变化的曲线将在 3.3 节进一步讨论。

一个感兴趣的问题是:一架飞机能够维持飞行的最小速度是多少? 这对于理解飞机着陆、起飞、在弹射器上发射以及捕获回收是非常重要的。为了找到飞机能够飞行的最小速度,在方程(3.2)中我们令升力等于重力来平衡垂直方向的力,并求解出速度。假如最大升力系数 C_{LM} 已知,那么最小速度就可以看作直接与翼载荷 W/S 的平方根成正比。不用多说,一架机翼面积大、重量轻的飞机可以比机翼面积小、重量大的飞机飞得慢。最小速度公式可以表述为

$$V_{\min} = \sqrt{\left(\frac{W}{S}\right)\left(\frac{2}{\rho C_{LM}}\right)} \qquad (3.5)$$

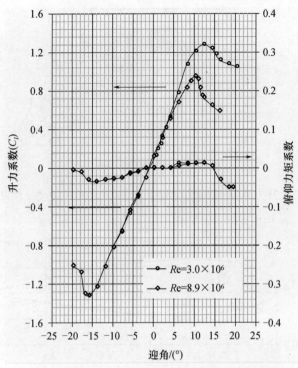

图 3.5　NASA 23021 翼型气动力系数随迎角的变化

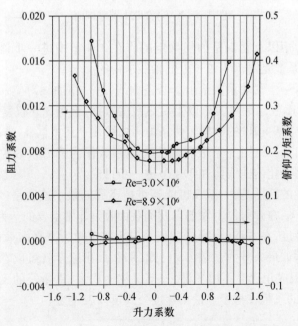

图 3.6　NASA 23021 翼型阻力和力矩系数随升力系数的变化

3.3　飞机极曲线

关于三维飞行器的另一个重要概念就是所谓的飞机极曲线或称为阻力极曲线,是多年前由埃菲尔(Eiffel)提出的一个术语,即升力系数 C_L 随阻力系数 C_D 变化的曲线。一条典型的飞机极曲线如图 3.7 所示。

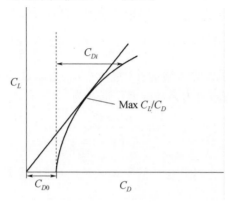

图 3.7　飞机极曲线

稍后将证明阻力极曲线是抛物线形状并且定义了最小阻力 C_{D0} ,或者说不是由于产生升力而导致的阻力。过原点画一条直线与极曲线相切即给出了可以获得的最大升阻比(译者注:原著此处称为最小,有误)。本书稍后还将证明最大升阻比的倒数即为飞行器无动力滑翔角的正切值。由升力而产生的阻力或称为诱导阻力,也可以在阻力极曲线中表示出来。

3.4　真实机翼和飞机

一架真实的三维飞机正常情况下由机翼、机身和尾翼组成。从上往下俯视时机翼具有某种几何外形,称为机翼平面形状。机翼通常带有扭转角、后掠角和上反角(从前方往后看时机翼与水平面的夹角),并且其剖面由二维翼型构成。至于如何将"无限翼展"机翼的气动力系数转换成真实机翼或完整飞机的气动力系数的详细知识超出了本书的范围,但是下面的讨论提供了对上述转换中必须考虑的一些情形的初步思考。

对升力和阻力的全面分析除了必须考虑机翼的贡献外,还要考虑尾翼和机身的影响,并且必须计及沿展向变化的剖面翼型特性和扭转特性。

确定三维力矩系数也是一个复杂的过程,必须考虑来自飞机所有部件的贡献。图 3.8 给出了简化的由作用在飞机上的气动力构成的力矩平衡图。将这些力对飞

机重心求力矩再求和可得到式(3.6):

$$M_{CG} = Lx_a + Dz_a + m_{ac} - L_t x_t + m_{act}, \qquad D_t = 0 \qquad (3.6)$$

式中:m_{ac}和m_{act}分别为机翼和尾翼各自附带的俯仰力矩。

式(3.6)除以qSc(见式(3.4)),就可求得相对于重心的三维俯仰力矩系数,如式(3.7)所示,其中S_t为尾翼面积,S是机翼面积。俯仰力矩,亦即绕飞机重心的力矩,对飞行器的俯仰稳定性有很大影响。为保持稳定性,要求俯仰力矩系数对迎角的导数是负值,这主要靠尾翼来实现(公式中的最后两项):

$$C_{M_{CG}} = C_L\left(\frac{x_a}{c}\right) + C_D\left(\frac{z_a}{c}\right) + C_{m_{ac}} + C_{fus} - C_{L_t}\left(\frac{S_t}{S}\right)\left(\frac{x_t}{c}\right) + C_{m_{act}} \qquad (3.7)$$

对三维机翼升力系数的粗略估计(直接给出,省略证明),由大写字母下标表示,写成"无限翼展机翼"升力系数的修正形式为

$$C_L = \frac{C_l}{\left(1 + \dfrac{2}{AR}\right)} \qquad (3.8)$$

式中:AR为机翼展弦比(翼展与几何平均弦长的比值,或翼展的平方除以机翼面积),即b^2/S。

从此处开始,我们将假设用到的气动力系数适用于真实机翼和飞机,并采用大写字母下标来表示。

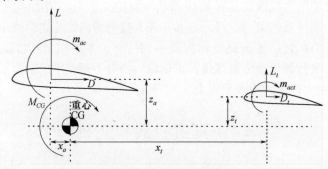

图3.8　力矩平衡示意图

3.5　诱导阻力

三维机翼的阻力在飞机设计中起着特别重要的作用,因为阻力影响飞机的飞行性能并且与机翼平面形状和尺寸密切相关。

由机翼引入的阻力的最重要部分就是"诱导阻力",也就是与机翼产生的升力相关联的阻力部分。出于这个原因,对诱导阻力的来源以及描述其大小与机翼升力之间相互关系的公式推导将给出详细论述,尽管仅采用最简化的形式。

考虑作用在翼型上的压力分布,如图3.9所示。显而易见,一个机翼下表面的压力为正,上表面的压力为负(相对意义上的)。这种情形显示在图3.10中,从机翼前方或前缘看去,下部区域用加号表示,上部区域用减号表示。

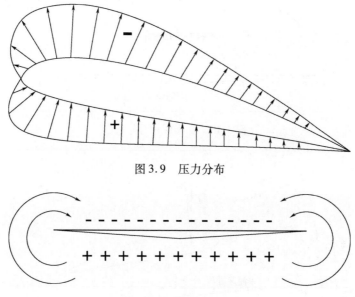

图3.9　压力分布

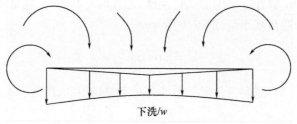

图3.10　展向压力分布

在这种情况下,气流将从机翼下表面高压区溢出,向上表面低压区卷起而形成旋涡。在机翼上表面由旋涡造成的向下的速度或称为下洗速度在翼稍处最大,且向着翼根方向逐渐减小,如图3.11所示。

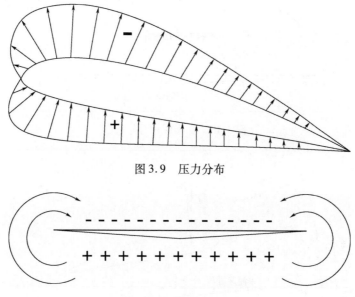

下洗/w

图3.11　下洗速度

路德维格·普朗特(Ludwig Prandtl)证明了具有椭圆形平面形状机翼的升力分布也呈椭圆形,并且下洗速度沿展向保持常数,如图3.12所示。下洗速度(w)沿展向保持恒定的概念将是导出三维阻力效应的出发点。

考虑如图3.13所示的带有下洗速度的流动图形,可以看到绕过机翼的气流向下的速度分量(w)导致一个向下偏折的当地相对风速。图3.13的底部显示了速度合成图,其中下洗速度w与流过机翼的空气团的速度V求和来确定绕机翼的等效当地相对流速(V_{eff})。因此,机翼"感觉到"的实际迎角小于没有下洗时的来流迎角。

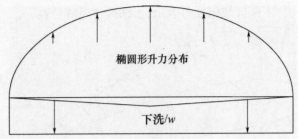

图 3.12 椭圆形升力分布

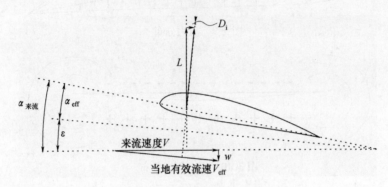

图 3.13 诱导阻力示意图

升力 L 垂直于来流速度 V,机翼上的总气动力垂直于等效速度 V_{eff}。这两个力的矢量差平行于机翼在空气中的飞行速度,但方向与其相反,就是诱导阻力(D_i)。

下洗导致的迎角减小量,即下洗角为

$$\varepsilon = \arctan\left(\frac{w}{V}\right) \qquad (3.9)$$

从图 3.13 可以看出,速度三角形与力的三角形是相似的,因此:

$$\frac{D_i}{L} = \frac{w}{V}$$

上式除以 q(见式(3.1)~式(3.3))可得

$$\frac{C_{Di}}{C_L} = \frac{w}{V}$$

对于椭圆形升力分布的情况,路德维格·普朗特证明了

$$\frac{w}{V} = \frac{C_L}{\pi AR}$$

40

于是,诱导阻力系数 C_{Di} 由下式给出:

$$C_{Di} = \frac{C_L^2}{\pi AR} \qquad (3.10)$$

式(3.10)为我们揭示了具有短粗机翼(小展弦比 AR)的飞行器将会拥有相对高的诱导阻力并因此使航程和航时变差。如果飞行器需要长时间停留在空中并且/或者动力有限,例如大多数电机驱动的无人机,就要用细长的机翼。

3.6 边界层

流体动力学的一个基本公理是,流过物体表面的流体在物体表面附近形成一个薄层并附着在表面上,因此物面处流速为零。向外紧挨着物面处的流体层相对于物面处存在一个很小的速度差,物面附近流动速度的大小取决于流体的黏性。流体的黏性越大,由物面向外近壁层内的流速变化就越慢。垂直于物面度量,在离开物面某个距离 δ 处,流体的速度与自由来流速度相同。距离 δ 就定义为边界层的厚度。

从物面前缘开始边界层由三个区域组成:①层流区,在该区域每一流体层稳定平滑地滑过相邻流体层,产生可明确定义的流体剪切力;②转捩区;③湍流区,在该区域流体微团以随机方式相互混合,产生湍流和旋涡。转捩区是层流开始转变为湍流的区域。层流区内的剪切力以及湍流区内的旋涡都会产生阻力,但物理过程不同。典型的边界层剖面结构如图3.14所示。

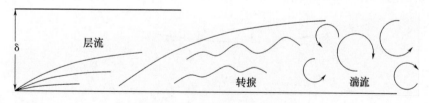

图 3.14 典型的边界层流动状态

流体作用在物面上的剪切应力称为表面摩擦,是总阻力的一个重要组成部分。边界层中的两个截然不同的区域(层流区和湍流区)取决于流动速度、表面粗糙度、流体密度以及流体的黏性。除了表面粗糙度外,上述这些参数在1883年由奥斯本·雷诺(Osborne Reynolds)组合成一个公式,这就是著名的雷诺数表达式,它的数学表示为

$$Re = \rho V \left(\frac{l}{\mu} \right) \qquad (3.11)$$

式中: ρ 为流体密度; V 为流动速度; μ 为流体黏性系数; l 为特征长度。

在航空业界,特征长度通常取为机翼或尾翼的弦长。雷诺数是一个重要的指示器,反映边界层是处于层流态还是湍流态。层流比湍流产生的阻力要小得多,但在小面积表面仍会出现问题,我们稍后将会学习到。典型的雷诺数实例有:

通用航空使用的飞机	5000000
小型无人机	400000
海鸥	100000
滑翔飞行的蝴蝶	7000

层流产生阻力的原因是流体层内的摩擦剪切,对表面状况特别敏感。正常情况下,层流产生的阻力较小,是期望的流态。湍流边界层产生的阻力来自于完全不同的机理,其依据是伯努利定理。伯努利(Bernoulli)已经证明了,对于理想流体(没有摩擦),静压(P)与动压(q)之和为常数,其中动压$q = \frac{1}{2}\rho V^2$,即

$$P + \frac{1}{2}\rho V^2 = \text{const} \tag{3.12}$$

将这个原理应用于文氏管中的流动,令文氏管的下半部分壁面代表飞机的机翼,就能够分析边界层内压力和速度的分布。当流体(假设为不可压缩流)流过文氏管或机翼上方,流体的速度会增加(因为要满足质量守恒律),并且作为伯努利定理推出的结果,流体静压将减小,从而形成顺压梯度。之所以称为顺压梯度是因为它有助于推动边界层内的流体向下游流动。

当达到最大速度后,流动开始减速,并因此形成逆压梯度(也就是阻碍边界层流动),如图3.15中的速度剖面所示。

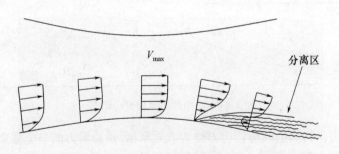

图3.15　边界层速度剖面

小特征长度和低流速导致小雷诺数流动,并因此呈现层流状态,这通常是有利的情况。在这种情况下壁面上会存在一点,在此处逆压梯度实际上阻止了边界层内的流动,并最终使其反向。流动停止和回流导致了湍流、旋涡以及通常情况下流体微团随机无序混合的产生。在这一点处,边界层离开物面并且产生湍流尾迹区。这种现象称为边界层分离,由此产生的阻力称为压差阻力。作用在机翼上的压差

42

阻力和摩擦阻力(主要由层流产生)之和称为型阻。型阻是仅由流体的黏性和边界层现象而产生的阻力。

边界层是湍流态还是层流态取决于雷诺数,摩擦阻力系数也是如此,如图3.16所示。

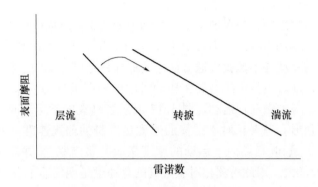

图 3.16　表面摩阻随雷诺数的变化

这样看来层流是我们期望的流态(为了获得较小的压差阻力),而且通常情况确实如此,但是当处理飞行速度很低的非常小的无人机时,层流就会成为一个问题。小特征长度和低流速导致小雷诺数流动,并因此呈现层流状态,这通常是有利的情况。之前讨论的顺压和逆压梯度在非常低速的情况下依然存在,使得层流边界层分离和再附成为可能。这就使得物面主要处于层流区,但在边界层内会出现一个分离泡。这一现象被称为层流分离,是非常小型的低速飞机(如小型模型飞机、微小型无人机)机翼的一个特征。

分离泡的位置可以在机翼表面上移动,这取决于迎角、飞行速度以及表面粗糙度。分离泡的尺度可以生长,而后再以不可预知的方式破裂。分离泡的移动和破裂扰乱了机翼表面的压力分布,导致剧烈的、有时甚至是不可控的飞行器运动。这种情况对于较大的、以较高速度飞行的飞机来说并不构成问题,因为大多数此类飞机的机翼在其飞行所对应的较高雷诺数下处于湍流边界层状态。对于小面积升力面需要特殊设计的翼型来维持层流状态,或使用扰流器(也称为湍流发生器)来产生湍流。在这两种情况下,层流分离泡要么被消除,要么被特殊设计的翼型稳定住。发生层流分离的雷诺数大约为75000。小的控制面,比如前置鸭翼,特别容易受到层流分离的影响。

一类新型的微型无人机(micro – UAV)已经出现,这类无人机具有小鸟的特性。关于小鸟尺度的无人机技术的概览可以在 Hank Tennekes 的书中找到,书名为"Simple Science of Flight from Insects to Jumbo Jets",列在了参考书目中。

3.7 扑 翼

像鸟一样扑翼飞行的无人机引起了人们的兴趣。利用扑翼飞行的物理学及空气动力学细节超出了我们研究的范围,但可以依据与我们之前提到的固定翼产生气动力相同的机理来领会扑翼的基本空气动力学知识。下面的讨论大部分基于专著"Nature's Flyers: Birds, Insects, and the Biomechanics of Flight"[1]的内容。

鸟类翅膀的扑动并不像我们通常认为的那样只是单纯地向上和向下或者像划艇一样的回拉运动。飞行中的鸟翼在扑动时向上和向下运动,同时由于鸟的飞行速度鸟翼也在空气中做前行运动。图3.17展示了鸟翼向下运动时形成的速度三角形和力的三角形。鸟翼相对于空气的速度是鸟身的前飞速度 V 和鸟翼的向下运动速度 w 的矢量和,鸟翼向下运动的速度靠鸟的肌肉驱动,并沿着鸟翼的展向变化,在翼梢处最大。因此鸟翼相对于空气的总速度是朝向前下方,也就意味着绕过鸟翼的相对风速是朝向后上方。

由相对风速产生的气动力 F 与相对风速垂直,它可以分解为两个分力:向上的升力 L 和向前的推力 T。

速度三角形和力的三角形沿鸟翼的展长方向变化,这是因为速度 w 在翼身连接的翼根处近似为零,而在翼梢处达到最大值,所以总气动力在翼根处几乎垂直向上,而在翼梢处则向前倾斜到最大程度。因此,有时会说鸟翼根部主要产生升力,梢部主要产生推力。

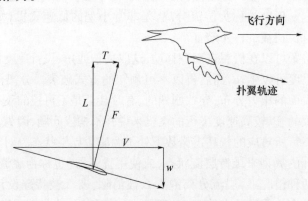

图 3.17 扑翼飞行示意图

对于鸟来说沿翼展长度方向引入变化的扭转角也是可能的,这样就使得当速度 w 沿翼展方向增大时,不同展向位置的当地迎角保持相同,于是靠近翼梢处的相对风速就变得更加向上倾斜。这样的扭转也可以用来产生沿翼展方向变化的最优迎角,这样可以增大从翼梢处获得的推力。

图 3.18 显示了鸟翼的上下扑动如何能够提供净升力和正推力。相对风速的方向与图中上下扑动过程形成的变化的曲线相切。为了使平均升力和推力最大化，鸟会在向下扑翼过程中"选择"较大迎角，这样就能产生较大的净气动力，进而导致较大的升力和较大的正推力。在向上扑翼时，迎角减小，导致较小的净气动力。这就意味着即使推力在上扑运动时是负的，在一个完整的扑翼循环内平均推力仍是正值。在上扑运动时尽管升力较小，但始终保持为正值。

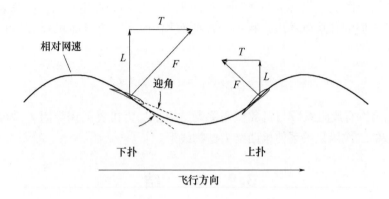

图 3.18　鸟在飞行中扑翼产生的气动力

鸟可以通过在上扑运动时弯曲翼面使上扑过程产生的负推力进一步减小，如图 3.19 所示。这样就可以大幅度消减由鸟翼外段部分引起的力，这部分力是推力的最主要的来源，而靠近翼根部分产生的大部分升力得以保留。

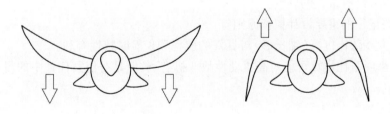

图 3.19　翼关节的弯曲

这种关于鸟类如何利用扑翼飞行的简单描述，正是我们在这种介绍性的教材中原本要达到的深度。鸟类如何飞行与昆虫如何飞行存在一些显著的差别，而且并不是所有的鸟都采用相同的方式飞行。在重于空气的飞行器飞行的早期时代，曾经出现过许多利用扑翼来升起人类乘员的尝试，但所有的尝试都不成功。近年来随着对小型甚至微型无人机的兴趣的增长，关于鸟类和昆虫飞行的生物力学正在被重新细致研究，并且最近采用机械装置模仿扑翼飞行取得了成功。

3.8 飞行器总阻力

作用在飞行器机翼上的总阻力由两部分组成:升致阻力(诱导阻力)和型阻,型阻又是由摩阻和压差阻力组成。

对于整个飞行器来说,除机翼外的所有部件产生的阻力合在一起称为寄生阻力(或称为废阻力)。如果这些不同种类的阻力组成部分都用阻力系数来表示,那么只需将它们的和乘以动压 q 和一个特征面积(通常取机翼面积)S,就可以得到总阻力:

$$D = \frac{1}{2}(C_{D0} + C_{Di})\rho V^2 S \tag{3.13}$$

式中:C_{D0} 为所有废阻系数与机翼型阻系数之和;C_{Di} 为机翼的诱导阻力系数,它与升力系数的二次函数关系使极曲线为抛物线形。

3.9 小 结

前面的分析从翼型剖面的气动力系数开始,翼型剖面的气动力特性是通过在风洞中测量"无限翼展"机翼(也就是机翼从一侧洞壁延伸到另一侧洞壁)的二维流动而得来。这种流动之所以是二维的,是因为不存在翼梢,空气不能卷绕流动形成三维流场。而已经证明的结论是,翼梢处的卷绕流动或者说三维流动对飞机的空气动力特性有重大的影响。

需要记住的重要设计权衡原则有:

- 大展弦比机翼(细长形)对良好的航程和长航时特性有利。
- 小展弦比机翼可能对高机动性战斗机有利,但是对侦察任务中的目标追踪时长不利。

参 考 文 献

[1] Alexander D. Nature's Flyers: Birds, Insects, and the Biomechanics of Flight. Baltimore. Johns Hopkins University Press, 2002.

参 考 书 目

下列参考书适用于第二部分的所有章节。

Anderson J. Aircraft Performance and Design. New York, McGraw – Hill Book Company, 1999.

Hale F. Introduction to Aircraft Performance Selection and Design. New York, John Wiley & Sons, 1984.

Hemke P. Elementary Applied Aerodynamics. New York, Prentice – Hall Inc. , 1946.

Kohlman D. Introduction to V/STOL Airplanes. Ames, Iowa, Iowa State University Press, 1981.

Millikan C. Aerodynamics of the Airplane. New York, John Wiley & Sons, 1941.

Peery D. Aircraft Structures. New York, McGraw – Hill Book Company, 1949.

Perkins C, Hage R. Airplane Performance Stability & Control. New York, John Wiley & Sons, 1949.

Simons M. Model Aircraft Aerodynamics. Hemel Hempstead, England, Argus Books, 1994.

Tennekes H. The Simple Science of Flight from Insects to Jumbo Jets. Cambridge, MA, The MIT Press, 1996.

第 4 章 性　能

4.1　概　述

本章将阐明如何运用第 3 章给出的基本空气动力学方程来预估一架飞机的性能,并解释其性能是如何与飞机设计的关键要素相联系的。为了说明基本方程在性能分析上的强大作用,作为例证,推导出了无人机最重要的两种性能:航程和航时的表达式。

4.2　爬升飞行

作用在稳定、直线飞行的飞机上的所有的力处于平衡状态,如图 4.1 所示。

这种状态下的运动方程可写成

$$升力 = W\cos\theta \tag{4.1}$$

式中:W 为飞机所受重力,且

$$推力(T) = D + W\sin\theta \tag{4.2}$$

式中:D 为阻力。

方程式(4.2)乘以速度 V 可得

$$TV = DV + WV\sin\theta \tag{4.3}$$

式中:TV 为推进系统传递给飞行器的功率,称为可用功率(PA);DV 等于维持飞行所需要的功率,称为需用功率(PR)。由于 $V\sin\theta$ 就等于爬升率 $\mathrm{d}h/\mathrm{d}t$,则方程(4.3)可改写成

$$W\frac{\mathrm{d}h}{\mathrm{d}t} = PA - PR \tag{4.4}$$

可用功率可以通过发动机主轴输出功率 P_e 和螺旋桨效率 η 获得,表示为

$$PA = P_e\eta \tag{4.5}$$

功率一般用马力表示,但英制的功率基本单位是英尺·磅·秒$^{-1}$,公制的功率基本单位则是瓦特(或牛顿·米·秒$^{-1}$),这里列出的方程均使用这些基本单位。

48

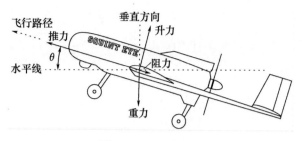

图 4.1　飞机受力图

由于需用功率 *PR* 等于阻力乘以速度,我们前面对阻力的组成部分的讨论中,将阻力作为速度的函数仍是适用的,于是 *PA* 和 *PR* 都可以作成随速度变化的曲线,如图 4.2 所示。由式(4.4)可知,最大爬升率出现在两条曲线间具有最大距离的速度处,在这一点上两条曲线的斜率或导数也正好相等。因此,最大爬升率对应的速度就可以从图上读取或计算出来。最大和最小空速也可以直接从图上读到。

当然,阻力和功率取决于空气密度(还取决于其他因素),因此,高度对这两条曲线都有影响。

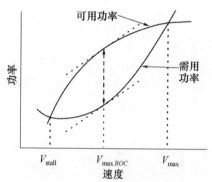

图 4.2　功率随速度的变化

图 4.3 给出了不同海拔高度下典型的可用功率和需用功率曲线。可以看到,随着高度的增加,两条曲线之间的距离以及它们的交点越来越靠近,直到飞机没有飞行能力为止(也就是说,图上不存在 *PA* 大于 *PR* 的区域)。由方程(4.4)求解出 dh/dt(等式两边除以 *W*),爬升率 *ROC* 也就很容易求得。

$$ROC = \frac{dh}{dt} = \frac{(PA - PR)}{W} \tag{4.6}$$

对这些基本方程稍作补充,在合理的近似条件下,可以推导出螺旋桨和喷气推进的飞机的航程和航时表达式。本书的写作意图并不是作为空气动力学的基础入门课程,但在后续的章节中会给出这些表达式的简化推导,这既可以阐明一个简单的飞行动力学数学描述的作用,也能为估算无人机两大关键性能参数提供一些有用的

49

方程。

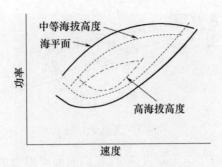

图 4.3   在不同高度下功率随速度的变化

4.3   航　　程

　　无人机的航程是一个重要的性能特征参数。在合理的近似条件下航程特性相对比较容易计算。航程依赖于多个基本的飞机设计参数,并受到任务载荷重量的剧烈影响,这是因为部分燃料重量可以替换成任务载荷,只要是在飞行器正常工作所允许的重心变化限度内即可。

　　计算航程和航时的基本关系式是由于燃料消耗而导致飞行器重量的减小。

　　对于螺旋桨推进的飞机而言,这个关系式由单位耗油率 c 来表示,即单位功率对应的耗油率,这里功率指的是发动机轴输出的功率 P_e。根据这一定义,可以得到

$$-\frac{\mathrm{d}W}{\mathrm{d}t} = cP_e \tag{4.7}$$

　　对于喷气式飞机而言,单位耗油率采用的是另一种不同的度量方法,即单位推力耗油率 c_t,表示喷气发动机产生单位推力对应的耗油率。因此:

$$-\frac{\mathrm{d}W}{\mathrm{d}t} = c_t T \tag{4.8}$$

　　这里值得花一点时间和篇幅来讨论一下 c 和 c_t 的单位,两者分别等于单位时间内发动机产生单位功率或单位推力所燃烧的燃油重量。单位耗油率 c 的英制单位是磅/秒/(英尺·磅/秒)。其中磅/秒消掉 c 后的单位是 1/英尺(公制单位是1/米)。对于 c_t,其单位是磅/秒/磅推力,因此 c_t 的净单位是 1/秒。

　　由于功率等于推力乘以速度,可以将 c_t 用 c 来表示:

$$c_t = \frac{cV}{\eta} \tag{4.9}$$

4.3.1 螺旋桨推进飞机的航程

我们从方程(4.7)开始对螺旋桨推进的飞机进行讨论。因为 $PA = \eta P_e$，并且在水平飞行时 $PA = PR = DV$，可以将方程(4.7)改写为

$$-\frac{\mathrm{d}W}{\mathrm{d}t} = \left(\frac{c}{\eta}\right)DV \tag{4.10}$$

由于 $L/D = W/D, D = W/(L/D)$，可以把 D 代入方程(4.10)，求解出 $V\mathrm{d}t$，上式变为

$$V\mathrm{d}t = -\left(\frac{\eta}{c}\right)\left(\frac{L}{D}\right)\frac{\mathrm{d}W}{W} \tag{4.11}$$

假设 L/D 和 η/c 均为常数，航程 R 可以通过对 $V\mathrm{d}t$ 沿整个飞行过程积分而求得：

$$R = \left(\frac{\eta}{c}\right)\left(\frac{L}{D}\right)\ln\left(\frac{W_1}{W_0}\right) \tag{4.12}$$

式中：W_0 为飞机的空重(燃油全耗尽)；W_1 为起飞重量。

作为起飞重量的一部分，燃油的重量可以由如下式子给出：

$$\frac{W_{\text{fuel}}}{W_{\text{TO}}} = \frac{W_1 - W_0}{W_1} = 1 - \frac{W_0}{W_1} \tag{4.13}$$

以上公式是在航空发展的早期推导出的，被称为布拉奎特(Breguet)航程公式。

对于螺旋桨推进的飞机来说，基于飞机的若干基本参数(η, c 和燃油容量)以及升阻比 L/D，方程(4.12)直接给出了航程的计算值。考察这些方程可以发现，较高的螺旋桨效率、较低的单位耗油率和较大的燃油容量(即 W_1 与 W_0 的差值大)可以增大飞机的航程。这些关系都是非常直观的。

仔细考察这个方程可以得到更有趣的结果，那就是为了实现最大航程，飞机必须在最大升阻比 L/D 状态下飞行。产生这种状态所对应的速度可以表示为

$$V_{\text{max}L/D} = \sqrt{\frac{2}{\rho}\frac{W}{S}\sqrt{\frac{1}{\pi AReC_{D0}}}} \tag{4.14}$$

此时最大升阻比 L/D 的值为

$$\left(\frac{L}{D}\right)_{\text{max}} = \sqrt{\frac{\pi ARe}{4C_{D0}}} \tag{4.15}$$

从方程(4.15)可以看出，如果要获得长航程，就需要大展弦比，因此需要长而窄的机翼。

螺旋桨推进飞机的一个航程图表如图 4.4 所示。

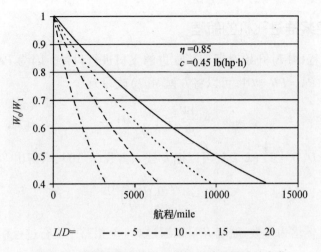

图 4.4　螺旋桨推进的飞机的航程随重量比的变化

在航空工程中,不同单位制混用是很常见的,比如发动机功率用马力而推力用磅,以及速度用英里/小时而不用英尺/秒。这里给读者布置一个练习:使用一些更为常见的混合单位制推导出上述方程的具体形式,使之给出正解结果。

因为我们在推导螺旋桨推进的飞机的简单航程公式时假设 $L = W$,那么这个公式就只适用于整个航程自始至终都保持上述条件成立的情况。由于随着燃料的消耗飞行器的重量在持续减小,有必要随着时间变化逐渐减小升力,以保持 $L = W$ 这一条件成立。这可以通过随时间降低速度或增加高度来实现。因此,这个方程适用的条件就只是高度恒定、速度逐渐减小或速度恒定、高度逐渐增加的飞行情况。尽管如此,在可用燃料重量与相应的无燃料空机重量的比值已知的基础上,上述公式仍然是快速估算飞行器航程的有效手段。

4.3.2　喷气推进飞机的航程

对于喷气推进的飞机来说,情况稍有不同。为了建立针对喷气式飞机的航程公式的特定形式,我们从方程(4.8)开始并可得出

$$V \mathrm{d}t = - \left(\frac{1}{c_t} \right) \left(\frac{L}{D} \right) V \frac{\mathrm{d}W}{W} \tag{4.16}$$

按照前面的过程,假设飞行中 V 和 L/D 均为常数,可以得到喷气推进飞机的简化航程公式:

$$R = \left(\frac{V}{c_t} \right) \left(\frac{L}{D} \right) \ln \left(\frac{W_1}{W_0} \right) \tag{4.17}$$

可以看到,如果飞行是在(VL/D)的值最大的状态下完成的,航程就能实现最大化。在平飞时 $L = W$,因此可得

$$L = W = \frac{1}{2}\rho V^2 S C_L$$

利用 $L/D = C_L/C_D$ 这一事实,等号两侧同时乘以 V 可得

$$V\frac{L}{D} = \sqrt{\frac{2W}{\rho S C_L}}\frac{C_L}{C_D} \tag{4.18}$$

上式不能直接代入方程(4.17),因为方程(4.17)是通过对 W 求积分推导得来的,而 VL/D 的表达式中包含了 W。将方程(4.18)代入方程(4.16),假设 ρ、C_L、S 和 $C_L^{1/2}/C_D$ 均为常数,积分即可得出喷气推进飞机的更为精确的航程方程:

$$R = \frac{1}{c_t}\sqrt{\frac{2}{\rho S}}\frac{C_L^{1/2}}{C_D}(W_1^{1/2} - W_0^{1/2}) \tag{4.19}$$

正如螺旋桨推进的飞机一样,我们需要较低的单位耗油率(在这里指单位推力耗油率)和较大的燃油容量。另外,对于喷气推进的飞机,我们更希望空气密度尽可能小,因此我们更倾向于在高海拔高度飞行。

在喷气推进飞机的简化航程方程的推导过程中,我们假设了很多量都是常数。为了保持 ρ 为常数,飞行高度必须保持不变。为了保持 $C_L^{1/2}/C_D$ 为常数,速度就必须随着飞机重量的减小而变化。可以证明出现 $C_L^{1/2}/C_D$ 的最大值所对应的速度为

$$V(\max C_L^{1/2}/C_D) = \left(\frac{2W}{\rho S}\sqrt{\frac{3}{\pi AReC_{D0}}}\right)^{1/2} \tag{4.20}$$

并且在这一速度下有

$$\left(\frac{C_L^{1/2}}{C_D}\right)_{max} = \frac{3}{4}\left(\frac{\pi ARe}{3C_{D0}^3}\right)^{1/4} \tag{4.21}$$

正如螺旋桨推进的飞机一样,长航程需要大展弦比机翼。

4.4 航 时

4.4.1 螺旋桨推进飞机的航时

航时是指飞机在燃料耗尽之前维持在空中飞行的时间。要估算螺旋桨推进的飞机的航时,可从方程(4.11)开始:

$$V\mathrm{d}t = -\left(\frac{\eta}{c}\right)\left(\frac{L}{D}\right)\frac{\mathrm{d}W}{W}$$

从这个方程可以写出

$$\mathrm{d}t = -\left(\frac{\eta}{cV}\right)\left(\frac{L}{D}\right)\frac{\mathrm{d}W}{W}$$

利用 $W = L = \dfrac{1}{2}\rho V^2 C_L S$ 这一结论,可以将 V 写成

$$V = \sqrt{\frac{2W}{\rho S C_L}}$$

用 C_L/C_D 代替 L/D,可以将 dt 写为

$$\mathrm{d}t = -\left(\frac{\eta}{c}\right)\sqrt{\frac{\rho S}{2}}\left(\frac{C_L^{3/2}}{C_D}\right)\frac{\mathrm{d}W}{W^{3/2}}$$

像前文一样,如果假设除了飞机重量以外的所有参数都是常数,就可以积分上述方程并得到航时(E)的表达式为

$$E = \left(\frac{\eta}{c}\right)\sqrt{2\rho S}\,\frac{C_L^{3/2}}{C_D}(W_0^{-1/2} - W_1^{-1/2}) \tag{4.22}$$

仔细考察这个方程就会发现,实现最长航时所需要的飞机性能参数与实现最大航程所需的参数大致相同:较高的螺旋桨效率、较低的单位耗油率以及较大的燃油容量。然而,实现大航程希望飞机在高海拔高度(低 ρ)飞行,相比之下,方程(4.22)则表明,为了获得长航时,更希望在海平面飞行,海平面的大气密度 ρ 具有最大值。与航时有关的代表性曲线如图 4.5 所示。

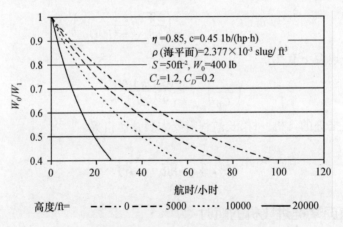

图 4.5　螺旋桨推进的飞机的航时随重量比的变化

为了获得最长航时,飞机有必要以 $C_L^{3/2}/C_D$ 最大的状态飞行。可以证明,这种状态对应的速度为

$$V(\max C_L^{3/2}/C_D) = \left(\frac{2W}{\rho S}\sqrt{\frac{1}{3\pi ARe C_{D0}}}\right)^{1/2} \tag{4.23}$$

并且,此时的 $C_L^{3/2}/C_D$ 值为

$$\left(\frac{C_L^{3/2}}{C_D}\right)_{max} = \frac{1}{4}\left(\frac{3\pi ARe}{C_{D0}^{1/3}}\right)^{3/4} \tag{4.24}$$

上面的式子表示出的最大航时对应的速度并不是方程(4.14)给出的最大航程对应的速度。它们之间相差一个比例倍数,即$\sqrt[4]{3}$,或1.32,也就是说,最大航程(最大升阻比L/D状态)对应的速度是最大航时(最大功率因子$C_L^{3/2}/C_D$状态)对应的速度的1.32倍。两者存在不同并不意外,因为航时的量纲是时间,而航程的量纲则是速度乘以时间。

与长航程情况类似,长航时也需要大展弦比机翼。

4.4.2 喷气推进飞机的航时

对于喷气推进的飞机,我们从方程(4.8)开始,利用$T=D$且$L=W$这一事实,可以得出

$$dt = -\frac{L}{D}\frac{1}{c_t}\frac{dW}{W}$$

如果假设L/D和c_t均为常数,不随时间变化,就可以积分上式得到喷气推进的飞机的航时的简单表达式:

$$E = \frac{1}{c_t}\frac{L}{D}\ln\frac{W_1}{W_0} \tag{4.25}$$

为了获得最大航时,飞机必须以能够产生最大升阻比L/D的速度飞行。这样的飞行状态已经在与螺旋桨飞机的航程相关的讨论中考虑过了,并且满足这种最大升阻比条件的速度由方程(4.14)给出。这一速度随着飞机重量的减小而变化。L/D的最大值由方程(4.15)给出。

4.5 滑翔飞行

飞行器的滑翔能力是由其下沉率来度量的,可以利用运动方程或平衡方程(方程(4.1)和方程(4.2))很容易地确定下沉率。当动力关闭($T=0$)时,这两个运动方程变为

$$W\sin\theta = -D \tag{4.26}$$
$$W\cos\theta = L \tag{4.27}$$

方程(4.26)除以方程(4.27),滑翔角的正切值就可确定。

$$\tan\theta = \frac{-D}{L} = \frac{-C_D}{C_L} \tag{4.28}$$

滑翔角的正切值是升阻比L/D的倒数。下沉率一般用正数表示,因此如果速

度已知,则下沉率为

$$下沉率 = V\frac{D}{W} = V\tan(\theta) \tag{4.29}$$

下沉率的单位与速度 V 的单位相同。

大多数无人机在进场着陆时都不用太大的功率,而且由于它们较高的升阻比 L/D,进场下滑角相当小。这就意味着即使是撞网着陆回收,也需要较长的跑道或大面积宽敞的空域。要解决这一问题,以便使用较小的场地回收,一种方法是利用襟翼或阻力板等可产生阻力的装置来降低进场时的 L/D。这些装置会导致额外的系统复杂度和成本。另一个方法是加装一套翼伞,利用其固有的较低升阻比特性。

4.6 小 结

基本的空气动力学方程是计算飞行器关键性能参数的有力途径,所得的性能特性可以用设计参数和任务剖面参数来表示。它们是航空工程师设计飞行器的工具。本章展示了这些很基本的方程是如何综合在一起来估算重要特性参数的,如估算航程和航时,提供了很好的例证来说明这些基本方程的强大作用,其作用已延伸至飞机设计的所有领域。基于基本方程的推导计算是整个设计过程的核心。本章给出的估算示例揭示了飞行器的基本构型设置(重量和阻力)、飞行高度以及飞行状态是如何制约和影响燃油消耗的,反过来燃油消耗又是如何影响航程和航时的。应用这些方程和其他类似方程来权衡设计飞机重量、燃油装载量、任务载荷重量、机翼尺寸和、以及所有其他的因素,从而构成完整的飞行器设计。

第 5 章　稳定性和控制

5.1　概　述

　　稳定性是指在小扰动下,物体保持当前静止或运动状态的趋势。例如,一只直立放置的香槟酒瓶被用餐者的袖子拂到之后,大多数情况会来回摇晃几下然后停下回到初始状态。这种现象的产生是因为小幅度倾斜导致的瓶身受力抑制了倾斜的继续增大,并且趋向于使瓶子回到瓶底稳固接触桌面的初始状态。这种情况称为"正稳定性"。理论上,我们可以把同一个瓶子头朝下放置,以瓶塞顶部的球形部分着地而使瓶子保持平衡。然而,这样即使是非常轻微的扰动都会导致瓶子倒向一侧,这是因为一旦重心不再处于瓶塞顶部的球形与桌面的接触点的正上方时,瓶身所受的力就会导致倾斜加剧,而倾斜加剧又会使受力增大,这种相互作用一直持续下去。这种情况则称作"负稳定性"。

　　在正稳定性情况下,对物体状态的扰动增大,所产生的回复力也增大;而在负稳定性情况下,扰动的增大将使干扰力随之增大,进而导致灾难事故突现。

　　负稳定性也可能是可接受的甚至是希望达到的状态。这一点可以通过自行车来说明。如果不是骑行者微微移动其重心来修正扰动的影响,那么自行车在摔倒之前就只具有非常小的干扰耐受限度。负稳定性常常与高机动性相伴出现,并且在某些场合是希望具备的特性。不过,负稳定性需要一套能够在足够高的带宽下工作的控制系统,来确保在干扰力反馈变得无法控制之前修正任何小扰动。对飞机来说,也仅仅是在最近的几十年间,电子控制系统才发展为具有足够的功能和足够可靠,使得设计师们一直乐于设计出在设定的飞行包线内具有负稳定性的飞机。

　　本章我们将讨论稳定性的基本概念以及使用电子控制系统(自动驾驶仪)驾驶飞行器的相关领域的知识。

5.2　稳　定　性

　　一架飞行器要维持飞行就必须是稳定的。静稳定性是指当飞机遭受阵风或其他力干扰后,作用在飞机上的各种力(推力、重力和空气动力)的作用方向趋向于使机体回复其初始平衡位置。假如飞行器不是静稳定的,那么即使极微小的扰动都会导致飞行器持续不断地偏离其初始飞行状态。一架静稳定的飞机在受扰后有回复其初始位置的"趋势",但这种回复可能会过量,转换方向,向相反方向运动,回来时再次过量,并最终导致振动破坏。在这种情况,飞机是静态稳定的,但不是动态稳定的。如果振荡被衰减并最终消失,就可以说飞行器是动态稳定的。

一架飞行器有三个转动自由度(俯仰,滚转和偏航),并且绕每个轴都必须保持平衡。俯仰轴是最关键的,绕俯仰轴的稳定性被称为纵向稳定性。绕滚转轴和偏航轴一定程度的不稳定性是可以容许的,在大多数分析中这两个方向的稳定性是结合在一起的,被称为横向稳定性。

5.2.1 纵向稳定性

为了确定影响纵向稳定性的因素,可参考图5.1和方程(3.7),图5.1给出了作用于飞行器的各种力的平衡情况。为方便读者,将方程(3.7)重新列在这里。

$$C_{M_{CG}} = C_L\left(\frac{x_a}{c}\right) + C_D\left(\frac{z_a}{c}\right) + C_{m_{ac}} + C_{fus} - C_{L_t}\left(\frac{S_t}{S}\right)\left(\frac{x_t}{c}\right) + C_{m_{act}}$$

俯仰力矩系数是升力系数的函数,这一结论可用来评估飞机的静稳定性。

飞机的压心(CP)可以认为是飞机上的气动压力合力的等效作用点,在这种意义上说,压心其实就是整架飞机表面每一个微元的位置以作用在此处的压力为权重的加权平均。由于机翼产生的阻力占飞机总阻力的绝大部分,因此压心通常位于靠近机翼所在平面的某个纵向位置处。

如果要画出俯仰力矩随升力系数的变化曲线,结果即如图5.2所示。

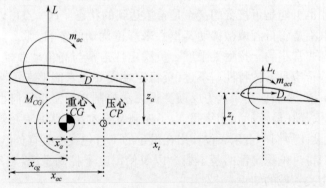

图 5.1　与纵向稳定性相关的力矩

利用图5.2,我们可以做如下推理:假如一个扰动(例如 C_L 增大)导致机头上仰,而回复力矩导致机头下俯(即俯仰力矩的增量是负值),则飞行器将趋向于回复其初始位置。假如在受到抬头扰动后,俯仰力矩却导致进一步抬头,那么飞机将继续上仰,这就是静不稳定状态。在数学上,一个稳定系统的俯仰力矩随升力系数变化的曲线必须有负的斜率,正如图5.2所示。问题是,怎样才能使飞机表现出这样的特性? 前面给出的平衡方程中的每一项都对俯仰力矩有贡献, 要么向正的方向,要么向负的方向。水平尾翼的贡献(平衡方程中的倒数第二项)是最为重要的,原因是它的符号为负,并且通过设计较大的 x_t 和 S_t 可以获得较大的值。一个大面积的尾翼,位于飞行器重心之后较远的距离,就成为一个作用强大的安定面。

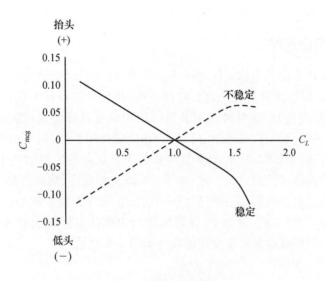

图 5.2   俯仰力矩系数

图 5.3 针对每一种对纵向稳定性有贡献的部件,给出了俯仰力矩随升力系数变化的曲线。

$$\frac{\mathrm{d}C_M}{\mathrm{d}C_L} = x_{cg} - x_{ac}$$

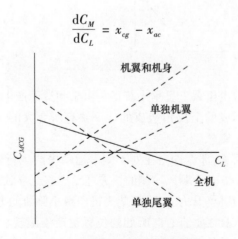

图 5.3   不同部件的俯仰力矩特性

对于任何飞行的物体,不管是一支箭还是一架完整的飞机,重心必须位于空气动力中心(即气动焦点,工程中常用压心 CP 代替,这是不严格的。译者注)之前,这样才能使俯仰力矩/升力曲线保持负的斜率,也就是满足前面提及的静稳定性条件。在重心后面增加一些能够产生升力和阻力的气动作用面,例如水平和垂直安定面,可以起到使全机的空气动力中心向后移的作用,从而增大稳定性。在重心前面设置气动作用面,比如鸭翼,作用正好相反,将会降低稳定性。

5.2.2 横向稳定性

横向稳定性不像纵向稳定性那样至关重要,因为轻微的滚转或偏航并不像俯仰那样具有破坏性,俯仰方向一旦长时间失控,将导致飞行器失速并使飞行终止。偏航(或称为航向的)稳定性通过加装适当面积的垂直稳定翼或安定面就可以较容易地获得。偏航稳定性的数学分析与俯仰稳定性相类似,只不过机翼对偏航稳定性几乎没有任何贡献。机身和垂直尾翼翼面是航向稳定性的两个主要影响因素。正如对俯仰稳定性的讨论一样,为了获得航向稳定性,侧向力系数随偏航角变化的曲线必须具有负的斜率。推导过程与前面在俯仰方向采用的步骤完全相同。垂直尾翼必须能够产生回复力矩,使得由侧向力扰动引起的偏航角变化最小化。典型的偏航力矩系数随偏航角变化的曲线如图 5.4 所示。

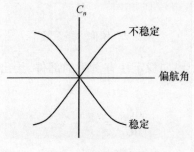

图 5.4　航向稳定性

滚转稳定性通常由机翼上反角来获得。由于侧滑而产生的滚转力矩实际上是由机翼相对于机身形成的上反角造成的。一幅有所夸大的示意图——图 5.5,有助于形象地解释这一概念。

假如机翼有上反角,那么冲击在处于侧滑运动中的飞行器上的气流将使迎风一侧的机翼迎角(AOA)大于顺风一侧的机翼迎角。这就导致迎风一侧的机翼产生的升力比顺风一侧的机翼升力大,进而使飞机向减小侧滑的方向滚转,于是形成稳定性。机翼相对于机身在垂直方向所处的位置也产生滚转稳定性,但起决定性作用的因素还是机翼上反角。

反向偏航是人们经常听到的另一个稳定性概念。英国人使用的术语"反向副翼阻力"(Adverse Aileron Drag)是更为准确的称谓,也使这一概念更容易理解。当副翼偏转以产生滚转运动时,这些副翼同时也产生阻力并趋向于使飞行器偏航,而该偏航方向正好与滚转导致的转弯方向相反。这就造成了一种不平衡状态,通过偏转方向舵抵消偏航运动可缓解这种不平衡状态。这自然也是飞机要安装方向舵的主要原因之一。飞行员能够感觉到这种不平衡,但无人机就必须在其飞行控制系统中采取自动补偿抵消措施。

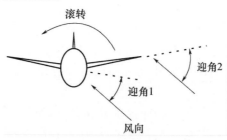

图 5.5　滚转稳定性

5.2.3　动稳定性

为了获得动稳定性,回复力必须能够吸收系统中的能量。动稳定性是由和机翼、尾翼、机身等各种表面的运动速率成正比的力造成的,其比例系数称为稳定性导数。

当稳定性导数与飞行器的角速度相乘时,就得到一个力,这个力通常会使飞行器的角速度减小(也就是吸收能量)。这种现象称为阻尼,也是一种摩擦。

由于真实的系统中摩擦是自然存在的,因此如果系统是静稳定的,那么通常情况下也是动稳定的,但这种说法并不总是成立。

当采用人工手段来控制飞行器时,例如使用带反馈的自动驾驶仪,动不稳定就会出现。如果控制系统中的反馈设计不当或补偿不当,施加控制力来修正发散的运动时却给系统加入了反向的能量,动不稳定现象就会产生。这样将导致不稳定性放大而不是衰减。

5.2.4　小结

压心(CP)和重心(CG)之间的距离对飞行器的稳定性具有至关重要的影响。压心与重心之间距离较小的飞行器,其稳定性要比二者距离较大的飞行器弱。为了实现稳定性,重心置于压心的前面是非常必要的。水平尾翼对飞行器的稳定性和控制能力来说,都是很重要的控制面。尾翼在机翼后面的距离越长,所获得的控制能力和稳定性就越强。一般来说,上述规律是成立的,而如果将水平控制面置于重心的前面(如鸭翼),的确能获得敏捷的操控,但要在稳定性上付出代价。

5.3 控 制

5.3.1 气动控制

一架飞行器绕俯仰、滚转和偏航轴的控制分别是由升降舵、副翼和方向舵来实现的。当机上的飞行员操纵飞机飞"抬头"动作时,实际上就包含了飞行员对机舱外地平线的观察、对控制和对飞机的感觉、以及"本能反应"的感觉等复杂潜意识的综合,也就是感知到的由重力和飞机加速度综合作用在飞行员身体上的净力方向。

对于无人机,通过机身和控制面反馈获得的系统的"感觉"本质上是不存在的。(地面控制装置中可以设计人工感觉,来为操作手提供一些飞行的感受,但大多数无人机安装的是无人工感觉的自动驾驶仪和电子控制系统)。控制面产生的力并没有反馈给操作人员,然而必须对这些力进行分析以确定机体的正确响应并确定作动器的大小。

有一些特定的飞行状态需要控制面做特定运动或产生特定的力。例如,升降舵控制机体俯仰的能力(升降舵控制力)取决于升降舵的大小、形状以及周围空气流速。着陆过程中,飞行器通常飞得很慢,此时能有足够高的升降舵舵效来保持机头抬起,从而不使飞行器增速十分必要。弹射起飞过程中,速度同样很低(接近失速),一旦飞行器受到干扰,就必须要有足够的控制力来保持其姿态,直至飞行器获得合适的空速。在常规滑跑起飞过程中,升降舵也必须具备适当的大小和安装位置,以便在主起落架仍在跑道上时使前轮抬离地面。

5.3.2 俯仰控制

俯仰力矩是通过偏转升降舵来改变尾翼升力系数而产生的,如图 5.6 所示。升降舵偏转也决定了飞机能产生的加速度(g),因而也决定了转弯半径。由于升力总是垂直于机翼展向平面,当飞机在转弯过程中带有坡度时,升力方向就倾斜至与垂直方向成一定角度,只有垂直方向的分力能够对抗由于飞机重量造成的向下的力。这一现象的结果是,迎角必须增大使总升力增大,直到其垂直分量能够平衡重力为止。如果没有实现这一点,飞机将会在转弯时损失高度。为了增大迎角,飞行员或自动驾驶仪会做出上偏升降舵操作。因此,为了完成高度不变条件下的正确转弯,需偏转方向舵使飞机偏航,同时向侧向压"操纵杆"并向后拉杆,以使飞机形成坡度并增大迎角,称为"协调转弯"。在转弯时,无人系统必须按照与有人系统相同的模式操作,而且这种"协同"必须建立在其飞行控制系统中。

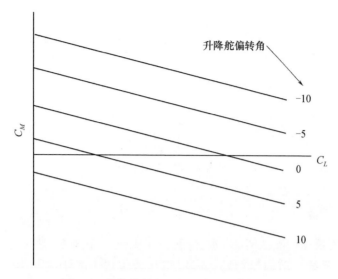

图 5.6　俯仰控制力矩随升降舵偏角的变化

5.3.3　横向控制

　　副翼的设计意图是生成滚转。滚转控制是转弯的必要条件。如前所述,转弯时的平衡飞行是通过方向舵和水平安定面的控制相结合来实现的。方向舵控制也用于控制飞机偏航。

　　必须考察研究无人机可能遇到的所有各种各样的飞行状态,才能设计出具有合适尺寸并处于合适位置的控制面。这通常需要确定各种力的平衡,同时也需要用牛顿定律对飞行器的力矩进行简单的合成。关于由控制面偏转导致的飞行器运动的完整的动力学分析是一个非常复杂的问题,需要用到计算机仿真。

5.4　自　动　驾　驶

　　以自动驾驶仪的形式应用自动化电子控制系统几乎是现今无人机控制普遍采用的方法。电子控制系统采用了一种称作反馈或闭环的工作方式。无人机飞行路径、姿态、高度、空速等的实际状态经过测量后以电信号的形式反馈给系统,并与期望的状态相比较(相减),二者之差,或称为误差信号经放大后用于设置适当的控制面位置,反过来,舵面又会产生控制力使飞行器回归到期望的理想状态,使误差信号趋向于零值。一种闭环自动控制系统的简化功能框图如图 5.7所示。

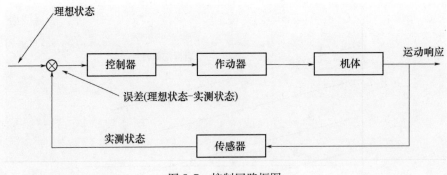

图 5.7　控制回路框图

5.4.1　传感器

传感器测量飞行器的姿态(垂直/航向陀螺仪)、角速率(速率陀螺仪)、空速(皮托空速管系统)、航向(罗盘)、高度(气压或雷达高度计),以及其他必要的或希望获得的功能参数。

将测得的姿态、高度、速率等参数与期望的理想状态相比较,如果它们的偏差超出了预定值范围,就会产生一个误差信号,用该信号驱动控制面来消除上述偏差。这种比较功能通常在控制器中实现。

5.4.2　控制器

控制器中包含有一些必要的电子装置,产生前文所述的误差信号,并将信号放大,为驱动作动器做好准备。另外,在控制器中还会完成对来自不同坐标轴的信号的融合和修正。控制器通常也包含处理飞行控制系统命令和整理输出的电子设备。

5.4.3　作动器

在来自控制器的信号指令控制下,作为结果,作动器将产生必要的力来驱动控制面。大型飞机上使用的作动器通常是液压的,而无人机上经常使用电动作动器,因而可避免使用液压泵、调节器、管路和液压油等,这些器件不但笨重而且经常泄漏。

5.4.4　机体控制

当控制面偏转时就会产生力,使飞行器做出响应。传感器可以感知这种响应或飞行器的运动,当姿态、速度或位置落在预设的范围内时,它们的误差就变为零,作动器随即停止驱动控制面。对误差信号进行补偿,以便使飞行器缓慢趋近期望的姿态或位置,并且不会出现超调。系统持续不断地检测搜索各种扰动,并相应地做出调整,以使飞行器平滑地飞行。导航系统也几乎按照相同的方式运行,只不过传感器是罗盘、惯性平台、雷达和 GPS 接收机而已。

5.4.5 内回路和外回路

首要的稳定功能是在所谓的内回路中实现的,使飞行器基本维持在预设的姿态、高度、速度等状态。另外,还有一个外回路执行飞行器机动飞行和导航任务。在进行电子辅助回收或自动回收时,外回路也用于捕获导引波束。带有反馈的控制系统框图如图 5.8 所示,图中表示出了内回路和外回路。

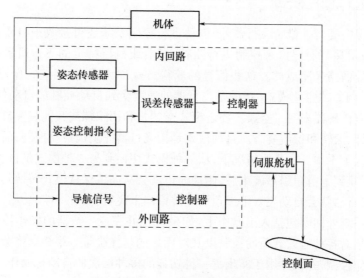

图 5.8　飞行控制系统框图

5.4.6 飞行控制分类

自动飞行控制系统是根据其控制的坐标轴的数目进行分类的。(所有这些系统还可以加入油门控制,来保持预期的空速并同时控制高度。)

● 单轴:单轴系统通常只控制飞行器绕滚转轴的运动。在这种系统中起作用的控制面是副翼,因此这样的系统经常称为"机翼校平器"。地面控制站中的"飞行员"可以向系统发送指令,使其能够操纵飞行器转向,进而为飞行器导航。有时候也会利用来自磁罗盘的信号或无线电波束来自动保持飞行方向或磁罗盘航向。这种操作属于外回路控制的一部分,后面将会进一步讨论。

● 两轴:两轴控制系统通常控制飞行器绕俯仰轴和滚转轴的运动。两轴系统使用的控制面是升降舵和副翼,不过有时也会单独使用方向舵作为"侧滑转弯"

(skid to turn)装置。有了俯仰控制,就可以在直线平飞时保持飞行器的高度。当仅仅采用滚转控制实现大坡度转弯时会导致飞机损失高度(可参见5.3.2节俯仰控制的相关讨论),然而,通过控制俯仰姿态就可使飞机转弯时不损失高度。

- 三轴:顾名思义,三轴系统控制飞行器绕三个坐标轴的运动,也就是加入了使用方向舵进行的偏航控制。有些无人机并没有采用三轴系统。这样就可以在不显著降低性能的前提下降低成本,因为偏航控制对整个系统的影响并不明显(仅利用方向舵协调转弯)。但如果机上携带了导弹或其他武器与无人机一起使用,偏航控制(三轴控制系统)就更具有吸引力了。

5.4.7　整体操控模式

除了保持姿态并稳定飞行器外,自动飞行控制系统还可接收来自于机上设备或地面(或卫星)的信号,来控制飞行路径、导航或执行特定的飞行机动。这种操作是通过外回路来完成的。这些信号的获得方式称为耦合,相应的操控称为"操控模式"。例如,"空速模式"指的是飞行器的速度受到自动控制或自动保持不变,这就需要有传感器来测量空速。姿态模式指的是利用陀螺或其他装置自动保持飞行器的俯仰、滚转和偏航姿态。自动模式是指飞行器完全被自动控制,而手动模式则意味着人工干预。在某些情况下,从一种模式切换到另一种模式是自动进行的;因此,当截获到下滑角引导波束后,俯仰通道就会从高度保持模式转换到下滑角跟踪模式,飞行器就会自动飞入下滑角引导波束向下飞行。

控制系统外回路包括人工操作手(如果有),并完成飞行器的操作控制。操作控制还包括对各种有效载荷的控制以及对任务的整体决策。第9章将会非常详细地讨论操作控制,并描述用于实现每一种功能的多种层次的自动化操作,这些功能是无人机成功完成任务所必需的。

5.4.8　支持自动驾驶的传感器

控制系统的内回路和外回路都需要传感器来测量飞行器当前的状态,这样就能够确定相对于理想状态的偏差量。需要感知和测量的量包括高度、空速和姿态。

1. 高度计

对于飞行器来说,以恒定的高度和空速飞行通常是很重要的。为了满足这一要求,或者在达到预期高度时能够自动保持水平飞行,就需要在高度保持模式下使用大气压力敏感测量装置。该装置由连接到一个半真空腔的压力传感器、一个放大器和一个随动电机组成。当飞行器改变高度时,半真空腔受到静压变化的驱动,产生膨胀或收缩动作,进而推动一个位置敏感元件,产生与其位置成正比的电流,因此该电流也就与静压或高度成比例。这一电流信号经放大后送至俯仰控制通道,来操作升降舵作动器,从而使飞行器回复到期望的高度。静压的变化也会使随动电机向相反的方向推动位置敏感元件,将误差信号减小到零。

2. 空速传感器

空速传感器除了使用静压传感器外,还使用动压传感器,构成皮托管。空速传感器与高度传感器唯一的不同点在于,空速传感器需要的是静压与动压的差值。用于高度传感器上的半真空腔在空速传感器中并不是密封的,而是与动压源(皮托管)相通,静压则可进入到安装整套空速测量组件的密封容器内。空速变化产生的压力差将致使压力腔膨胀或收缩。该系统的其余部分与高度保持系统完全相同,且空速误差信号将被送至俯仰轴控制以及发动机油门控制环节。

3. 姿态传感器

姿态保持通常使用一种能在惯性空间维持自身姿态的装置,通过测量飞行器姿态变化速率来实现,这种装置叫作陀螺仪(gyro)。在最简化的情况,测量飞行器的俯仰是必需的。当需要控制绕第二个轴的姿态时,还要增加一个偏航陀螺,而完整的三轴控制系统则需要再增加滚转陀螺。虽然使用陀螺仪增加了无人机系统的成本,但是当需要精确姿态控制来实现准确的目标定位时,陀螺仪还是必不可少的。

通常来说,与自动驾驶仪配合使用的陀螺仪并不用来直接测量相对于惯性系的姿态,而是用来测量绕某一坐标轴的姿态变化率,并且通过对姿态变化率进行电子积分来估算当前的姿态。为了修正误差积累,采用多种间接方法测量重力加速度的方向,进而防止对俯仰和滚转的估算值偏离大地惯性坐标系太远。在这种应用场合,传感器被称为"速率陀螺"。

速率陀螺并不适用于长时间导航。如果需要长时间导航功能,就要用到更高性能的惯性参照系统。

4. GPS 的使用

全球定位系统(GPS)可以基于卫星导航信号而不用前文提及的各种机械传感器来确定高度、空速、姿态以及飞行器的位置。然而,GPS 测量数据的更新速率不足以支持自动驾驶仪的内回路,因此,实现内回路功能仍然需要用到速率传感器。不过,GPS 提供了精确的长时间参考数据,可用于避免其他传感器短时间估测值的漂离,也可用于导航。

第6章　动力推进

6.1　概　述

本章介绍关于动力推进的两个方面内容。一个方面是与推力的产生或者称之为"动力升力"相关的空气动力学知识,"动力升力"是直接由旋翼或风扇产生的升力,亦可认为是向上的推力,这只不过是由于历史原因使用了不同的术语。

动力推进另一个方面的内容是产生推力或升力的动力来源,也就是驱动螺旋桨或旋翼或风扇,或者产生高速燃气射流的引擎或发动机。本章除了介绍传统的内燃机和涡轮机外,还将介绍几乎为无人机领域所独有的电力推进。电力推进正在得到更为普遍的应用,不仅仅用于小型/微小型无人机,也用于高空、超长航时无人机分支领域。

6.2　推力的产生

我们对常规翼型和机翼产生升力的原理是熟悉的。大部分无人机使用的螺旋桨都可以认为是小型的机翼。正如机翼产生的力称为升力一样,螺旋桨产生的力叫做推力。至于这种推力实际上是怎样产生的,有多种方法来描述。一种解释是,由于绕过弯曲表面的流速增大导致了较低的空气压力,正如伯努利论断的那样,是较低的压力分布在那一部分表面上拉动了螺旋桨。这种描述基本上是正确的,但事实是,推力和升力的产生,在基本原理上是对流过螺旋桨盘或机翼平面的空气团的动量变化的反作用力。不论是机翼或作动盘(旋翼、风扇),还是喷流或螺旋桨,要产生升力就必须是动量发生器(图6.1)。

动量发生器产生的力 F 为

$$F = T = \frac{\mathrm{d}m}{\mathrm{d}t}(v_{\mathrm{in}} - v_{\mathrm{out}}) \tag{6.1}$$

式中:$\frac{\mathrm{d}m}{\mathrm{d}t}$ 为单位时间流过动量发生器的空气质量,由下式给出:

$$\frac{\mathrm{d}m}{\mathrm{d}t} = \rho v A \tag{6.2}$$

in 为入口条件;out = 出口条件;A 为截面面积;ρ 为空气密度;v 流动中与面积和密

68

度取值点相同位置处的速度。

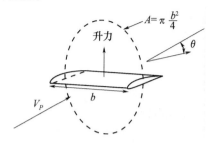

图 6.1 动量发生器

机翼是一个垂直方向的动量发生器,其产生升力的方式如图 6.1 所示。类似地,螺旋桨可以认为是水平方向的升力(推力)发生器。空气团流过机翼或螺旋桨的质量流率可按下式计算:

$$\frac{\mathrm{d}m}{\mathrm{d}t} = \rho v \frac{\pi b^2}{4} \qquad (6.3)$$

式中:$\pi b^2/4$ 为空气流过机翼吸收截面的面积;v 为气流速度。

气流流过机翼时由于向下偏转引起的动量变化可简单表示为 $(\mathrm{d}m/\mathrm{d}t)v\sin\theta$,这里 θ 是气流的偏转角。这个动量变化在垂直方向产生的力就是升力,可以表示如下:

$$升力 = L = \frac{\mathrm{d}m}{\mathrm{d}t}v\sin\theta \qquad (6.4)$$

产生这一升力所消耗的功率,称为诱导功率,等于在向下的方向上能量的变化率,即

$$P = \frac{1}{2}\frac{\mathrm{d}m}{\mathrm{d}t}v^2\sin^2\theta \qquad (6.5)$$

将方程(6.4)中的 $\mathrm{d}m/\mathrm{d}t$ 和 $\sin\theta$ 代入上式,可得用升力表示的诱导功率为

$$P = 2\frac{L^2}{\rho\pi v b^2} \qquad (6.6)$$

由方程(6.6)可见,产生一定量的升力所需的功率与翼展或螺旋桨直径 b 的平方成反比。

6.3 动力升力

升力也可以由直升机旋翼或涵道风扇构成的作动盘产生,如图 6.2 所示。

对于无涵道的旋翼,周围空气被吸进由旋转桨叶所确定的圆盘面内,以速度 v_d

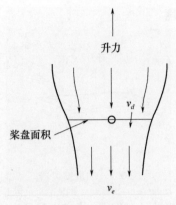

升力

v_d

桨盘面积

v_e

图 6.2　作动盘

流经盘面,然后继续加速达到最终出口速度 v_e。下面的公式是人们熟知的,并且容易证明:

$$v_d = \frac{v_e}{2} \tag{6.7}$$

于是空气质量流量为

$$\frac{\mathrm{d}m}{\mathrm{d}t} = \rho A v_d = \frac{1}{2}\rho A v_e \tag{6.8}$$

式中:A 为桨盘面积。因此桨盘升力为

$$L = \frac{\mathrm{d}m}{\mathrm{d}t}v_e = \frac{\rho A v_e^2}{2} \tag{6.9}$$

诱导功率为

$$P = \frac{1}{2}\frac{\mathrm{d}m}{\mathrm{d}t}v_e^2 \tag{6.10}$$

将方程(6.8)中的 $\mathrm{d}m/\mathrm{d}t$ 代入上式,并由方程(6.9)解出 v_e 代入,可得

$$P = \frac{L^{3/2}}{\sqrt{2\rho A}} \tag{6.11}$$

稍加整理可得

$$\frac{L}{P} = \sqrt{\frac{2\rho}{L/A}} \tag{6.12}$$

　　式(6.12)告诉我们,单位功率产生的升力与桨盘载荷(L/A)的平方根成反比,与空气密度的平方根成正比。将直升机、倾转旋翼/机翼、风扇的功率载荷随桨盘载荷变化的曲线画出来(图6.3),就可以显示出它们各自的相对效率。虽然方程(6.12)中功率的单位是瓦或英尺·磅/秒,我们将计算结果画成图线时使用了常

70

用的马力为单位。

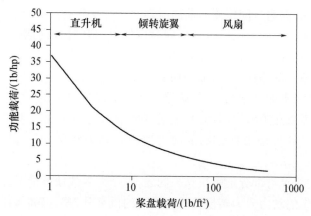

图 6.3　功率载荷随桨盘载荷的变化曲线

将方程(6.9)和(6.10)中用出口速度表示的升力和功率结合起来,就能发现:

$$\frac{L}{P} = \frac{2}{v_e} \tag{6.13}$$

这表明单位功率产生的升力与出口速度成反比。由此可清楚地说明,最有效的动力升力是利用大流量的空气以较低的速度产生的。

将动量发生器看作是升力/功率比或出口速度的函数,可以分为不同的类型,如图 6.4 所示。旋翼拥有较大的桨盘面积,以及以很低的速度流过的大流量空气,因此其盘旋、悬停效率是最高的。就推进效率而言,风扇不及旋翼,涡喷又不及风扇,而火箭是排在最后的,因为它的出口速度是最高的。

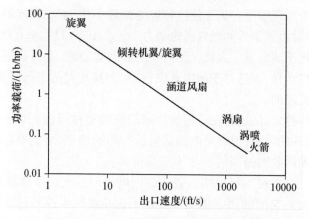

图 6.4　升力/功率比随出口速度的变化曲线

使用固定翼,并通过螺旋桨或涡喷发动机产生推力实现向前平飞,比使用只能产生动力升力的旋翼更为高效。固定翼构型飞行器用于产生推力所消耗的功率直接产生前向运动,而通过固定翼的前向运动间接产生升力。对于旋翼情况,作用在旋翼上的功率使一片叶片向后运动的同时也使另一片叶片向前运动,所以旋翼并没有直接产生飞机向前的任何运动。旋翼仅仅产生升力,而浪费了用于克服旋翼上寄生阻力的那一部分功率,这部分功率对于升力是没有贡献的。为了产生前向运动,旋翼的旋转平面必须倾斜,使旋翼上产生的净气动力的一部分转变为推力,这样总的气动力就必须增大(通过增大旋翼的输入功率实现),来维持平衡飞机重量所需的升力。这种情形在较高的前飞速度时尤为凸显,因为此时需要更大的推力。

倾转旋翼/机翼可部分地解决这一问题,对于大多数任务情况,倾转旋翼/机翼可以将旋翼产生的动力升力转换为效率更高的机翼升力。但如果任务需要长时间盘旋或悬停,这一优势将不复存在。

垂直起降型涵道风扇上也可安装机翼作为水平飞行模式的辅助手段。在这种情况下,风扇出口气流通过导向叶片偏转方向来产生水平推力。当然,气流偏转过程也会存在损失,取决于偏转角度的大小,损失量可能会占到 10%~40%。

在一些高速直升机上也采用了类似的措施,即安装短翼以便在直升机向前飞行时提供部分升力,减小对增大主旋翼上总气动力的需求,从而补偿用作推力的部分动力升力。为了实现这一点,必须在直升机向前飞行时机头向下倾斜的状态下,将短翼设置或调整到正确的安装角以获得所需的迎角。

垂直升力型无人机还有其他缺点。它们在悬停状态时难以控制,并且在机械上更加复杂,这两点都会使成本增加。另外,相比固定翼飞行器而言,发动机失效可能是垂直起降(VTOL)飞行器所面临的一个更为严重的问题,固定翼飞行器能够滑翔或伞降来保证安全。为了使这种可能性最小化,旋翼飞行器的设计师们会选择更可靠,同时也更昂贵的燃气涡轮动力系统。综上所述,垂直起降无人机在很多任务场合都优于固定翼无人机。无需发射和回收装置,垂直起降无人机仍能获得较好的战场机动性,而这对于固定翼飞行器,尤其是大型飞行器来说,是难以实现甚至不可能实现的。

除战场机动性之外,还存在运输性能或战略机动性问题。对于海军陆战队来说,能够运送额外的弹药,或者可能的话运送一两辆坦克,可能要比不得已而运送装载有弹射器和回收网的两辆 5t 卡车重要得多。

这里还有一个在狭小场地实施着陆的问题。即使安装了襟翼(导致重量、成本和复杂度增大),典型的固定翼无人机也无法在被树木或其他障碍物包围的狭小场地上以足够陡的下滑角着陆或撞网回收。小型舰船不值得安装昂贵的回收网系统,也根本没有空间安装。如果回收网干扰舰载直升机的操作,那么大型舰船也不允许安装回收网。垂直起降无人机对于结合无人机和舰载直升机的运行操作提供了很大的灵活性。在决定一项任务是否值得花更大成本使用垂直起降飞行器时,所有这些优点和缺点都必须经过仔细权衡。

6.4 动 力 来 源

有四种基本类型的发动机用于无人机推进系统,即四冲程和二冲程往复式内燃机、转子发动机和燃气涡轮机。电动机是第五种动力类型,在无人机领域刚刚兴起,正在发挥出越来越重要的作用。所有四种内燃机都是通过燃烧汽油、汽油/机油混合物、喷气燃料(航空煤油)或柴油产生动力。电动机则使用电池、太阳能电池或燃料电池。

内燃机的工作循环由一系列热力过程组成,这些过程可以作为压力和容积的函数绘图表示,这些工作图可以合理地显示出每一种类型发动机产生动力的能力和效率。往复式发动机和转子发动机直接连接螺旋桨提供推力来驱动飞行器。燃气涡轮机既可以直接产生喷气推力,也可以通过齿轮箱驱动螺旋桨或旋翼。由于燃气涡轮动力系统固有的高可靠性,旋翼无人机通常使用此类动力装置。

由于广泛应用于汽车,四冲程内燃机或许是所有发动机中最为人们熟知的。其工作循环非常容易理解,并且顾名思义,是由四个过程组成的。在吸气冲程,当活塞从上止点向下运动时,一定容积的空气/燃料混合气被喷射或吸入到汽缸空腔内,然后在压缩冲程活塞向上运动并压缩混合气。恰好当活塞达到上止点之前,火花塞点燃经压缩的混合气并产生额外附加压力,把活塞推回到下止点,这就是燃烧做功冲程。经过曲轴,直线运动被转换成扭矩。在排气冲程,活塞再次向上运动把燃烧残留物排出汽缸。进、排气气门在恰当的时间打开和关闭,确保油气混合气的吸入和燃烧残留物的排出。在一个循环内容积和压力的变化如图 6.5 所示,图中曲线称为做功指示器或 $V-P$ 图。图中线条围成的面积即指示出在每一个循环产生的功。可以看到在燃烧冲程生成的高压峰值。

四冲程发动机可以采用液冷或风冷方式,因为有气门以及控制和驱动气门的机械结构,四冲程发动机具有相当大的机械复杂性。活塞的往复运动也会造成相当大的振动,不过,四冲程发动机还是被认为是高效而可靠的。

6.4.1 二冲程发动机

二冲程发动机普遍用于割草机、链锯和模型飞机上。尽管在家庭应用中为人们熟知,二冲程发动机却并不像四冲程发动机那样好理解,并且二冲程发动机在无人机上的大量应用也经受过严重挫折。二冲程发动机的部分工作过程与四冲程发动机相同。当活塞向上止点运动时,油气混合气就被吸入曲轴箱(不像四冲程发动机那样吸入汽缸),与此同时,在活塞的另一侧,前一个循环产生的燃烧残留物

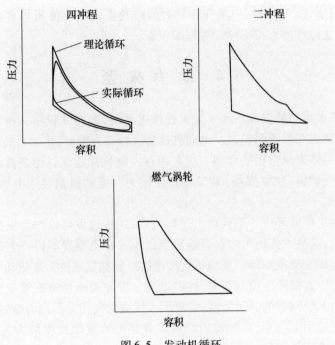

图 6.5　发动机循环

也正在被推出排气门(图 6.6)。当活塞向上止点前进足够距离后,进气门和排气门都被关闭,活塞再向前运动就会压缩新鲜的油气混合气。

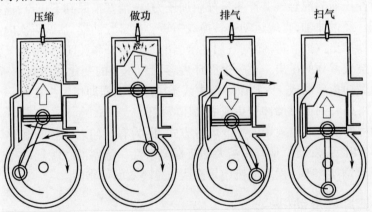

图 6.6　二冲程发动机工作过程

接下来,和四冲程情况相同,恰好到达上止点之前,火花塞点燃油气混合气,巨大的增压迫使活塞向下运动,于是就产生了动力。向下运动的活塞把之前已经吸进曲轴箱的新鲜油气混合气通过汽缸侧壁上的扫气口推入燃烧室,这个扫气口位于进气口和排气口的对面。此时,排气口已经打开,正在向上冲流的新鲜混合气协

74

助推动燃烧残留物排出汽缸。注意,此时燃烧残留物和新鲜油气混合气会相互掺混。

汽缸壁上的所有开口必须精确定位,这样才能实现其开启和关闭的正确正时,从而让新鲜油气混合气把燃烧残留物推出汽缸,同时又能在燃烧冲程关闭燃烧室。二冲程发动机不需要气门开闭运动,也就没有驱动气门的附属机械结构,因此要比四冲程发动机简单得多。由于在工作循环的部分时段曲轴箱内容纳有油气混合气,因此曲轴箱必须密封。

二冲程发动机最主要的缺点之一来自于燃烧残留物与新鲜油气混合气的掺混。新鲜油气混合气中总会掺进一些杂质,因此不难想到,这将会导致油耗增大(我们不能使已燃烧过的燃料再燃烧)以及后面将要讨论的不平顺运转。二冲程发动机的 $V-P$ 图如图6.5所示。

往复式内燃机的摩擦损失有:①机械摩擦;②气体流过进气口和排气口引起的损失(后一种称为泵送损耗)。二冲程发动机的泵送损耗通常比四冲程发动机的泵送损耗大,即使是在相同的活塞速度和平均有效压力(功率)条件下也是如此。下面所列的因素都是造成发动机低效率的原因:

* 由于在扫气过程中(即新鲜混合气正在将燃烧残留物推出时)经过排气口损失了部分空气,所以二冲程发动机要处理更多的空气。
* 除了要将空气吸入汽缸外,还要吸入曲轴箱。
* 排气过程有更大的损失。

在低负载时性能低劣恐怕是二冲程发动机最严重的缺陷。负载定义为发动机的实际输出与最大输出之比。在回收过程中,无人机通常工作在低负载状态(也就是低转速)。对于四冲程发动机而言,当吸气冲程开始时,只有燃烧室容积内充满了燃烧废气。即使只吸入少量的油气混合气(与低负载状态相关),也可维持混合气的可燃性。在二冲程发动机中,当吸气冲程开始时,整个汽缸工作容积内都充满了燃烧废气,因此必须吸入大量的新鲜混合气才能保证可燃烧。在低负载状态会存在这样一个临界点,此时新鲜混合气与燃烧废气混合后可燃气体的量太少以致无法燃烧。由于曲轴还在运转,足量的新鲜混合气最终会被扫入并引起燃烧,不过这种燃烧可能成为偶发火。当设置在小油门状态时,发动机呈现出不规则的爆鸣并劈啪作响,有时甚至熄火。燃油喷射技术有助于解决高油耗和低负载性能这两方面的问题。

往复式发动机产生的扭矩通常是用整个工作循环内的平均扭矩来表示,但实际上扭矩的波动相当剧烈。在做功冲程扭矩达到峰值,而在吸气冲程活塞吸入新鲜可燃气、压缩可燃气然后排出废气过程中,扭矩则会从负值到小的正值之间变化。图6.7给出了单缸、双缸和四缸发动机在一个工作循环内的扭矩变化。图中所示的所有发动机具有相同的平均扭矩,但我们可以看到,汽缸数越多,峰值扭矩就越低,因而振动也就越小。

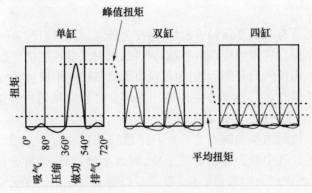

图 6.7 扭矩变化曲线

6.4.2 转子发动机

振动是电子系统和敏感的光电载荷系统的致命因素,也是导致无人机系统缺乏系统可靠性的主要原因。如果发动机的往复运动和曲轴回转过程能够以某种方式加以缓解,振动就会直接减弱。转子发动机正是朝这个方向迈出的重要一步。

转子发动机的工作原理是以一个三边形几何形状在具有双凸线形的定子内旋转为基础的。转子在这种外形的定子内旋转可使其三个顶点始终与定子保持接触。定子内腔曲线是外摆线,即一个圆形在另一个固定圆周的外侧滚动时,其半径上的一点走过的轨迹。转子的每一个侧面都会完成与四冲程发动机相同的四个冲程:吸气、压缩、燃烧和排气。每个面的工作循环都在转子旋转一周内完成,因此可以把单转子发动机看做是三缸发动机。转子发动机没有往复式运动,因此振动也会非常小。转子的一端通常加装一个与转子中心同轴的内齿轮,该内齿轮绕一个更小的传动齿轮转动,小齿轮安装在发动机壳体的侧盖上。

参考图 6.8,对工作循环进行讨论。转子顺时针方向旋转,如前所述,每转一周都会产生三个完整的奥托循环。在图(a)中,排气口和进气口是开启状态,一个排气冲程刚刚结束,新鲜油气混合气刚开始吸入与 CA 边相邻的空腔区域,与此同时,之前吸入与 AB 边相邻的空腔区域的混合气开始压缩。这一过程在图(b)中继续进行。在图(c)中,与 AB 边相邻的空腔内的混合气已压缩到最大程度,并被火花塞点燃。与 BC 边相邻的空腔已经完成做功膨胀并驱动转子旋转,此时该区域已打开,与排气口相通。

与 AB 边相邻的空腔内的燃烧混合气正在做功膨胀并驱动转子,而此时已经吸进与 CA 边相邻的空腔内的新鲜混合气开始压缩,与 BC 边相邻的空腔内的燃烧产物通过排气口排出,被从进气口进入的新鲜油气混合气替换。这样,在转子旋转一周内就完成了三个四冲程奥托循环,每一条边对应的空腔完成一个奥托循环。

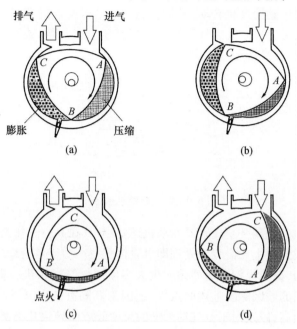

图 6.8　转子发动机

为了确保转子发动机可靠工作,转子的完好密封是非常必要的。端面密封和顶点密封都是需要的。端面密封在某种程度上与活塞环密封类似,不是什么大问题。顶点密封由滑动叶片组成,在离心力作用下滑动叶片会向外推,并顶住燃烧室内壁,有时会使用弹簧来防止叶片颤振。转子发动机为无人机提供了几乎无振动的动力系统,除密封问题外,转子发动机是非常可靠的。至于密封问题,随着新设计和新材料技术的发展,正逐步变得不再那么严重。

6.4.3　燃气涡轮机

所有发动机中最可靠的就是燃气涡轮机。得益于其稳定燃烧循环特性和纯旋转运动,燃气涡轮机产生的振动最小。

燃气涡轮机能够产生直接推力或通过齿轮驱动旋翼或螺旋桨。无论哪一种情况,其工作循环过程本质上是相同的。参见图 6.9,空气进入进气道并在发动机的压气机部分进行压缩。空气的压缩既可以通过把空气甩向压气机的四周(离心式压气机)来实现,也可以通过小叶片"抓取"大量空气并向后加速送给其他的叶片(轴流式压气机)来实现。离心式压气机比较廉价,但比轴流式压气机占用更大的正面面积;而轴流式压气机成本较高,这是与它需要大量的小叶片密切相关的。空气被压缩后进入燃烧室或称为"火焰筒",在这里空气与燃料混合并燃烧。产生的炽热燃气高速冲出燃烧室,携带着燃料燃烧所产生的能量,燃气冲击与压气机相连接的涡轮叶轮并带动压气机转动。当然,驱动压气机所需的能量就不能再用来产生推力了。推力是通过高温燃气膨胀并从喷管喷出来获得,或者通过涡轮驱动齿轮传动机构,再带动螺旋桨或旋翼来获得。

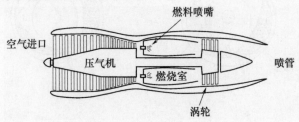

图 6.9 燃气涡轮机示意图

燃气涡轮机的振动甚至比转子发动机还要小,其在高空工作效率很高,使用的燃料在战场上或舰船上无需专门处理即可直接获得。由于具有结构紧凑性和良好的推力生成能力,高速纵深渗透型无人机大多使用燃气涡轮机。垂直起降飞行器采用燃气涡轮机的原因除了上述两点外,还因为其固有的可靠性。燃气涡轮机的主要缺点是造价高,以及由于空气动力学的尺度效应而导致其小型化能力受局限。

6.4.4 电动机

随着长航时、高空盘旋型无人机和微型无人机的出现,电动机成为一种推进系统动力来源,出于多方面的原因,电动机备受人们欢迎。这些无人机可以使用电动机驱动螺旋桨或旋翼,或者使用电动机来模仿鸟类或昆虫的扑翼飞行。

电机的能量来源有多种,通常由电池供能,也可以由太阳能电池和/或燃料电池提供能源。

电动飞机或电动模型飞机并不是什么新兴事物,据说早在 1909 年有些电动飞机就已经成功飞行,尽管该说法颇有争议,但有声明称第一架成功飞行的电动飞机出现在 1957 年。

电动飞机的航程和航时特性取决于飞机的空气动力学特性,其影响规律与采用其他能源动力形式的飞机相似。

普遍用于无人机的电动机有两种类型。第一种是"密封式"电动机,这是一种标准的直流有刷电动机。第二种为无刷电动机。无刷电机比密封式电机更轻且更高效。因为没有电刷,因此摩擦更小,并且除了轴承之外实际上没有零件会磨损。

电动机产生的扭矩 J 为与通过其线圈的电流 I 成正比:

$$J = K_t(I - I_n) \qquad (6.14)$$

式中:I_n 为空载电流;I 为产生扭矩 J 的电流;K_t 为电动机的扭矩常数,是电机效率的一种度量,通常由电机制造商提供。

除了新出现的采用某种形式的扑翼方式飞行的一类微型飞行器外,电动机主要用于驱动螺旋桨和/或旋翼或涵道风扇。

如本章前面所述,螺旋桨、旋翼或风扇的效率与桨盘面积成正比,桨盘面积又与直径的平方成正比,使用螺旋桨、旋翼或风扇产生推力或升力最高效的途径是采用较大的桨盘直径和相对较低的转速。对于往复式内燃机,一般来说总能够把发动机的每分钟转速(RPM)和螺旋桨期望的 RPM 匹配起来,尤其是使用可变螺距螺旋桨时。对于燃气涡轮机来说,影响发动机自身效率的因素决定了发动机需要在高转速下运行才能获得高效率,再通过齿轮减速到螺旋桨或旋翼的期望转速。

对于电动机而言,在全转速范围都能够产生相同的扭矩,不过让电机在高转速下运行,并根据需要用齿轮减速来产生螺旋桨或旋翼需要的扭矩和转速,是减小电动机尺寸和重量的可行途径。

6.4.5 动力电能来源

我们觉得,没有必要讨论内燃机使用的燃料,因为通过日常使用地面车辆的经验,我们已经对其有了足够的了解。而使用电动机面临的情况是,有很多种选择可以提供电动机运转所需的电流,也可以认为是电动机使用的“燃料”。

1. 电池

电池能够产生相当可观的功率(单位时间输出的能量)。电池总能量的极限存储能力对飞行器航时的影响等同于机载燃油量对使用内燃机为动力的飞行器航时的影响。拥有较高的单位重量能量存储密度的电池是目前研究的热点课题。用于无人机的电池组通常是可充电的。

电池的关键性能指标可罗列如下:

• 容量——电池中储存的、在放电时能够迁移的有效电荷。用安时(Ah)或毫安时(mAh)表示。

• 能量密度——容量/重量或安时/重量。(应为瓦时/重量,译者注。)

• 功率密度——最大功率/重量,表示为瓦/重量。

• 充电/放电倍率(C 倍率)——电池充电或放电能够达到的最大倍率,用其总存储容量的安时数或毫安时数的倍数表示。倍率为 1C 表示用 1h 时间转移所有储存的能量;0.1C 表示用 1h 时间转移 10% 的能量,或者用 10h 时间转移全部能量。

1)镍镉电池

镍镉(NiCd)电池用氢氧化镍作为正极(阳极),镉/氢氧化镉为负极(阴极)。电解液为氢氧化钾。在充电电池当中,镍镉电池十分常见,但其含有毒金属。镍镉电池通常用于以长寿命和高放电率为重要指标的场合。

2）镍氢蓄电池

镍氢(NiMH)电池用储氢合金代替镉作为负极(阴极)。同镍镉电池一样,正极(阳极)也是氢氧化镍。

镍氢电池具有高能量密度,并且使用对环境无害的金属。与镍镉电池相比,镍氢电池的能量密度要高出40%。近年来,镍氢电池正在逐步取代镍镉电池,其原因是考虑到处理废旧电池时对环境的影响,以及对高能量密度的需求。

3）锂离子电池

由于能量密度高、重量轻,锂离子(Li – ion)电池是一种快速发展的电池技术。尽管其能量密度略低于金属锂,但典型锂离子电池的能量密度要高于标准镍镉电池。对锂离子电池的处理是对环境无害的。

典型的锂离子电池使用石墨(碳)阴极和由钴酸锂($LiCoO_2$)或锰酸锂($LiMn_2O_4$)制成的阳极,有时也使用磷酸铁锂($LiFePO_4$)。其电解液为溶于有机溶剂的锂盐。这些材料相对来说都是环保的。

锂离子电池是目前大部分电动和混合动力地面车辆所采用的技术,大量的市场商业需求可能会促进其技术成熟度并降低成本。

4）锂聚合物电池

锂聚合物(Li – poly)电池使用钴酸锂($LiCoO_2$)或锰酸锂($LiMn_2O_4$)作为正极,碳或锂作为负极。

锂聚合物电池所用的电解质而与其他电池不同。它采用聚合物电解质取代了传统的浸泡在电解液中的多孔隔膜。

固态聚合物设计使得电池在生产制造、坚固耐用、安全性以及制成薄片几何形状方面大为简化。选择锂聚合物电池的主要原因还是形状因素,它允许用户在选择电池的外形方面有很大的自由度,哪怕是极薄的外形。

2. 太阳能电池

太阳能电池的基本原理是来自于太阳(或任何其他光源)的一个光子被半导体材料一个原子吸收,然后一个电子被激发由价带跃迁到导带。这一现象的发生归功于量子力学效应在结晶材料中产生了禁带能级差,并且光子必须具有足够的能量使电子跳过导带与价带之间的"能隙"。

最常见的太阳能电池类型是硅 PIN 结(P 型—本征—N 型)。PIN 结的生成是通过在硅晶体中掺入少量特定杂质,使其在某种程度上具有比纯净硅更高的能带(正掺杂或 P 型材料),然后在晶体表面添加额外的掺杂,以使表面附近相对于未掺杂材料能带降低(负掺杂或 N 型材料)。在介于中间状态的掺杂区域,能带跨过纯净硅的等级,晶体既不是正极性也不是负极性,而是"本征"状态或"I"型。PIN 结的构成如图 6.10 所示。

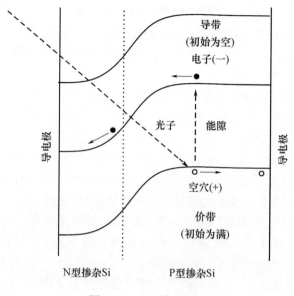

图 6.10　PIN 结示意图

　　如果一个光子被一个原子吸收,并且该原子的一个电子被激发由价带进入导带,则该原子就成为一个带正电荷的离子,其正电荷称为"空穴",镶嵌在紧密相连的不带电的中性原子"海洋"中。此时,空穴和电子都可以在晶体中自由移动。空穴的移动方式可以直观地理解为,相邻原子的一个电子跳进这个已电离原子的电子层空缺处,这相当于空穴移过一个原子,这个过程可以不断重复,直至空穴移动到硅的表面。

　　掺杂在晶体内产生了电势差,使得电子向晶体表面移动并与 N 端接触,而空穴也向表面移动并与 P 端接触,因此如果这两极之间通过一个负载连接,就会有电流流过负载。

　　如果光子没有足够的能量将电子激发到导带,光子仍将被吸收,不过其能量将会转变为晶体内原子的动能,这将使晶体温度升高。如果光子的能量高于激发一个电子进入导带所需的能量,那么激发电子后剩余的能量同样能够使晶体升温。因此可得出结论,光子能够转换给受激发的电子的能量存在一个最小值,这个最小值对应于能够转变为电流的最长光波波长,须知波长较长与光子能量较低是等价的。较短波长的光转化为电能的效率较低,这是因为很大一部分的光子能量转变为热能使晶体升温。对于波长小于 350～400nm、处在紫外线区域短波长部分的高能量光子,许多材料都变成了不透光的,光子进入硅当中,在有机会激发电子之前就会被吸收。在有效波长范围的长波端,硅的截止波长为 1100nm,但波长在1000nm 时光电转换能力就开始急剧下降。

在大气层顶端,太阳的总辐照,用单位面积上的能量来表示,在垂直于太阳光线的表面上测量大约为 1400W/m²。由于大气的吸收作用,在正午晴朗天气条件下,这个数值在地球表面的海平面会下降到约 1000W/m²。这种辐照能量分布在所有波长上,而被大气吸收的大部分能量都分布在 400～1000nm 波长范围之外,也就是说正好在硅太阳能电池能够利用的波长范围之外。这就说明,在晴天条件下,太阳能电池在高空和在海平面所获得的最大入射能量并没有太大区别。当然,如果是多云天气或有雾霾,高空的太阳能电池仍然能够获得完全辐照,而云层之下的太阳能电池就只能获得很少的辐照。正是由于硅片电池可利用的有效波长范围与大气透射的波长范围相吻合,因此只要电池不被云层遮蔽,对任何高度都可以采用凑整的 1kW/m² 作为太阳能电池板最大辐照的有效经验值。

太阳能电池的效率用安培/瓦(A/W)来表示,计量条件是在晴天,按照海平面太阳光的波长分布垂直入射辐照。太阳电池的效率依赖于辐照强度,通常用 1kW/m² 作为标准的辐照条件。由于多种原因,效率值小于 1。有些原因前文已经提到,相关的实际情况是,很多入射光子拥有的能量高于激发一个电子所需的能量,而多余的能量则转化为热。另外,一部分光被电池表面反射,一部分光则穿过了 PIN 结而没有激发电子。电池的内阻会造成部分损失,同时空穴和电子在到达集电极之前复合所形成的电流漏泄也会造成损失。有多种方法可以提高效率,例如可以堆叠 PIN 结以"捕获"穿过了第一个 PIN 结而没有激发电子的光子,或者使用多种材料和带隙来扩展太阳电池可以利用的波长范围。有些技术并不适用于无人机,比如使用以曲面反射镜为代表的聚光装置,来提高辐照强度进而提高效率。

以当今的技术水平,考虑了所有的能提高效率的技术途径,太阳能电池的可用效率为 0.20～0.43。在该领域的研究和开发是一个热点,效率上限很有可能会在某种程度上得到提高。然而,作为所有太阳能电池工作原理的基础过程中,基本的量子效率极限总是存在的,而这些极限值通常小于 1。在设计和选用太阳能电池所做的权衡中,效率并不是唯一的因素,尤其是用于无人机时更是如此。有些效率较低的太阳能电池比某些效率较高的电池更轻,也更容易赋形以便于安放在翼型上表面上,另外,取决于要考虑的无人机类型,电池成本也是一个需权衡的问题。

3. 燃料电池

燃料电池可以实现将燃料中储存的能量直接转化为电能,而无需中间步骤,即无需将燃料燃烧产生热能,再将热能转化为机械能驱动曲轴,然后再用输出轴驱动发电机来产生电势和电流。省略了这些中间步骤,使得系统非常简单,不包含任何运动部件(除了燃料阀门和诸如此类的周边设备等),并且可以制成从很小到很大的各种尺寸。

以氢气为燃料的燃料电池的工作过程是最容易直观理解的。燃料电池不是让氢直接与空气中的氧化合,而是利用催化剂促使氢在阳极电离,从而产生带正电的氢离子和自由电子。然后再使用电解质让氢离子到达与氧气接触的阴极。这样就使阳极带正电，并且在阳极和阴极之间产生了电势差，从而驱使自由电子在外部电路中流通。当电子到达阴极后，与氧原子结合生成水分子，如图 6.11 所示。

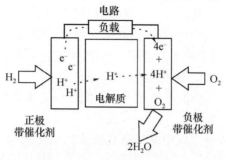

图 6.11　燃料电池

所有上述过程之所以能够进行，是因为水分子的结合能小于氢分子和氧分子总的结合能，所以燃料加上氧气后的最终状态的能量低于其最初状态的能量。这与氢和氧如果混合在一起并被点燃后将会发生燃烧放热反应的原因是一样的，只不过避免了与燃烧过程相关的一切繁琐环节。

电解质的选择非常重要。有些在燃料电池中工作性能良好的电解质，需要在 1000℃ 的高温下工作。这显然需要有效的封装来对电池与外部环境之间进行隔热。用于无人机系统时，更加受到青睐的电解质是在一个基体上的固态有机聚合物和氢氧化钾溶液。在这里，我们可以把基体想象成一层某种吸收材料，能够渗透液体电解质，又能避免不受约束液体电解质的相关问题。

燃料电池并不是真正的电池，因此不能直接"充电"。不过，如果使用氢气为燃料，生成的水可以储存起来，并通过电解再变回氧气和氢气。这样就使得燃料电池对于使用太阳能电池的电力驱动无人机而言，是一种很有吸引力的储存与再生能量的途径，这种无人机在白天由太阳能电池提供能源，但必须储存能量以供晚上保持留空飞行。如果太阳能电池子系统的阵列设计能够提供足够的能量来驱动飞行器，同时还能以足够高的效率电解水来为下一个夜晚储存足够的能量，那么这个过程就可以无限循环下去，维持 24h 工作所需的全部能量都来自于白天的太阳光。

电池与燃料电池之间的选择权衡在现阶段可能在一定程度上是影响成本的一个因素，因为燃料电池可能比电池昂贵。如果成本不是影响选择的主要因素，那么制约设计权衡的因素就在于所需电池的重量和体积以及燃料电池全系统重量，包括燃料电池本身、燃料存储、水存储和电解系统。由于没有外部水源，因此水的存储是必需的。

电解系统能够在相对较低电压(9 ~ 12V)下高效工作，因此不需要很重或很大体积。

另一个必须考虑的方面是电池或燃料电池的维护和/或更换。

电池都有一个有限的充电/放电循环次数,达到该次数后其储能性能开始明显下降。另外,大部分可充电电池都需要周期性地进行完全放电和充电,以避免储能性能的损失。镍镉电池就是因为其充放电"记忆力"而广受诉病,这就意味着如果反复进行仅仅部分放电然后充满的过程,那么到最后镍镉电池一旦放电到之前的水平后,就不会再释放更多的能量,因为它们已经适应了这个放电程度。新出现的电池类型对这个问题不太敏感,但是生产商还是建议周期性地进行完全充放电循环。以长航时飞行模式工作的电动无人机系统在一定次数的部分充放电循环后,可能需要准备一次完全放电。

燃料电池可能会遭受大气中的一氧化碳或二氧化碳的"毒害"。有一些方法可以处理这个问题,不过最简单的方法是从一开始就使用非常纯净的水,并在循环过程中不受到电池外界的污染。在某些应用场合,无故障工作时间是一个问题,该问题也是当前不断改进的目标。

为支持地面车辆的发展,人们正在对各种电池和燃料电池技术进行着卓有成效的工作,这些成果正在推动电池领域的技术发展水平,技术发展的速度使得为每一型无人机系统所做的关于电池和燃料电池之间的设计权衡至关重要。这些系统利用了当前最新的技术水平,甚至是将来系统投入生产时的可预测的技术水平。当然,后一种方案是有风险的,但是如果结合快速发展的技术,并且充分考虑到各种风险,采取保守的实施方式,也可能是合理的技术方案。

第7章 结构和承载

7.1 概 述

对无人机(UAV)来说,机体的结构设计和耐久性并不是什么重大问题。尽管无人机也会发生意外事故,但很少是由于结构失效造成的。基于多年的经验,飞机结构设计和制造拥有完善成熟的标准。然而,当人们致力于更轻质、更廉价的材料和更简单的制造技术时,充分理解正在无人机上应用的结构设计基本原理是大有裨益的。

7.2 载 荷

为了选择结构材料并确定结构尺寸,首要的是确定导致结构弯曲、剪切和扭转的各种力。这些力是由弹射力、气动压力、惯性力、机动动作以及推进系统产生的,其大小可以利用受力分析图平衡各个分量来确定。

例如,考虑如图 7.1 所示的从正前方看过去的机翼以及沿展向简化的升力分布。同时必须考虑机翼自身的重量以及起落架或发动机等任何形式的集中载荷。这些力和重量导致机翼弯曲、剪切和扭转。绕着翼展方向任一点的弯曲力,更准确的说法是弯曲力矩,可以通过计算该力(为方便分析可分为小的微元)与其距离要考虑的参考点沿展向的力臂之积来求得,如图 7.1 所示。在该实例中,我们将不考虑外挂物或其他集中载荷。

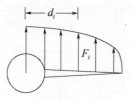

图 7.1 机翼弯曲力矩

弯曲力矩是绕某一参考轴来计算的。在图 7.1 中,我们取参考轴穿过机身中心,并垂直于纸平面指向外。于是弯矩由下式给出:

$$M = \sum_i F_i d_i \tag{7.1}$$

这一弯矩必须由机翼结构(通常是翼梁)来承担。如果将翼梁视为简支梁,由图7.2看见,在图中所示的载荷条件下,梁的下表面有被拉伸的趋势,而上表面则是压缩趋势。如果载荷没有超过翼梁下表面的材料的抗拉能力,亦即抗拉强度,那么只要上表面没有屈服变形,机翼或翼梁就不会失效损坏。在工程手册中可以查到各种不同材料的抗拉强度。上表面部分结构发生屈服变形的可能性给力学分析增添了相当大的复杂度,超出了本书的分析范围。

无论材料是否真正具有纤维状结构,通常的做法是将结构件的构成元素看作微元"纤维",因此,即使翼梁是由金属锻造成的,翼梁的顶层和底层都可认为是各自部位的纤维微元。

注意到应力是施加的受力,应变则是受力导致的变形。可以看到应力和应变不仅取决于弯矩的大小,还取决于截面形状,更重要的是,取决于梁的深度(图中从顶部到底部的厚度)。

应力与应变之间的比例常数为杨氏模量 E,杨氏模量属于材料的一种特性。

$$E = \frac{应力}{应变} \tag{7.2}$$

从图 7.2 可以看到,顶部和底部的纤维微元的应变是最大的,因此该处的应力也是最大的。这就"工字梁"在承载结构中如此普遍的原因。工字梁将材料集中在梁的上下两个外端面,将大部分材料放置在经受最大应力的地方。

翼梁的纤维微元所承受的应力与其和"中性轴"之间的距离成正比。中性轴是从梁的顶部到底部中间位置的一条轴线,它是一条既不受拉伸也不受压缩的纤维微元。在图 7.2 中这个距离标记为 h。

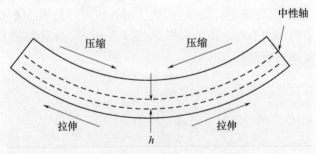

图 7.2　弯曲应力

除了由弯曲导致的压缩和拉伸应力外,还有剪切导致的应力。剪切力的计算就是在关注的点处对所有力的微元简单求和(不考虑距离因素),即 F_v 等于各 F_i 的和。这个力由翼梁的横截面来承受。

如果上述作用力不是作用在梁的中心线上,还可能产生扭转力矩。为了确定翼梁能否承受施加在其上的全部载荷,所有这些力都必须考虑。

86

我们假设一个实例,为了简单起见,机翼上是均布载荷,也就是说,升力分布图是一个矩形,并且没有扭转,如图7.3所示。

在该实例中,绕机身中心轴的弯矩由下式给出:

$$M = \sum_i F_i d_i = \int_0^R F(r) \cdot r \mathrm{d}r \qquad (7.3)$$

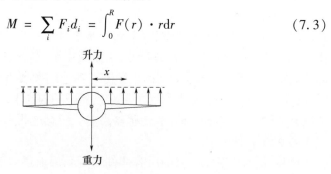

图7.3 均布载荷机翼

对于简单情况,即机翼载荷沿 r 是均布的常值函数,由上述积分可得 $M = \dfrac{1}{2}$
FR^2,其中 F 为单位展长上的受力,对于图7.3所示的情况,FR 的值等于 $W/2$,R 为机翼半展长。

另一方面,剪切力是沿翼展方向距离的简单线性函数。

假设飞行器的半翼展为5m,飞行器的质量为200kg,即重力为1960N,那么我们就可以绘制出弯矩和剪切力作为被测点沿翼展方向的位置的函数曲线,其位置起始点为翼梁中心,假设翼梁中心位于机身中心线处。在该算例中,计算弯矩的参考轴以及计算剪切力的作用点距机身中心线的距离为 x,如图7.3所示。计算得到的结果曲线见图7.4。

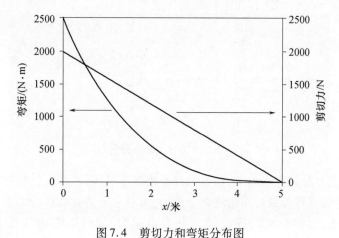

图7.4 剪切力和弯矩分布图

假如计算求得的应力小于手册中查到的许用应力,那么翼梁就不会损坏。可以看到,假如具有恒定厚度的翼梁在根部没有失效,那么在其翼展方向的任何位置处都不会失效,因为弯矩和剪切力向着翼梢方向是递减的,如图7.4所示。事实上,可以将翼梁做成带有锥度的梯形以节省重量,在实际工程中经常这样做。我们还可以看到,从结构角度,将机翼平面形状设计为梯形是有利的,这样在翼根部分比在翼梢部分可以产生更大的升力,从而减小了翼根处的弯曲应力。实际应用中的机翼很少处于均布载荷状态,并且还有其他问题要考虑,例如当无人机在地面时,需要考虑安装在机翼上的起落架对机翼施加的向上的载荷,或者是在机翼下方挂载其他物体,如炸弹、导弹或传感器吊舱。所有这些集中力都必须添加到弯矩和剪切力受力图中。

尾翼、机身以及飞行器的所有部件均可采用上述原理进行受力分析。在实际应用中,由于结构元件是曲面和特殊形状,以至于为得到最终计算结果通常需要计算机分析。不过相对而言,确定机翼是否还连接在机身上是件较容易的事。

7.3 动 载 荷

到目前为止,我们在讨论中假设飞行器是直线水平飞行,并且不受阵风的影响。但必须认识到,转弯、拉起以及阵风会打乱或改变力的平衡,进而影响结构所承受的载荷,因此必须加以考虑。机动动作总会引入加速度,而加速度会增强或放大飞行器所受的力。加速度一般采用重力加速度(g)的倍数来度量,过载为$3g$的拉起动作会将垂直方向的力放大3倍。如果翼梁的设计仅仅能够承受直线平飞时的载荷,那么它不仅会在做$3g$拉起动作时损坏,在做$3g$转弯时也会失效。图7.5显示了直线水平飞行状态和转弯状态的作用力。

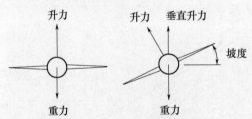

图7.5 滚转时飞行器的受力

注意到重力总是竖直向下,而升力总是垂直于机翼。因此,要想在转弯时不损失高度,升力的垂直分量必须始终等于重力,所以总升力就必须增大来补偿转弯坡度带来的损失。坡度越大,需要的总升力也越大,因而作用在机翼上的力也就越大。

$$W = L\cos\phi \tag{7.4}$$

式中:ϕ 为坡度角。

其中的关系比较简单:

$$\frac{L}{W} = \frac{1}{\cos(\phi)} = n \tag{7.5}$$

式中:n 为载荷系数,当 $L = W$ 时,n 等于 1。

转弯时的 g 值由式 $n = L/W$ 给出,因此对于 30° 的坡度,$n = 1.15$,结构将承受垂直于机翼的 $1.15g$ 过载,翼展方向的所有载荷都必须乘以 1.15。

飞行器在任务飞行中的载荷强度可以用 $V - g$ 或 $V - n$ 图来表示,也叫作机动飞行包线。图中以空速为横轴,以结构载荷 n(以 g 为单位)为纵轴。该图或包线适用于一个特定高度和特定的飞行器重量。载荷系数定义为升力与重力之比。在水平定常飞行中,载荷系数为 1,因为在这种状态下升力等于重力。

在 $V - n$ 图的构成上有两条线与空气动力学有关,称为失速线。它们显示了在最大爬升率条件下,接近失速前飞机所受的载荷。飞机不能以更大的爬升率飞行,也就不可能经历比失速线表示的过载更大的载荷,失速线是最大升力系数和速度平方的函数。载荷曲线是抛物线形状,有正负两个分支,相交在零空速和零载荷点。图 7.6 中的两条分支,即 OA 和 OB 曲线,分别表示正常飞行和倒飞。

起始于 A 点和 B 点的两条水平线分别是正向和负向载荷的极限。换句话说,如果在 A 点增加速度的同时伴随着迎角增加,而使载荷保持在失速线上,将使飞机遭受过大应力,有结构损坏的风险。空速可以增大,但有必要适当低头使爬升率保持恒定。标有"V俯冲"的竖直线是垂直俯冲时的速度极限,在这种状态下飞机承受的过载是该竖直线段上的对应值。

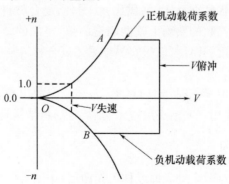

图 7.6 机动飞行载荷包线

与最大正向和负向机动过载以及最大垂直俯冲速度相关的载荷等级规定是以飞行器的强度为依据的,但在某种程度上也是任意指定的。美国联邦航空局为各种不同的飞机提供了计算机动过载的方法。对于特技飞机,指定正常飞行时 $n=6$,倒飞时 $n=3$。规定最大垂直俯冲速度为巡航速度的 1.5 倍。

阵风会对机体产生附加载荷,因此必须将其考虑在内。由于飞机并不能瞬时改变其速度来适应周围空气团的速度的突然变化,因此阵风会导致迎角(对于垂直阵风)或真空速(对于水平阵风)或一般情况下两者同时发生突然变化,如图 7.7 所示。空速和/或迎角的变化会引起升力的变化,进而改变机翼上的载荷。阵风载荷直接正比于空速,这就是飞行员在遭遇剧烈湍流时降低空速的原因。对于无人机来说,在设计自动驾驶仪时必须预先考虑阵风问题,以确保无人机能够像飞行员那样采取相同的预防措施来防止飞行器承载超过极限。

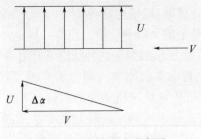

图 7.7　阵风影响示意图

7.4　材　料

无人机采用多种不同的材料制造,但当前的发展趋势是使用复合材料。复合材料结构呈现出许多优点,这正是其几乎普遍用于无人机制造的原因。其主要的优势是具有异常高的强度重量比(强质比)。另外,复合材料模具成型技术使得无需昂贵的装备和技术高超的熟练工就能制造简单、坚固的结构。气动光滑的复合曲面壁板可以增大强度,并且可以很容易地采用复合材料制造,这是其他类型的材料所不能比的。

当载荷施加到任何梁上时,比如翼梁,大部分应力出现在外层纤维或外表面上。利用这一事实,采用三明治夹层技术,是复合材料结构具有突出效果的原因。

7.4.1　三明治结构

三明治夹芯面板有两个外表面或称工作面层,中间是一种轻质芯材,如图 7.8 所示。

当然,面层也可以是铝材,不过,复合层压材料如玻璃纤维、凯夫拉(Kevlar)纤维以及石墨纤维等得到广泛采用,原因是这些材料可以"铺盖"到奇形怪状的夹芯材料上,并固化保形。

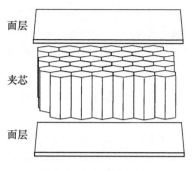

图 7.8　三明治层合板

夹芯材料可以是聚苯乙烯、聚氨酯、聚氯乙烯、铝蜂窝或轻木。各种树脂被用来粘接面层和芯材并在面层内传递应力,这些树脂包括环氧树脂、聚酯树脂和乙烯基酯树脂。

7.4.2　面层纤维增强材料

复合材料结构的强度几乎完全取决于面层或增强材料的用量、类型和用法。面层纤维织物有两种基本构型或模式:单向织物(UD)和双向织物(BD)。单向织物的几乎所有纤维都沿同一方向布置,因此在该方向其抗拉强度最大。

双向织物有一部分纤维与其他纤维成一定角度编织在一起,因此在多个方向上具有高强度。当然,单向纤维也可以多种角度结合在一起提供全方向的更高的强度。另外,可以利用多层材料或织物铺层实现在需要的地方提供更高的强度,在不需要高强度的地方减轻重量的目的。夹层结构的面层通常由下列材料制成:

E 玻纤:标准玻璃纤维,复合材料中的主力。

S 玻纤:纤维玻璃,外观与 E 玻纤相似,但强度高出 30%。

凯夫拉(Kevlar):芳纶有机化学材料,强度很高但难以加工使用。

石墨(Graphite):碳原子的平行长链,强度非常高也非常昂贵。

7.4.3　树脂基体材料

树脂用于结合或"粘接"面层材料与夹芯材料,并在面层传递应力。固化后树脂变硬,使结构呈现很高的强度和耐化学性,其硬化过程不可逆。

聚酯树脂(Polyester):一种常用树脂,用于制造船只、浴缸等几乎任何物品。

乙烯基酯(Vinyl ester):一种聚酯和环氧树脂的混合物。

环氧树脂(Epoxy):一种热固树脂,广泛用于制造飞机和无人机。

7.4.4　夹芯材料

用于无人机结构制造的夹芯材料通常是泡沫材料,有时也用轻木。

聚苯乙烯(Polystyrene)：一种白色泡沫,很容易用电热丝切割成翼型形状。很容易被燃料或其他溶剂溶解。

聚氨酯(Polyurethane)：一种低密度泡沫,便于雕刻切割,但不能用电热丝切割。用于雕刻细致的结构形状。

聚氨酯(Urethane Polyester)：用于制造冲浪板的泡沫,有良好的耐溶剂性。

7.5 成型技术

最常见的复合材料结构成型实践是用电热丝把泡沫芯材切割成需要的形状,如果泡沫材料不能用电热丝切割,就用锯切割。然后,对泡沫进行封闭处理来防止其吸收过多的树脂。将树脂涂刷在泡沫材料的表面,并将一块预先裁剪好的增强材料(面层)按照合适的方向铺贴在湿的树脂上。液态树脂就会渗透到面层材料中,多余的树脂将被去除。按照规定的方向和层数铺贴若干层材料,最终得到具有预期强度的层合结构。

另一种方法是采用模具成型,将面层织物和树脂覆盖到模具的内表面来构成中空结构。可以把模具成型的面板和零件结构粘接在一起制成完整的结构。对承受集中载荷的结构必须十分小心,确保其正确的连接。

第三部分　任务规划和控制

　　任务规划和控制是无人机系统成功完成各种任务的关键要素。第8章阐述了任务控制站的配置和构造、控制站内与任务源的交互界面以及与无人机系统所获取情报的用户的交互界面、控制站所执行的功能或对任务的组织等。

　　第9章讨论的是操纵特性,即飞行器和有效荷载如何根据可能的和/或需要的自动化或"自主"程度实现自动控制。可实现的范围从完全遥控到完全自主运行。可想而知,尽管在某些特定场合这两种控制方式都是可实现的甚至是需要的,但最常见的操作控制自动化水平不会是这两种极端情况。

第8章 任务规划和控制站

8.1 概 述

任务规划和控制站(MPCS),是整个无人机系统的"神经中枢"。它控制飞行器的发射、飞行与回收;接收和处理来自飞行系统内部传感器和外部有效载荷传感器的数据;控制有效载荷的运行(通常是实时的);以及提供无人机系统与外部环境的接口。

规划功能可以与控制功能在不同的地点执行,因此任务规划和控制站有时也被称作地面控制站(GCS)。然而,在任务期间实时更改规划的能力是必不可少的,以此来适应不断发展的实际情况,因此我们假定控制站点至少能提供简单规划的能力,并酌情使用这两个术语。

为了实现其系统功能,任务规划和控制站包含下列子系统:

- 飞行器状态的读取和控制。
- 有效载荷数据的显示和有效载荷的控制。
- 用于任务规划和飞行器位置及飞行路径监控的地图显示。
- 数据链路地面终端,用于发送命令给飞行器和有效载荷,接收来自飞行器的状态信息及有效载荷数据。
- 一台或多台计算机,在最简化的情况,提供操作员与飞行器之间的界面,并控制飞行器与任务规划和控制站之间的数据链和数据流。计算机还可执行系统导航功能,以及执行某些与自动驾驶仪和有效载荷控制功能相关的"外回路"(实时性要求较低的)计算。
- 与其他组织的通信链路,用于指挥、控制以及分发无人机收集到的信息。

在最初级形态中,组成任务规划和控制站的设备可能不比无线遥控模型飞机的控制装置复杂多少,一台显示有效载荷图像的显示器、任务规划及导航用的纸质地图、与无人机系统外部环境通信的战术电台,这些设备足以满足无人机在视距范围内短程飞行的需要,并且其控制与模型飞机差不多。

经验表明,即使对于最简单的系统,也非常需要为操作员提供一个"友好"的人机界面,集成一些基本的飞行和导航功能,并且在控制和导航功能中提供尽量多的自动操作。

一些机构操作无人机系统时要求具有飞行员资质的操作手(或者是有资质的

无线电遥控模型飞机操作手），能在必要时通过对飞行器位置和高度的目测来实际操纵飞行器飞行。近年来，部分机构已经建立了专门的"无人机飞行员"队伍，他们接受的训练内容比"正规"飞行员少，但重点强化了针对无人机操作的培训。无论如何，很多操作需求已经发展到不要求无人机系统操作人员有上述的技能或接受各种"飞行员"级别的培训。本章主要介绍能在一定程度上自动驾驶飞行器的任务规划和控制站的配置，这里的"一定程度"是指操作员仅需输入飞行器的目的地、飞行高度指令，或许还有飞行速度指令，而按照期望航线实际飞行的细节则由任务规划和控制站中的计算机及飞行器上的自动驾驶仪来处理。

有效载荷操作的自动化水平具有极大的灵活性。在最简单的系统中，一个图像有效载荷例如电视摄像机，可以几乎完全由人工控制。最低程度的"自动化"要能在视线方向上对摄像机进行惯性增稳。更高程度的自动化包括对地面目标的自动跟踪以稳定摄像机的视线，或是自动指向由操作员在直角坐标系上标定的地面位置。最高程度的自动化，接近自主决策，有效载荷能对指定的地面区域自动执行一种搜索模式。在最高程度的自动化操作中，导航、飞行及有效载荷的自动操作能互相协作，即飞行器按设定的标准飞行航线自动飞行，而这一航线与有效载荷的自动操作协同一致，可以对指定的区域完成有效、彻底的搜索。操作人员的实时监视和参与被飞行器和控制站计算机软件中的人工智能所代替，实现自动化操作也是可能的。这些控制等级在第 9 章中将会进一步讨论。

除了自由飞系统这种罕有的特例外，任务规划和控制站将数据通信链路和飞行器结合起来，以控制其飞行。飞行可以在很远的地方进行控制，也可以在视距之内。在第二种情况下，飞行器可以根据预先制定的飞行路径和预编程指令，飞出视线范围到达任务区域。如果任务区域处于通信范围（对 UHF 系统来说通常是视距范围）之内，指令可以传送至飞行器以控制飞行路径，激活和控制各种传感器装置。如果无人机可以提供信息，例如侦察机获取的视频图像，任务规划和控制站就要有接收下行信号和显示有效载荷所收集的信息如电视图像等的能力。

对飞行器和传感器的指令信号使用数据链路系统的上行链路上传，而来自于飞行器的状态信号和传感器信号则使用下行链路。因此，任务规划和控制站包含有发送上行链路信号的天线和发射机、捕获下行链路信号的天线和接收机，以及各种用来操作数据链路的控制功能。

数据链路的发射机和接收机可能具有与飞行器导航相关的第二功能，特别是数据链路在视距模式下工作时。其可以测量天线至飞行器的方位角和距离，可以确定飞行器相对于地面站的位置。这些信息既可作为导航用的独立数据，也可作为校正飞行器机载导航系统漂移的补充数据使用。GPS 导航的广泛使用普遍替代了惯性导航和使用数据链路导航，但有些系统意图在 GPS 可能被干扰的地区使用，那么这些功能还是需要保留的。

任务规划和控制站必须为操作员显示两类信息。控制飞行器本身需要显示基本飞行器状态信息,如位置、高度、航向、空速及剩余燃油。这些信息的显示与有人驾驶飞机的驾驶舱内的显示极为相似,是把来自模拟仪表的信息转换为数字或图像显示。但新系统倾向于使用数字显示屏来显示呈现给操作员的所有信息,即使有些信息还是以模拟"仪表"的图像来呈现或显示的,这与大部分有人系统中的"玻璃座舱"的趋势相符。出现该趋势的原因是数字显示在需要时可以实时重新配置,以便让控制站可以灵活地适应不同的有效荷载和任务或适应不同的飞行器。从人机界面的角度考虑,操作员也更喜欢图形化的用户界面,以及使用鼠标和键盘通过各种"窗口"进行导航。

第二类要显示的信息包括机载有效载荷传感器收集到的各种数据。这些数据的显示可能有很多不同的特征,取决于传感器的特性以及使用这些信息的方式。对于来自于电视摄像机或热成像仪的图像,其显示就是在一个数字视频屏幕上。画面可以保持不动(停帧),并且图像可以增强以提供更好的清晰度。其他类型的数据也可用适当的方式显示出来。例如,雷达传感器可使用虚拟图像或传统的"光点"雷达图像方式来显示。气象传感器的信息可用文字显示或用模拟仪表的图像显示。电子战传感器可以用频谱分析仪来显示信号功率/频率关系,或者用扬声器、耳机或数字化的字符来显示截获的通信信号。一般来说,人们需要在传感器信息显示时叠加文字和数字的数据,如每天的时间、飞行器的位置和高度、有效载荷的指向角等。

所有的传感器数据都需要有记录并回放的功能,从而允许操作员比在实时显示模式下更为从容地重新回顾这些数据。同时也可以对数据进行编辑,挑拣出的数据段可以从任务规划和控制站发送给其他部门,他们可以直接使用这些数据或进行更深入的分析。

操作员可以通过各种输入装置来实现对飞行器和传感器有效载荷控制指令的输入,例如使用操纵杆、旋钮、开关、鼠标或键盘等。通过状态和传感器显示信息来提供输入反馈。如果使用操纵杆,可以通过操纵杆的设计来获得触觉反馈。机载图像传感器可以转动,视场可以调整,传感器本身可接通或关断。

必须获取飞行器在地面上空的位置以便执行规划好的飞行路径,并为传感器的使用提供指向。此外,经常需要使用无人机去搜索某个感兴趣的目标,然后确定目标位置的地图直角坐标。典型的无人机传感器通常只提供目标相对于飞行器的位置。这些信息必须与飞行器位置信息结合起来以确定目标在地图直角坐标系上的位置。

在最简单的系统中,任务规划和控制站可以把飞行器的直角坐标以数值形式显示出来,从而让操作员能在纸质地图上绘出飞行器的位置,能通过人工方式绘出飞行器和目标之间的方位角和距离以确定飞行器与目标的相对位置。大多数无人机系统至少是在一定程度上实现了该功能的自动执行,可以在纸上或数字视频显示器上自动绘出无人机的位置,并自动计算出目标的位置,同时把目标位置显示在同一幅图上,并且/或者以数字字符的形式显示在图像显示器上。

最后,由于飞行器所收集的信息和/或飞行器状态信息对任务规划和控制站以外的其他部门来说也是非常重要的,因此,与数据用户以及向无人机操作员下达任务和指令的人员进行通信的必要设备也是任务规划和控制站必不可少的组成部分。

顾名思义,很明显,任务前规划是任务规划和控制站的一项功能,即确定最佳飞行路径、目标和搜索区域、燃油管理及威胁规避。同时,现代化的任务规划和控制站系统还应具备自检和故障隔离功能,并能在不需要飞行器实际飞行的条件下训练操作员(嵌入式飞行模拟器)。

任务规划和控制站的模块框图如图 8.1 所示。任务规划和控制站的大部分器件通过高带宽的总线连接。其中没有总线连接的模块表示无人机系统的剩余部分,它们通过声音或其他连接形式与发出指令的更高级指挥层和为无人机系统提供各种形式的支持和服务的所有保障部门通信,其中还可能包括与无人机系统所提供信息的使用者之间的语音通信。所有这些可能包含在一个某种形式的网络连接中,这个网络可以与发布视频和其他高带宽数据给用户的网络相同,也可以是一个独立的带宽较低但范围更广的网络。

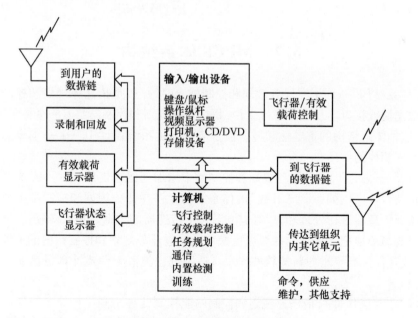

图 8.1　任务规划和控制站框图

系统运行所需的能源有多种来源,从针对固定地点使用的由发电机供电的标准电网到为最小型和最便携的控制站供电的电池。

总而言之,任务规划和控制站的各种功能可以描述如下。

规划:

处理任务信息;

分析任务区域地图;

指明飞行路径(航路点、速度、高度);

向操作员提供任务规划信息。

操作:

加载任务规划数据;

发射无人机;

监视无人机位置;

控制无人机;

控制和监视任务载荷;

建议修改飞行计划;

向指挥官提供相关信息;

在需要时保存传感器信息;

回收无人机;

传感器数据通过硬件复制或数字磁带或磁盘形式备份。

8.2   MPCS 体系结构

"体系结构"一词用在任务规划和控制站上时,一般是指任务规划和控制站内部的数据流或接口。从这个意义上说,每个任务规划和控制站都有一个体系结构。然而,这种体系结构的重要性和显著性是与无人机系统设计中三个基本概念的重要性紧密相连的。

(1)"开放性",指在任务规划和控制站中增加新的功能模块时不需要对现有模块重新设计。例如,一个"开放"的体系结构允许在任务规划和控制站中增加对飞行器新传感器进行处理和显示的功能,包括传感器的数据流输入/输出。增加新功能只要简单地把一个新的在线可更换单元插进任务规划和控制站内的某种数据总线,或是仅仅需要增加新的软件程序。这一过程类似于台式计算机增加一块新功能板。

(2)"互操作性",指任务规划和控制站能控制几种不同飞行器中的任何一架和/或其任务载荷,并能通过与多个不同的通信网络中的任何一个进行交互来实现与外部连接。

（3）"通用性"，指某个任务规划和控制站与其他任务规划和控制站使用的硬件和/或软件模块部分或全部相同。

很明显，这三个概念并非相互独立。在多数情况下，它们是从不同角度、以不同形式对同一目标进行描述。开放的体系结构通过容纳新的软件和硬件来控制不同的飞行器或有效载荷，使得"互操作性"更加易于实现，同时能接受这些软件或硬件本身也使得"通用性"更易于实现。与封闭式体系结构相比，开放式体系结构更容易实现互操作性和通用性。然而，这三个概念中的任何一个都不能自动地涵盖另外两个。从原理上讲，可以有一个体系结构是完全开放的，但却与其他无人机或"外部世界"毫无互操作性和通用性。

作为无人机系统的神经中枢，任务规划和控制站必须承担更多的责任来建立开放性、互操作性和通用性。通常来说，任务规划和控制站是整个无人机系统中最昂贵的一个独立子系统。因而，对任务规划和控制站中的"互操作性"和"通用性"进行最大利用和集中投入是最有意义的。

在一个单独的无人机系统中，就互操作性和通用性而言，第二个"最有价值的"应用对象就是飞行器。飞行器接受通用有效载荷、数据链路、导航系统、甚至发动机的能力，对单独无人机系统和由单个用户操作的集成无人机系统家族的成本和效用都有着重大的影响。下面将要讨论的任务规划和控制站的许多体系结构概念也可以直接应用于飞行器。

尽管在本书中将数据链路视为无人机系统中的独立子系统，但数据链路的基本功能是在任务规划和控制站与飞行器子系统之间架起一座沟通的"桥梁"。从这个意义上讲，在理想情况下，数据链路在系统的整个数据结构中是一条透明的链路。事实上，由于各种实际限制，大多数无人机中这条链路是不透明的。链路的特性在系统其余部分的结构和设计中也要予以考虑。

任务规划和控制站如何从体系结构上满足开放性、互操作性和通用性的需求，用局域网（LAN）的概念来说明将更加形象、直观。基于局域网的概念，任务规划和控制站与飞行器可形象地看做两个局域网。这两个局域网互相连通（通过数据链路），"网关"把无人机系统与用户组（外部世界）的其他命令、控制、通信和情报系统连接在一起。任务规划和控制站确定了各功能性部件在站内局域网中进行操作的结构，通过数据链路"网桥"与飞行器局域网交互，并提供与外部其他网络交互所需的"网关"。

局域网、网桥、网关等概念都是电信行业常用的术语。详细叙述这些概念已超出本书范围。然而，作为背景知识，对这些概念的一般性了解使无人机系统设计师能想象出任务规划和控制站作为神经中枢是如何执行其功能的。这些背景知识是理解任何特定系统需求所引发的体系结构相关问题的基础。

8.2.1　局域网络

局域网起源于20世纪70年代。那时微型计算机的应用开始在社会生活中急剧增加。在微型计算机之前，政府和公司都在使用连接着简易型终端机(因无内部微处理器而无法独立运算)的大型计算机。中央计算机与每个终端分时工作，直接把所有的外部信息流发送给终端旁的打印机及用户。微型计算机的引入允许把计算功能分配给大量"灵巧"的终端和"灵巧"的外部设备，如打印机、显示器、带有内置中央处理单元(CPU)的专用终端、存储器及软件。每一个节点可以用各自的速度执行各种独立功能，同时每个节点可能需要互相交换数据或利用仅在其他节点才有的功能(如打印)。如果有办法把所有的独立处理节点互相连接，就有可能对数据及存储器等设备进行共享。局域网就可实现这一功能。

任务规划和控制站实际上是一个高效的微型办公室。飞行器状态、宽带视频信号、与其他部门单位的通信及其他信号等各种信息通过接收、处理来获得视频图像、目标数据，并控制有效载荷和飞行器。这些信息可存储、打印并发送给情报中心和战场指挥员。就像在办公室里一样，信息可以在任务规划和控制站内共享并发送给其他办公室(无人机和军事系统)。局域网概念非常适合于描述任务规划和控制站的通信体系结构。

8.2.2　局域网络要素

局域网有三个关键特性。

1. 布局和逻辑结构(拓扑结构)

一套工作站、计算机、打印机、存储设备、控制面板等可并行连接到单根电缆上，所有设备都能同时访问，这叫做"总线"拓扑结构。或者这些设备可以依次连接到单根电缆上，像一个环状，称为"环状"拓扑结构。如果各种设备都直接连接到中央控制器上的网络，则称为"星形"拓扑结构。

总线用单根线性电缆来并行连接所有的设备。每个设备通过"分路器"或在"引线"处连接到总线上。当信息以包的形式在总线上传播时，每个设备都必须能识别出自己的独立地址。由于所有设备都线性连接到总线上，因此必须对每个设备依次检查以查找出故障。

由于所有设备可同时访问总线，如果两个或更多的设备想要同时广播信息时，为避免冲突就必须有某种协议。解决这一问题的典型方法是对来自任意设备的信息，在进行接收和发送操作之间引入随机延迟，从而确保为其他要使用总线的设备留有窗口。但这并不能确保消除冲突，因此总线系统也要有办法来确保一旦发生冲突，就要有某种方法以更低的冲突概率来重试一次。有时这意味着增长传输时的随机延迟时间。很明显，当总线繁忙时，设备之间的互相连接就是一个漫长的过程。

环状结构像总线一样是在单根电缆上,不过这根电缆自身首尾相连形成一个环。与总线类似,各设备通过分路器连接到环上。不过,连接是串行的而不是并行的。每一个设备只能与环上相邻设备直接通信。信息包沿着环传递给接收/驱动单元,接收/驱动单元检查输入信号的地址,然后要么接收信号,要么把这个信号传送给驱动器,在驱动器内这一信号经重新生成后传送给环上的下一个设备。

一个称作令牌的特殊信息包绕着环传递。当一个设备想要发送信息时,它就等待这个令牌,然后把信息附在令牌上。接收设备把应答信息附在令牌上,然后重新插入环中。当发送设备接收到带有应答信息的令牌时,发送设备就知道其信号已被接收。于是,发送设备移除信息并把令牌发送给下一个设备。令牌可"按计划"传给某个设备而不是按照环上设备的物理位置依次向下传。这种令牌的路线安排能为一些设备提供更多的发送机会。例如,设备 A 有许多数据要优先发送,那么每当环路上的其他设备释放令牌时,就可以安排令牌回到设备 A。这样做可有效地把大约一半的环路总能力分配给设备 A。这种"令牌环"就是预防两个或多个设备同时发送信息的一个简单办法。换句话说,令牌传递概念可预防数据冲突或信息冲突。

星形系统内所有设备都直接连接到中央控制器。中央控制器负责连接设备并建立通信。这是一种简单、廉价的邻近设备互联方法,比如在任务规划和控制系统内的那些设备就属于这种情况。

2. 通信介质

局域网内信号的传输可采用普通电线、双绞线、屏蔽电缆、同轴电缆及光缆。不同的介质会影响传输的带宽,以及信号不需再生时的可传输距离。光缆的传输带宽远大于任何电子介质,而且还具有额外的防无意散播安全性和对电磁干扰免疫性优势。

3. 网络传送和访问

设备访问网络(接收或发送信息)的方式至关重要。数据一定不能冲突(两台设备同时发送),否则数据将会损坏。一台设备也必须能确定自己是不是数据的指定接收者,从而确定是接收数据还是让数据往下传。

8.2.3 通信级别

设备间的通信包括设备间非格式数据的传输。例如,来自一台使用 A 品牌字符处理器的计算机的文本可通过一条电线回路传送给使用 B 品牌字符处理器的第二台计算机。如果两个字符处理器互不兼容,那么必须建立一套两个字符处理器都能理解的公用字符集。在这种情况下,可用 ASCII 码字符集。但是由于这套字符集有诸多限制,像下划线或斜体字等信息就可能会丢失。信息中的单词和句子将会保留下来,不过,当文本的格式和着重号被删除后,一些基本信息可能会丢失。这种级别的通信称为基本级通信。与非格式数据有关的问题甚至比字符问题更严重。对于图形或特殊命令或传感器数据,这些问题基本上是无法克服的。

第二个级别称为增强级,是在采用保留所有特殊编码的通用格式的设备间的通信。有许多专用网络结构建立在采用专用格式的增强级通信的基础上。因此,这些专用网络间无法互相通信。这正是无人机领域的科研人员不希望在任务规划和控制站内出现的情况。

开放性通信系统是指任何一台设备都能与其他设备以保留所有信息的格式进行通信的系统,并且进行通信时不用考虑设备制造商及设备的内部格式和协议的影响。

明确并实现这些开放性局域网所必需的关键性能是一项艰巨的任务。如果所有的设备、软件、电缆及其他硬件都是由同一个经营实体制造和运行的,让它们协同工作并非是困难的事情。然而,即使一家公司制造出所有的无人机系统硬件和软件,问题仍然存在,原因是无人机系统必须与来自不同国家的、使用不同数据协议的武器及通信系统一起工作。

为了提供一个均等的通信级别,必须根据一套统一的标准来设计和运行设备。事实上,当今电信业已有统一的标准。这些标准是由业界领导者制定出来的,其他人则必须遵守。同样,标准也可由政府、制造集团和专业学会间的双边协议来确定。

目前,无人机系统设备使用许多不同的标准。在美国,无人机联合项目办公室(JPO)、联合集成界面(JII)集团已推荐了一种标准,即采用国际标准化组织(ISO)的开放系统互连(OSI)体系结构。至少,OSI 模型提供了一个框架,据此可应用更详细的标准。一些其他标准如 MIL 标准和 RS - 232C 标准仍然在 OSI 体系结构标准内应用。对 OSI 标准的讨论可以说明标准的局域网体系结构的基本特性。

OSI 模型或标准有七个层次。

1. 物理层

物理层是一套关于硬件的规则,说明了电缆的类型、电压值、时序及可接受的连接器。与物理层相关的是技术规范,如 RS - 232C,它给出了每个引脚信号的定义。

2. 数据链路层

第一层(物理层)把比特数据引进了传输系统,非常像邮箱上的投信孔。第二层(数据链路层)说明如何进行包装、如何书写地址,以便发出。第二层把数据头和数据尾加到数据包(或数据帧)上,确保数据的头和尾不会出错。这一层提供了一套协议,用于把信息发布给网络上的其他节点,并提供用于错误校正程序及路由选择的"描述数据的数据"。可以采用 MIL 标准来详细阐明上述功能是如何实现的。常用的标准是 MIL – STD – 1553"飞机内部时分命令/响应多路数据总线"。

3. 网络层

网络层在计算机间建立通路以进行数据通信。它设定流控制、路由和阻塞控制。

4. 传输层

传输层关注错误识别和恢复。

5. 会晤层

会晤层管理网络。它识别网络上的特定设备或特定用户,并控制着数据的传输。该层确定任意两个用户间的通信模式,如单向通信、双向同时通信或双向交替通信。

6. 表述层

表述层确保设备发送和接收的信息数据可以理解,这是通过设备间一套通用的数据表述规则来实现的。例如,当一台设备同时向彩色显示器和单色显示器提供彩色信息,表述层必须在两台显示器间建立一套通用语法,以便于用特定的颜色来代表单色显示器屏幕上的高亮显示。

7. 应用层

应用层充当软件和通信过程之间的接口。这一层是最难进行标准化的,因为该层处理的是与特定设备交互的标准,而这些设备往往又是非标准的。应用层包含有许多支持特定应用软件的基本功能,譬如文件和打印机服务程序。人们熟悉的操作系统(DOS、Windows、LINUX 等)的各种功能和界面就是应用层的一部分。

8.2.4 网桥和网关

网桥是局域网间的连接,这些局域网的体系结构相类似,正如无人机地面站和飞行器。以无人机为例,它们通过数据链路连接。除非数据链路原本设计成直接接入局域网,否则数据链路在与局域网接口处就需要一个处理器。这个处理器把发往数据链或飞行器的数据转换成数据链所需的格式,并把下行链路数据转换成任务规划和控制站中的局域网所需的格式。在飞行器的数据链路末端也需要一个类似的处理器。局域网中的数据链路有两个职能,它是局域网内的一台"外部设备",可从局域网的其他节点接收各种请求,包括有关天线指向、抗干扰模式的使用等发往数据链路的命令,同时也要把诸如飞行器到天线的方位角和距离等数据提供给任务规划和控制站内的其他节点。它的另一个功能是连通飞行器的桥梁。在这一功能中,相对来说,它对任务规划和控制站中的局域网及飞行器上的局域网来说是透明的。

如果飞行器上的局域网的体系结构与任务规划和控制站的结构不同,那么数据链路就成了网关。一般来说,与外部世界的接口就是网关。

网关连接着不同的体系结构。无人机地面站可能需要与其他通信站进行通信联络,例如联合监视和目标获取雷达系统(JSTARS)等。直到有一天所有的系统都能按同一个标准来设计,JSTARS 与典型的任务规划和控制站间的通信才能类似于 Windows 计算机与 LINUX 计算机间的相互通信。除非有一个可以进行必要的翻译的明确界面,否则两者之间无法互相理解。

网关是局域网内的一个节点,它对格式和协议进行转换以连接到局域网外的不同体系结构上。需要注意的是,无人机系统中网关与网桥的区别可能会模糊化。可以把数据链看作一个外部网络,在任务规划和控制站与飞行器端都设立网关与之相连接。当数据链接口被当作网桥时,这些网关的功能模式非常类似于从数据链至局域网网桥接口之间的接口界面。不同之处在于,此时接口在局域网内而不是在数据链路内。

在数据链路相关章节也将详细讨论,人们通常希望使数据链路的诸多细节对任务规划和控制站以及飞行器都是透明的。这意味着让数据链路在两端(作为网桥)都能接受局域网的各种格式和协议。由于局域网中的网桥接口一般不变,这个方法使得数据链路交换更为容易。如果局域网必须为每条数据链提供一个网关接口,那么要改变数据链路格式也就需要改变网关。

8.3 物 理 配 置

任务规划和控制站中的所有设备都置于一个或多个容器内,绝大多数情况下,都要求这些容器要足够便携,以便于迅速撤收或建立新的操作站点。某些便携式的任务规划和控制站可放进手提箱或公文包/背包大小的容器内,不过大多数机动型任务规划和控制站使用的是一个或两个安装在卡车上的方舱。这些卡车从小型多用途卡车或 HMMWV 级别的战术车辆到 5t 及以上的大型卡车不等。方舱必须为操作员提供工作空间,也必须为人员及设备提供环境控制能力。

图 8.2 中所示的是"捕食者"无人机的操作员工作站,其中包括了飞行员和有效载荷操作员的位置,以及显示地图、飞行器和有效荷载状态信息、传感器图像及其他操作员控制飞行器功能所需信息的多屏数字显示器。这个特定的工作站是为固定地点设计的,供机动控制站使用的类似工作站可能会在飞行员和有效载荷操作员之间共享显示屏,并通过其他措施减少总的占用空间。但是仍需提供整套系统的所有功能。

任务规划和控制站方舱的大小由人员数量和需要收纳的设备数量决定。随着电子产品和计算机越来越小型化,人员数量和所需显示器成为了决定因素。一般要求一个单独的飞行器操作员和一个有效载荷/武器操作员并排就坐。通常有一个任务指挥员负责监视和指挥飞行器及有效载荷操作员,并担任总协调员。通常,任务指挥员也操作无人机与指挥控制系统间的接口。如果任务指挥员坐在席位上能看见飞行器飞行状态和传感器显示器那就更加方便了。要实现这一点,可以为任务指挥员设置独立工作站,使其能够调用所有显示信息,或者通过设置任务指挥员的席位,使其越过两个操作员的肩膀能看到他们的显示器。

图 8.2　操作员的工作站(复制图片得到了通用原子航空系统公司的许可)

当发现感兴趣的目标时,有效载荷操作员可锁定画面,或转动传感器接近感兴趣的观察目标以便观察是否有更多的信息。情报指挥官或其他用户必须掌握这一信息,以便确定其是否有价值。要实现这一点,只要让用户位于地面站内或向其提供远程显示即可。

有些数据用户希望能有权直接、实时地对传感器或飞行器控制发送指令。通常来说这不是个好主意。大多数情况下,应该限制控制站之外的人员对任务进行控制,来确保由控制站内专门指定的操作员执行具体任务。也就是说,如果某个首长想再次观察某一具体场景,最好是向任务指挥员提出请求而不是给他一个备用的操纵杆来实时转动有效载荷。只有控制站内的操作人员才具有对全局态势的感知,并且受过专门训练知道如何恰到好处地执行任务,而不会将飞行器置于危险境地或扰乱飞行计划。通常来说,再现观察场景的最好方法是重播第一次观察时的录像。由此可见,记录场景并对所选择的数据进行编辑、发布的能力是极其重要的。

所有设备在方舱内连接和放置的方式称为设备配置,不要将其与计算机体系结构或软件配置混为一谈。图 8.3 显示了一种典型的设备配置。

任务监视、地图显示、飞行器状态指示、控制输入装置(操纵杆、轨迹球、电位器)及键盘等许多功能和设备可组合到一个或多个通用控制台或工作站上,与其他工作站(如果有的话)、数据链路、中央计算机(如果用到一台的话)以及通信设备进行通信的所有电子接口也都包含在这个工作站内。

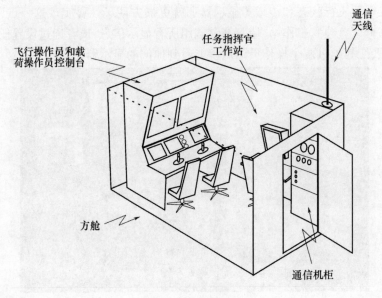

图 8.3　地面站设置

8.4　规划和导航

8.4.1　规划

　　正如有人驾驶飞机的飞行那样,起飞前的预先规划是成功完成任务的关键因素。规划功能的复杂程度取决于任务的复杂程度。最简单的情况下,任务也许是去监视一个路口或一座桥梁并报告监测点的交通流量。这一任务的规划需要制定接近和离开该监测点的飞行路径,并选择监视该点时飞行器巡逻的区域。这可能涉及到进出该区域时如何规避防空威胁,并且一直需要与空中管制部门相互协调。在比较简单的环境下,这并不比准备一次简单直接的飞行计划并在合适的指挥单元将该计划编排归档复杂多少。

　　为了避免在接近目标区域过程中发生空域冲突,在起飞前选定一个或多个盘旋点可能很有必要。在这种情况下,规划功能就必须把要使用的传感器类型、传感器关注的区域及其视场、传感器有效作用范围等考虑进去。如果传感器是电视摄像机,那么太阳相对于目标和飞行器的位置就可作为选择盘旋点的一个考虑因素。如果地面高低不平或植被茂盛,就必须事先选择合适的盘旋点以便在观察目标区域时能有良好的视野,这一点也非常重要。有的时候先飞临目标区域,然后再寻找合适的位置也是可以接受的,但一般情况还是有必要在起飞前就确定有利的盘旋点位置。

即使执行简单任务,在任务规划和控制站内使用自动规划辅助系统也是很有实用价值的。这些辅助功能可能会以下列软件功能的一项或多项的形式出现:

- 可用某种图形输入设备(如光笔、触摸屏或鼠标)把飞行路径叠加到数字地图显示屏上。
- 对选定的飞行路径自动计算飞行时间及燃油消耗。
- 提供一个可以添加到飞行规划中的一般飞行航段库,并能针对特定的航线进行修订。
- 能自动记录飞行路径,其记录形式适用于在任务中控制飞行器以及用空域管理元素来编排归档飞行规划文件。
- 基于数字地图数据解算出合成图像,显示出在不同的巡逻位置和高度时的观测视场,以便选择出对执行任务最有利的位置。

将飞行规划储存起来以方便以后执行,这就意味着规划完成后可以将其存储在任务规划和控制站内,要执行飞行规划的任意阶段,只需要从存储器和执行过的指令中调出就可以了。例如,任务规划可分解成若干段,如从发射到飞向巡逻点的飞行、在指定巡逻点上空的飞行、飞向第二个巡逻点上空的飞行以及返回到回收点的飞行。接下来操作员只需按照飞行规划依次激活各个任务规划段即可执行飞行任务。灵活的软件系统允许操作员从各个点退出和进入预定的任务,而只需最少量的重新规划工作。例如,如果在飞向预定巡逻点的途中观察到一个感兴趣的目标,就可以暂时挂起预先规划的航段并进入几个标准盘旋航线之一,仔细观察目标,当接到恢复预先规划的命令后,无论飞行器在哪个位置,都恢复执行预先规划的任务段。

更复杂的任务可能包括几个可供选择的子任务。这类任务很重视计算航时和燃油消耗的能力,以便在飞行器的总航时内能按时完成全部子任务。为了辅助此类规划,需要有一个标准任务规划"库",例如,对以特定点为中心的小区域进行搜索的航线程序库。航线程序库的输入可能包括指定点的地图坐标、以该地点为中心的搜索半径以及观察该区域的视场方向(俯视,从东边观察或从西边观察,等等),还包括预期的目标区域地形复杂程度、待搜索目标的类别等。基于专门针对特定地域中目标类别的已知传感器性能,航线程序库将计算飞行规划,内容包括在离目标最优距离上安置传感器、传感器的搜索模式和速率、以及搜索该区域所需的总时间。形成的规划将插入总飞行规划中,该子任务所需的燃油消耗及时间也会添加到任务总量中。数字景像生成器可用来帮助选择从哪个方向来搜索指定区域。由于各个子任务段都会添加到任务总量中,因此规划人员就能够监视总的任务时序安排、规定的任务时间的相互兼容性以及与飞行器可用的总任务时间的兼容性。

所有上述规划过程都可以由人工来完成,借助于手册或应用"经验方法"来估计搜索时间和任务规划中的其他关键要素。早期应用无人机系统获得的经验表明,在任务规划的自动化上投入的努力获得了极大的回报,主要体现在系统对操作员技能的接受程度以及对有限的飞行器资源的使用效率。

8.4.2　导航和目标定位

为精确确定目标的位置,首先必须知道飞行器的位置。在许多早期的无人机系统中,通过数据链路确定的方位角和距离数据,来确定飞行器相对于任务规划和控制站数据链天线的位置,而天线本身的位置可事先测得。这种导航形式在大多数系统中已经被 GPS 等机载绝对位置定位系统所代替。GPS 接收机已经实现了低成本和体积的小型化,很显然,其将成为一种标准的无人机导航系统。

GPS 利用同时测量与三颗卫星的距离(已知卫星的精确位置)来确定地球表面上接收机的位置。如果知道与四颗卫星的距离,接收机所处的高度也可以确定。该系统的军用版有 5 ~ 15m 的精度,而民用版只有 100m 的精度。如果有一个或更多个位置精确已知的地面服务基站,甚至可以得到更高的定位精度。这些地面基站可以距离使用基站信号的 GPS 接收机 100km 远。采用所谓的"差分 GPS"方法,增加地面基站可获得 1 ~ 5m 量级的定位精度,即使是民用版 GPS 也能做到。

来自卫星的 GPS 信号是以直接扩频模式传输的,这一模式使信号具有抗冲突、抗干扰和抗电子欺骗的能力。(直接扩频数据通信将在数据链相关章节进行讨论。)差分 GPS 也可以使用抗干扰的信号模式,不过目前大多数的民用系统并没有采用。

目前,使用别的形式的飞行器导航系统的理由可能仅限于:

- 对战时可摧毁 GPS 星群的反卫星武器的担心(与几年前相比,现在的担心程度小多了)。
- GPS 系统,特别是其更精确的差分模式,对干扰的脆弱耐受度。

虽然 GPS 能抗干扰、抗欺骗,但并非百毒不侵。如果军方从导航到武器制导,在各领域内都高度依赖于 GPS,那么 GPS 将成为非常具有诱惑力的敌方电子战目标,有迹象表明这种情形正在发生。

无论以何种方法确定飞行器的位置之后,为确定地面上目标的位置,还需要做的工作就是确定飞行器传感器至目标的角度和距离,这两个量定义了两者间的矢量。这些角度最终必须用大地坐标系而不是飞行器机体坐标系来定义。

这个过程的第一步是确定传感器视线相对于飞行器机身的角度。其几何关系示意图如图 8.4 所示。通常通过读取传感器组件上云台指向角度来完成此项工作。然后,这些角度必须与飞行器机身的姿态信息相结合,以确定在大地坐标系下定义的角度值。

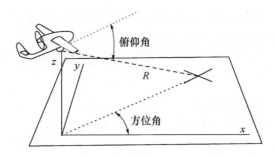

图8.4 确定目标位置的几何关系示意

飞行器在大地坐标系下的姿态通常依据 GPS 系统的数据而保持当前值,但是 GPS 系统提供的方位信息更新速度较慢,在快速机动或遇上大气湍流时无法保证足够的精度。这种情况可以通过使用机载的用于自动驾驶仪的惯性平台来解决,并且必须具有足够宽的带宽来支持控制回路,大体与机身运动的带宽相当。将机载惯性系统的高带宽航迹推算结果与大地坐标系对齐所需要的信息则由 GPS 提供。目标定位所需的精度可能远远高于完成自动驾驶操作所需的精度。因而,飞行器惯性平台的指标很可能是由目标定位需求决定的,而不是由自动驾驶需求决定的。

由于传感器要相对于飞行器机身转动(即使当传感器正在观察地面上一个固定点时),而飞行器机身总是处于运动之中的,因此必须在同一时刻及时地确定所有的角度。这就要求飞行器能够同时采集两组数据,或是对两组数据以足够高的速率进行采样,确保两组角度数据的相邻样本时间间隔比传感器或飞行器机身做出明显动作的时间尺度要短一些。依据数据的采样方式,可能需要给数据加注时间标记以便在进行解算时使两个不同来源的数据相匹配。

计算出目标位置所需的最后要素是飞行器到目标的距离。如果有激光测距仪或雷达传感器,这个距离就可以直接确定。同样,距离数据也需要加注时间标记以便和适当的角度数据进行匹配。

如果使用的是被动传感器,就需要用下列几个方法之一来确定距离:

• 当飞行器在已知航线上进行飞行和爬升时,通过测量一定时间内方位角和高度角的变化,利用三角测量法可获得距离数据。对于较短的距离和相对精确的角度测量,这种方法足以满足要求,尽管其精度比激光测距或雷达测距低(并且消耗的时间更长)。

• 如果有数字化地形图,就有可能计算出视线角定义的矢量与地面的交点,从而求出地面目标的位置,甚至不用明确地计算出到飞行器的斜距。这种计算方法要求获取飞行器的准确高度。有一个精度差些的变通方法,就是假定地面是平坦的,在进行类似计算时不考虑地形的高度变化。

• 可以使用一种基于视距测距原理的被动测量技术(测量目标所对应的视场角,然后基于假定的目标线性尺寸来计算距离)。在无人机系统中,这一过程可以更加精细地执行,操作员可以"抓取"目标图像,定义目标轮廓边界,标明目标类型,然后以存储的该类型目标的尺寸为基础进行计算。必要时可以旋转储存的目标"图像"以与操作员所划定的轮廓相匹配。虽然这是一个十分辛苦的过程,但当系统没有主动测距仪和精确的高度和姿态信息时,这可能是唯一可行的方法了。

如果使用军用精度的 GPS 导航来定位飞行器,被动三角测量法就能提供足够高的精度,把总误差控制在 50m 内。

8.5 MPCS 接口

任务规划和控制站必须通过接口与无人机系统的其他部分以及外部世界进行交互。其中的一些接口已经详细讨论过了。所需的接口可以总结如下:

• 飞行器:任务规划和控制站到飞行器的"逻辑"接口是经由数据链路从任务规划和控制站局域网到飞行器局域网的网桥或网关。物理接口可能会有几个层次:①方舱内从任务规划和控制站局域网到数据链路的接口;②从数据链路安装在方舱的部分到数据链路在遥测站点的调制解调器、射频(RF)和天线部分;③从使用射频传输系统的数据链路发射机到飞行器上的数据链路射频和调制解调器部分(机载数据终端);④从飞行器上的调制解调器到飞行器局域网。在有些系统中,从地面发射机到飞行器的链路自身可能包含了几个层次,包括从地面到卫星或空中中继,再由此到其他卫星或空中中继,最后到达飞行器。

• 弹射器(弹射装置或导轨):这一接口可以简单到仅仅是从任务规划和控制站方舱到弹射器的语音链路(有线或无线)。有些系统中,这里会有一个从任务规划和控制站局域网到弹射器,或是到仍位于弹射器上的飞行器的数据接口。这一接口可以经由弹射器,也可以直接连接到飞行器。这一接口允许任务规划和控制站确认飞行器已做好发射准备、指挥飞行器执行发射程序并指挥控制发射过程本身。当飞行器从跑道或航母甲板上起飞时,该连接就简化为到地面或甲板上的飞行器地勤人员的语音链路。

• 回收系统:这一接口涵盖多种形式,从连接回收系统的语音链路,到更复杂的数据链路。最简单的情况是飞行器自动飞入某种类型的回收网中,任务规划和控制站与回收系统间的通信仅仅是确认回收网已经准备完毕,以及确认回收网上的所有信标都已经开始工作。另一种可能的情况是人工着陆,有一个能看见飞行器的操作员,像操纵无线电遥控模型飞机那样控制飞行器飞行,在这种情况,要有一个远程飞行器控制台,操作员使用控制台来控制飞行,必须具有到飞行器的链路,这个链路可以是控制台自己的短程数据链,也可以通过任务规划和控制站来连接。

• 外部世界：无论采用何种通信网络，任务规划和控制站必须具有在该网络内工作的通信接口，用于执行任务和汇报信息。如果无人机被用来进行火力控制，那么就需要有专用的火控网络，例如陆军战术火力控制网。此外，如果任务规划和控制站负责高带宽数据(如直播或录制的视频)的远程分发，则需要特殊数据链路连接到远程用户的接收机。简单情况下，这种链路由同轴电缆或光缆组成，连接到附近的战术指挥部或情报中心。如果涉及的距离遥远，就可以使用高带宽的射频数据链路，连同其自身对天线及射频系统的特殊需求也一并考虑。

所有这些接口都很重要，而最邻近任务规划和控制站并到达外界的两个接口(通过数据链路连接到飞行器的接口以及到外部世界的接口)是最重要、最关键的。这两个接口是最不受任务规划和控制站设计师控制的接口，并且最有可能涉及关于数据速率和数据格式的重要外部限制。

通过数据链到飞行器的接口是本书第五部分的主题。到外部世界的接口也是同等重要的，但是已超出本书范围，就不再过多讨论了。

第9章 飞行器和有效载荷控制

9.1 概 述

本章讨论操作员如何对无人机及其有效载荷实施控制。我们将根据以下事实组织讨论:通常在安装于地面及飞行器上的计算机的辅助下,遥控操作员必须履行飞机指挥员、飞行员、副驾驶员、雷达和/或武器操作员的职能,以及其他有人飞机系统上需要通过机载人员执行的任何职能。

尽管并非每架有人飞机或无人机都具备以上职能,但一般总需要有一名飞行操作员,并且除了最基本的无人机任务外,通常还需要有一名单独的有效载荷操作员。另外还必须有一名飞机指挥员,但在许多有人飞机中,这一职能是与飞行员的职能相结合的。

飞行员、副驾驶员以及飞机指挥员都不在飞机上,并且不能通过窗户向外看来保持对态势和周围环境的感知,这一事实非常重要。相比有效载荷操作员的职能,这一事实改变了上述三个职能的作用,因为其所有的工作都依赖于有效载荷来获取大量他们所需的有关飞行器外部态势的信息。正是由于这个原因,某些无人系统将飞机指挥员的职能与有效载荷操作员的职能结合在一起。

无论这些职能如何根据"空中机组人员"进行划分,它们是必需的。与执行每个职能相关的问题和权衡都具有显著的差异。为便于讨论,我们定义了如下关键职能:

- 驾驶飞机:生成控制面和推进系统所需的输入指令,使飞机起飞、沿指定航线飞行和着陆。
- 控制有效载荷:开启和关闭有效载荷,按照需求进行指向,对执行无人机系统的任务所需的输出信息进行实时判读。
- 指挥飞机:执行任务规划,包括在执行任务的过程中,为应对事件所必须采取的任何变更。
- 任务规划:根据来自于"客户"(无人机系统飞行任务指派方)的任务安排,确定任务规划。

与大多数有人系统不同,这些定义的主要特征是将"纯粹"的驾驶职能从飞机指挥所包含的任何自主决定的职能中分离出来。飞行员只负责将飞机从一点飞至下一点。这包括处理飞行过程中的任何临时情况,如阵风、风切变或湍流,并使飞机在发动机失效或机身受损的情况下仍继续顺利飞行(如有可能),但不包括做决策确定接下来去哪里或干什么。

9.2 控 制 模 式

在多种不同的控制模式下,操作员与飞行器的交互也要求有多个层次:

● 全遥控控制:对下传至操作站的传感器和其他飞行仪表信息进行处理,以此为基础,操作员执行假设他们在飞行器上所应该做的所有工作,这些操作是通过上传至飞行器的直接控制输入来完成的。

● 辅助遥控控制:操作员仍然执行假设他们在飞行器上所应该做的所有工作,仍旧基于同样的下传信息,但其控制输入是由飞行器上的自动控制内回路辅助完成的。

● 异常控制:根据详细的飞行规划和/或任务规划,计算机执行所有实时控制功能,同时监控当前情况,以确认是否出现规划外的异常事件。如果确认出现某异常情况,计算机将通知操作员,并请求应对异常情况的方法。

● 全自动化:操作员唯一需要做的就是准备任务规划方案,无人机系统则在没有人工干预的情况下执行。

以上所有层次都可以单独应用于各个职能。正如之前章节所讨论的,我们假定任务规划可以使用软件工具来实现,以自动处理许多细节。然而,规划的决策部分是固有的人工实施的功能,是不能自动处理的。

关于决定这些层次如何应用于飞行员、有效载荷操作员及飞机指挥员这三大核心职能的一些问题和权衡,我们将在本章进行讨论。

9.3 飞行器的驾驶

在最基本的层次中,现代的自动驾驶仪可以在无需人工干预的情况下起飞、沿着期望的飞行规划飞行和着陆。这种水平之所以能够实现,是由于飞行中存在的一系列相对明确定义的情况和事件都可调用同样明确定义的相应的驾驶应对方法来处理。

大部分飞行员会说这将飞行员的角色过度简单化了,并且忽略了一名好的飞行员在控制飞行器时的"艺术"和细微的差别。这个说法当然没错。但是,对于如今大多数无人机任务中涉及到的相当常规的飞行,自动驾驶仪软件足以使飞机的飞行状态与真正飞行员控制飞机时的飞行状态难以区分。即使出现预料之外的突发情况或软件错误而可能导致坠机,也不能断然认定自动驾驶仪就比我们所知的人类飞行员逊色,遗憾的是,有人驾驶飞机有时是因为飞行员的错误而坠机。

事实上,在正常环境下,自动驾驶仪可能比最好的飞行员飞得还好。许多先进战斗机是在不稳定的临界状态工作,并总是配有自动驾驶仪辅助飞行员保持稳定性,自动驾驶仪是通过在飞行员难以企及的带宽和敏感度范围内进行细微的控制调整来实现的。

至于未来可能的无人任务是否要求极限特技动作,情况尚不明朗。其中的一些问题将在武器有效载荷那一章进行讨论。

根据我们的标准,当今的自动驾驶仪技术足以提供全自动的驾驶功能,但这并不意味着所有的无人机系统都具有该能力。上文所列的所有可能的人工控制层次均可用在无人机系统中。

9.3.1 遥控驾驶

正如"遥控驾驶飞机"(该词现已弃用)所定义的,在仅有少量或没有自动驾驶仪辅助的情况下,直接遥控驾驶飞行器也是可行的。这种方式尤其适用于采用类似于模型飞机技术的小型飞行器,特别是在视线范围内使用的情况。

在视线外时,驾驶的过程必须基于机载摄像机和飞行仪表的可视化提示,使用机载传感器经下行数据链发来的信息。在这种情况下,飞行操作员必须具有很高的驾驶技术,包括在图像传感器失效或因为云雾的影响导致无法正常工作时,仅根据仪表驾驶飞行器的能力。

在早期的军用无人机中,经常使用该模式进行起飞和/或着陆,剩余部分的飞行则通过一种更加自动化的模式完成。

当数据链的上传和下传存在巨大延迟时,直接遥控驾驶飞行器可能存在严重问题,特别是当"飞行员"与飞行器不在同一个洲,数据链通过卫星中继器进行传输时,这个问题是肯定存在的。这些问题与应对湍流和其他快速变化的情况密切相关。当在远程控制回路中存在巨大延迟时,最直接,同时可能也是唯一的解决方法,就是采用自主–辅助驾驶控制的模式。

9.3.2 自主—辅助驾驶

在更高一层的自动化水平下,无人机至少能够从表面上看像是操作员在控制飞行器飞行,这种操作是相对于当前飞行器的姿态和高度以操作员指令的形式进行。在这种情况下,操作员给出右转或左转和/或爬升或下降的指令,同时包括一些转弯、爬升或下降的速度指示,自动驾驶仪将这些指令转换为一系列的控制面指令,从而完成操作员的意图,同时保持飞行器稳定并避免失速、螺旋以及过大的机动过载。

与增稳系统相比,这种辅助比重较大的模式目前在先进的战斗机中应用较广,这在前文中亦有提及。它足以让非专业飞行员至少在常规航路飞行条件下"驾驶"飞行器。

自驾仪辅助的手动控制模式可以与航路点到航路点的自主导航相结合,甚至可以应用于在直接视距外工作的大型无人机。在这种情况下,地面上的"飞行员"能够获得视频图像,至少是朝向前方的,以及一系列驾驶飞机所需的飞行仪表信息,包括空速、航向、高度、姿态,以及发动机、燃油和其他指示等。另外,在某些类型的地图上还将显示地面位置以及飞行器的飞行轨迹。这种模式为飞行航线的实时控制提供了巨大的灵活性,这与直接遥控所提供的能力相类似,但这种模式通过控制回路和自动驾驶仪处理了飞机上的所有细节,而且控制回路具有足够的带宽来处置任何瞬时变化,自动驾驶仪则能提供绝大部分驾驶技能。

对于使用非常简单的控制台,且期望在操作员视线内完成大部分操作的小型系统来说,这种辅助模式可以作为主要模式。它实现简单,操作灵活,并且适合类似于电子游戏一样的操控。它允许操作人员在野外操作,并有可能戴着手套操作。

当使用小型简易控制台时,该模式将地面航迹的控制交给操作员的手和大脑,因此可以容忍操作员操纵飞行器撞到地面或其他障碍物。这种辅助模式比全自动模式需要更多的飞行员训练和更高的技能,某些用户要求使用此类系统的飞行器操作员具有飞行员资质。然而,有些其他用户专门针对操控无人机培训操作员,不要求他们能够飞有人飞机,哪怕是轻型飞机。

关于操作员资质的一个主要权衡方面是着陆过程的自动化程度。在许多方面,着陆对飞行员来说都是最难的一个环节,特别是在恶劣的天气、阵风和/或侧风的条件下。如果着陆是全自动的,那么无论飞行的剩余部分采用何种模式,对操作员驾驶资质的要求都可以放宽。

9.3.3 完全自主驾驶

很多现代无人机系统使用自动驾驶仪实现飞机内回路控制的自动化,自驾仪对机载传感器的输入做出响应,以保持飞机的姿态、高度、空速和地面航迹,从而与来自飞行器操作员的命令,或者是存储在飞行器内存中的详细飞行规划命令保持一致。

人对自动驾驶仪的输入可以表示为相对于地面的航路点地图坐标、高度和速度。在使用 GPS 导航的现代系统中,甚至不需要操作员在考虑飞行器飞行时的风向和风速的情况下,处理空速和航向。通过 GPS,自动驾驶仪可以实现必要的空速和航向变化,从而保证飞行器以期望的地速,沿着期望的地面航迹运动。

在这种情况下,可以说驾驶飞机的功能完全是自动的。在这个过程中,涉及到的最低程度的人工干预是飞机指挥员,他要告知自动驾驶仪接下来去哪里,以什么样的高度和速度飞行。

该控制模式可以称为"鼠标操纵飞行"或"键盘操纵飞行",因为它基本上是一个数字处理的过程,将坐标、高度、速度甚至可能是保存在库内的预先规划的机动动作,例如不同形状的盘旋航迹,都汇总在地面计算机中,剩余的工作由自动驾驶仪来完成。

纯粹的鼠标操纵飞行模式可能无法提供足够的实时灵活性以适应动态的飞行规划。例如,某一个传感器发现了某件物体,并希望改变飞行航线以获得不同的视角再次观察,纯鼠标操纵飞行模式需要对飞行规划进行修改。即使使用软件工具这个方法也是很笨拙的。一种对用户更加友好的方法是使用自动驾驶仪辅助模式,当飞行员或者飞机指挥员采取半手动模式控制飞机时,将飞行规划暂时停止。

9.3.4　小结

鼠标操纵飞行模式在驾驶飞行器方面代表着最高层次的自动化水平,可以被描述为"完全自动化飞行"。它达到了即使出现湍流或其他意外事件,仍然能够成功执行飞行规划而不会发生事故的程度,可以说,如果飞行器上有"乘客",那么该乘客将无法判断出座舱内是否有飞行员。

实现飞行员的职能有一系列可选的自动化水平,从非自动化到完全自动化。不同的选择分别应用于不同的飞行阶段,从而在飞行过程中一些较复杂的阶段,例如起飞和着陆,采用全自动控制,而其他阶段则可以采用多个自动化模式相结合的手段来处理,在预先规划的飞行航段采用鼠标操纵飞行模式,对实时事件做出响应则采用自动驾驶辅助操作模式。

小型廉价的自动驾驶仪和机载加速度传感器,结合 GPS 导航,形成了一种经济上可承受的完全鼠标操纵飞行模式解决方案,因此,这种模式和其他各种自动化程度较低的模式之间的权衡就是由系统的特性(是在视距范围内操作的飞行器还是在视距范围外操作的飞行器)以及地面控制站的特性所决定。小型简易的地面控制设备使用游戏控制器模式要比输入数据实现详细的飞行规划来得简便。如果将上述权衡看作一台天平,那么简短且高度灵活的任务需求也可能导致天平从详细规划向直接操作控制机动动作一侧倾斜。

驾驶功能的全自动化要求有详细的飞行规划。任务进程中当需要改变飞行规划时,将可能出现问题。可能发生的一个非常紧要的意外事件就是失去动力,这将导致飞行规划发生大的改变,而此类情况是很难预先规划好的。

我们把任务过程中根据事件改变飞行规划视为任务控制过程的一部分,这应该是飞机指挥员的职能而非飞行员的职能(也要认识到某些无人机系统可能不设独立的飞机指挥员)。如果自动驾驶仪能在没有人工辅助的情况下,执行由人或计算机化的飞机指挥员提出的任何飞行/任务规划变更,那么这种"飞行"也可以视为全自动的。

9.4　有效载荷控制

无人机有许多不同的有效载荷,在本书下一部分将有详细讨论。为了方便讨论,大部分可能的有效载荷都可以归结到一般类别中的某一类:

- 信号中继或拦截有效载荷;
- 大气、辐射及环境监测;
- 成像和伪成像有效载荷。

本书第四部分中对这些有效载荷进行了详细讨论,许多具体的控制权衡同样见本书第四部分。我们在此只考虑一些有效载荷类别的一般特性,这些特性直接影响到人工控制与自动化控制的相关问题。

9.4.1　信号中继有效载荷

第12章中对此类有效载荷有更加详细的讨论。在对其讨论时认为,它们的主要特点是其任务包括电磁信号检测,以及如下两种功能:①信号放大和再发射;②信号分析和/或记录。

在中继情况下,任务规划可能非常简单,包括在中继区域的某位置盘旋以及对某些确定频率和波形的信号进行中继转发。只要任务规划不需要改变,无人机系统可以以很高的自动化程度运行。或许,如果任务需要调整,也仅仅依赖一个飞行器或有效载荷失效的"异常"报告系统,以及在飞行中操作员因需求变更而上传新任务规划的能力就可以实现。

在拦截情况下,任务规划似乎同样涉及在某位置盘旋和接收某些确定频带和波形的信号,但是还包括一个可能实时需要的重要附加功能,即分析信号并破解其内容。至于这种功能在多大程度上能够做到自动化,并不是公开的信息,对本书作者来说是未知的。显然,按照基本原理至少可以根据频率和波形对某些信号进行分类。据出版的资料报道,对拦截的语音信号进行关键词扫描是有可能的。但是,在某些时候,可能需要对拦截信息进行人工评估,以确定是否需要将拦截信息转发给无人机系统所执行任务的"用户"。

对于此处所假设的拦截任务,如果对所拦截信息的实时使用是任务的一部分,那么在拦截信息的评估过程中可能需要某种程度的人工干预。这不需要无人机系统地面站采取任何措施,因为其仅限于将原始信号或处理过的信号下传至地面站,并且自动将下传的信号信息转发给用户。

因此,一般的信号拦截任务有可能实现高度自动化水平,正如中继任务那样,需结合同样的异常报告和干预支持的功能。

9.4.2　大气、辐射及环境监测有效载荷

这类任务需要监视飞行器上的特定传感器感知到的信息,并下传数据和/或将数据作为时间和地点的函数进行记录,在这个意义上此类任务与信号拦截任务类似。如果不需要对异常读数进行实时或近实时的处理,则任务规划包括按指定飞行计划飞行,同时操作传感器,最多也只是监视传感器的运行情况。这类任务可在只有异常报告和干预的情况下全自动执行。

对任务规划的某些简单修改可以自动完成。一个实例就是观察读数,比如辐射等级超过阈值时,则插入一个预先规划的搜索模式,以便将读数标记在某一区域地图上。一种可自动执行的稍微复杂的响应是使搜索模式适应获取的读数,并试图找到读数最大的位置。

这类任务可以高度自动化执行,包括一些对飞行规划的自动修改。但是无人机系统设计师似乎更愿意将触发任务规划发生变更的任何读数视作异常情况,并将其报告给控制站,以便在飞行规划发生任何变更时引入某种程度的人工干预,即使这种干预仅仅是认可某个自动"决策",来执行某种绘图或搜索程序。在这种情况下,操作员的反应可能表现为拥有一次否决该自动决策的机会,而系统设计允许在未收到否决命令时执行其自动选择的决策。

9.4.3　成像和伪成像有效载荷

成像和伪成像有效载荷向操作员职能的自动化提出了一个特殊挑战,因为人类的眼睛－大脑系统对图像的解读能力是远非任何计算机所能比的。

当然,如果传感器的功能仅包括下传和/或记录预定区域的图像,不需要实时地解读,那么操作员的功能仅是将传感器对准正确方向,开启和关闭即可。这些功能易于自动化,并且在五六十年前的无人驾驶侦察机上就已完全实现了。

类似地,在某些任务中,成像或伪成像系统能够自动检测感兴趣的物体,并且具有一定的可靠性。尤其是当传感器为雷达系统时,或者是通过距离感知子系统增强时,比如一台扫描激光测距仪,它就有可能可靠地检测某些特定种类的物体。其中之一是检测已经清理过的输电线通道上植被覆盖情况。能够由雷达系统可靠检测到的另一类重要目标包括在地面、水体表面或者空中移动的物体。

"自动目标检测"是一个不断发展的重要研究领域。研究目标就是把传感器与信号处理相结合,从而能在嵌入噪声和杂乱背景的条件下,自动发现某些指定类型的"目标"。如果目标正在移动,并且传感器能确定这一点,问题就简化为进一步描述该移动物体的特征。

在第 10 章关于目标检测的讨论中,我们将会定义判别目标特性的程度等级,从检测(确定存在某个可能感兴趣的物体)直到识别(确定该物体是正在寻找的指

定事物）。在这里我们将满足于并停留在"进一步描述"上,简单的说,在过去的三四十年间,在实现不同层次的"进一步描述"方面取得了一些进展,同时开发出了一些非常复杂的方法。当仅仅应用于较小的区域,只包含感兴趣的物体并且周围仅有极少量或没有其他物体时,这些方法中的大多数是非常有效的。因此,当前最成功的自动目标识别方法也仅仅是用在检测到"可能感兴趣的物体"后的"进一步描述"阶段。相对于有噪声并且杂乱的图像或伪图像,如果物体不具有某些明显突出的特征,那么至少实时的人类操作员是非常有用的,他们可以使用独一无二的、强大的眼睛—大脑系统对需要近距离观察的事物进行检测。

目前技术状态的结果是,在一般的成像或伪成像情况下,图像可能需要实时下传给人工操作员,如果传感器具有变倍率放大和指向功能(这是成像传感器的常见功能),操作员必须能够控制指向和放大功能,从而能更近距离观察可能是感兴趣目标的物体,并且/或者放大景物来进一步描述检测到的事物。这至少意味着,需要具备改变飞行规划的能力,从而可以从不同角度观察某物或者获得更多的时间来仔细审视它。(在某种程度上,再次观察需求可以通过图像回放能力和定格图像的功能来实现。)

正如第10章将要给出的详细讨论,操作员可能需要计算机的协助来执行对指定区域的系统化搜索。造成这种需求的原因在于操作员的观察是典型的"管中窥豹",没有周围图像帮助其获得较宽阔的视野。这样,假如区域搜索是无人机系统任务的一部分,就形成了对辅助控制模式的需求。

9.5 任 务 控 制

我们用"任务控制"这个词来描述"做什么"而不是"怎样做"。但二者的区别总有一些不可避免的混淆。一般来说,我们把完成一项任务可选择的大部分方法归结为"做什么"的一部分,同时将"怎样做"限制为实现这些方法的技术。这就意味着假定飞机指挥员是一个"微观管理者",他为控制结构中的下一个层次(有效载荷操作员和飞行员)做出绝大部分决策。这与如下假设是一致的,即假设提供给自动驾驶仪的是详细的飞行规划,并且该飞行规划中的任何变更都属于飞机指挥员的功能。

一个可能导致飞行规划变更的原因在上文中已经提到——发动机失效,这是可以预料到的严重事件之一。其他事件包括:

- 数据链的上传命令链路失效;
- GPS 导航(如使用)丢失;
- 有效载荷故障;
- 气象变化;

- 飞行特性改变（可能由于结构受损导致）；
- 传感器有效载荷观察到的某事物触发了比预定任务优先级更高的任务。

这些事件中的一部分可以由飞行器上的计算机直接识别，发动机失效、数据链丢失、飞行特性改变、有效载荷故障以及 GPS 丢失均属于该部分。其他事件可能无法以全自动的方式轻易确定。

特别是成像和伪成像传感器，在没有人在回路进行干预的情况下，可能无法"注意"到任何超出常规的事物。

正如在有效载荷控制的讨论中所提到的，总有一些例外情况。用于搜索化学或生物战剂或辐射的传感器能够对其所搜索的事物以全自动的方式进行检测。一旦实施了检测，计算机可以查阅规则条款以获取对应的处理方法。这些规则条款可能会告诉计算机中断其预先规划的飞行，以便于将其正在检测的对象的分布标记在初始检测位置周围的某些指定区域内。不难想象，有这样的软件能够将标图过程与测得的强度结合起来，从而确定化学、生物或辐射污染区的几何形状。这就给任务规划在适应各种意外情况方面引入了大量的自动化操作，至少可以适应那些不能预先知道何时何地将发生而无法进行明确规划，但又可以预料到可能会出现的境况。

另一个例外情况可以应用在一类经常被提及的无人机非军事应用任务中，即沿着一条输电线飞行以察看植被等对输电线路通道上本应保持清理干净的区域的覆盖情况。成像或雷达传感器也许能够自动识别可能的侵占覆盖情况，并采取一些简单的措施，如进行盘旋飞行，从各个角度获取数据，以便随后由人工查看并确定整体的情况。

这些例外情况的大多数都有一个共同之处，即它们涉及的事件或"目标"都具有相对简单的、"泾渭分明"的特征，这些特征由电子设备进行检测和由人工检测同样容易，而且对这些检测的反应也仅仅是简单的循规蹈矩式反应，可以程序化而不需要任何判断性决策。在上述两个例子中，待检测的对象在任务规划中是明确定义的，并且数量有限。也就是说，需要处理的是一个、两个甚至三个明确定义的可能性，而不是大量定义模糊不清的可能性。

一般来说，如果事先知道了有限数量的明确定义的事件，同时如果这些事件能够被飞行器上传感器附带的信号处理过程检测到，那么就能够至少在原理上，提供一套预编程的逻辑关系进行描述。比如，事件 4 发生了，或许事件 7 也发生了，而事件 2 没有发生，那么事件 4 就成为优先级最高的事件，并由新的任务规划对其做出反应。从描述这套逻辑关系所需语句的复杂性就可以看出，即使是针对明确定义的规则，由于待处理的不同事件的数量要超过两三个（即使只多一点点），这种逻辑关系也可能是非常复杂的。

导致对计划外情况的自动化处理严重复杂化的第二个要素，是对事件的反应不再是简单的或循规蹈矩式的。即使能够预料到事件可能会发生而且易于检测，也可能很难编写出软件，能够基于飞行器上计算机可用的信息得出可以接受的结果。

一个重要的例子就是失去动力。这种情况有时会发生，必须预料到，但这种情况也易于识别。问题是采取的响应可能取决于众多因素，而必须迅速平衡这些因素。当然，快速检测一大批"规则判据"的能力是计算机相对于人的一个长处。然而不幸的是，对于人类飞行员来说，只要往座舱外看一看就立刻一目了然的某些关键信息，计算机可能无法获得。

由于无人飞机可以允许坠毁而不会伤害机组人员或乘客，因此上述情况在某种程度上得到了简化。而人们对无人机坠毁导致的任何伤亡哪怕只是严重损坏的容忍度可能低于有人驾驶飞机坠毁所导致的事故，因此事情又变得复杂了。所以，无人机试图坠机着陆的地点是非常重要的，对无人机来说，只要把对地面的损害降到最低，有意造成坠毁也可能是可取的。这种结果可以通过大角度俯冲坠入水中或没有人烟的开阔地域来实现，而这种做法对于有人飞机来说，可能较难以接受。俯冲坠落在学校操场将是一个糟糕的选择，但无人机可能无法区分学校操场和大片空旷地，而人类操作员则可以在很多情况下有机会做出正确的选择。

所有上述情况可以整合到一个逻辑表中，并通过一系列的检测确定飞行器在丧失高度前应该尝试滑翔飞行到何处，自动驾驶仪也许能够很好地将飞行器飞到那里。然而，执行自动判断所需的信息可能是计算机无法获取的，除非任务规划者预先确定好了这些信息，并将其整合到任务规划中。

这个问题的简单解决方案是异常情况报告和控制系统，一旦失去动力就警告提醒人类操作员，并允许操作员决定和指引应对方法。在失去动力这个特例中，飞行器上的自动驾驶仪能够立即建立最小下沉率飞行模式，地面站内的计算机则能够帮助确定飞行器在无动力情况下能到达的地面区域，并在这些区域内寻找可能的"安全"坠落地点。人类操作员可以评估获取的信息，使用传感器观察可能的坠落地点，并施加判断来决定在哪里坠毁或坠落着陆。一旦做出决定，那么驾驶飞机到坠落点或故意俯冲到开阔地的操作就可以通过无人机系统可用的任何层次的自动化处理来完成，这取决于特定系统的设计及其操作人员所接受的培训。

9.6　系　统　自　治

无人机和所有无人系统的"遥控控制"问题的前沿是寻求系统自治。"自治"在字典中定义为自我管理或自我指导的状态。在无人机或无人机系统范畴内，它的基本含义是指系统能够在没有操作员干预的情况下执行某些功能。

按照机组人员的职能，这种自治可以认为是由具有"人工智能"的计算机代替飞机指挥员,同时将完整的、独立的、无需监督管理的飞机驾驶功能授权给自动驾驶仪,执行来自于计算机化的飞机控制器的一般指令。

很大程度的自主能力已经在某些已装备的无人机系统上得到普及。即使是完全自治,即无人机系统可以执行复杂任务而无需人工干预,只要任务能事先完全规划好,并且在任务细节方面不需要具备适应计划外变更的能力,也是完全有可能做到的。

"凯特灵虫子"无人机在"小鹰"号航空母舰上首飞后不到 15 年,就能够在任务中沿着大概正确的方向自主飞行一段固定的时间,然后在无人控制的情况下坠落到目标上。20 世纪 60 年代的无人侦察机可以通过编程飞过一个或多个目标并对其进行拍照,然后返回回收点,在起飞和回收之间的过程无需人工干预。

在系统自治方面的研究目标远不止这些,而是试图让计算机能够做出决策,这要求计算机具有所谓的"智能判断"能力。纵观整个人工智能领域,关于我们距离这种能力还有多远,或者说它最终是否会实现的看法,取决于"智能"所表达的含义。

为"智能"计算机而设的著名的"图灵实验"要求计算机能够进行对话(使用文本信息),并且这种对话与人类的对话不能有明显区别。与之对等的无人机测试可以设置为执行一项任务的各个要素,且执行方式不能明显区别于有人系统。

利用这种"无人机图灵测试"以及我们对无人机系统核心控制功能的特定定义,我们可以形成一些一般性的意见:

让驾驶功能完全自主化是可行的,在这个意义上,现代自动驾驶仪也许能够将飞行器驾驶得足够好,以至于外部的观察者不能可靠地判断是否有人类飞行员在参与控制。诚然,现在还不能制出一种自动驾驶仪,能够骗过一名飞行员使其认为该自驾仪在极端条件下是一名"优秀"的飞行员,但它可能在大多数时候与普通飞行员不分伯仲。但需要注意的是,这个观点成立的前提是我们将计划外的飞行规划变更界定为飞机指挥员的责任。

所有有效载荷也能够以完全自主的方式运行,只要不需对"看到的"或检测到的事物进行实时或近实时的响应。在执行预先规划的感知任务时,无人机上的摄像机是"自主"的。如果所需的全部工作是记录某些预先规划的数据并将其带回,那么就不需要实时操作员。

现今,一些有效载荷能够自动(自主)地探测它们正在搜寻的事物。此类有效载荷大部分都是对某种类型信号的等级进行测量,有代表性的是放射或化学污染等。在这些情况下,传感器可以自主运行。但是如果需要根据传感器的检测结果对任务规划进行变更,则需要向飞机指挥员(也可以是另一个计算机模块)报告"异常"情况,飞机指挥员能够确定正确的反应,并更改任务规划。

我们由此得出结论,关于系统级自治的基本问题包括如下方面:

- 传感器信息的实时解读；
- 对需要改变任务规划的异常情况的反应。

这是需要某种类型"人工智能"的两个领域,其需求超过目前普遍达到的水平,其目的是能够以一种与有人系统或有人控制的无人机没有明显区别的方式执行任务。

正如已经提及的,至少在军事和安全领域,人们对"自动目标探测、识别和确认"以及在该领域不断进步的重大研究和发展具有浓厚兴趣。乍一想,这一领域似乎比创造一种像人类一样对复杂决定做出判断的人工智能要容易一些,因为我们可能认为它是包含对几何形状和其他一些特征信息("热或冷"、"亮或暗"等)综合处理的更为机械的功能。

然而,人类的眼和思维处理图像信息的方式是如此复杂,以至于在计算机上模拟这种处理过程并不比创建一系列规则用于在复杂的备选方案之间做出智能选择来得容易。

在本书中我们将不会试图讨论人工智能这个宽广的领域,而是在考虑使用无人机系统投送杀伤性武器的相关问题时,将会简短地回到系统自治这个问题上。

第四部分　有效载荷

术语"有效载荷"（Payload）的意思在应用于无人机时存在一定的分歧,有时将机上装载的所有装备和外挂物均定义为有效载荷的范畴,包括航电设备和燃油存储等。这种定义方法表示了无人机的最大载荷能力,但是却无法明确地区分两种不同类型的无人机的真正有用的载荷能力,因为我们无法判断在总的载荷能力中有多少是仅仅为了满足无人机飞行要求的部分。

在本书中,"有效载荷"专指无人机为了遂行特定任务而装载的仪器设备,而飞行器为了实现飞行、导航以及回收所必需的全部装备和外挂物被视为无人机系统的基本组成部分,不包括在有效载荷的范围内。换句话说,无人机的基本部分为有效载荷提供了安装和运载平台。有效载荷不包括飞行航电、数据链和燃油,但包括执行如下任务所需的传感器、发射器和外挂物:

- 侦察;
- 电子战;
- 武器投放。

依此定义,无人机有效载荷能力是指在起飞、巡航以及着陆等基本能力之上可用于执行任务功能的空间尺寸、重量和动力的度量。相比一般定义将基本飞行必需项目包括在有效载荷中的做法,这是对无人机系统能力的一种更有意义的度量。但是必须清楚的是,在"任务"载荷与更为一般化的载荷定义之间存在一些取舍权衡。例如,如果减少燃油装载量,则有可能携带较重的任务载荷,反之亦然,无人机在这一点上与有人驾驶飞机是一样的。因此,系统设计人员必须意识到有效载荷能力方面可能存在的歧义,并且要针对其所考虑的特定情况谨慎地使用正确合理的定义。

在本书第四部分,我们讨论与几种任务载荷相关的系统问题。其中,侦察与监视是无人机系统的基本任务,将在本部分的第 10 章探讨。第 11 章阐述有关采用无人机携带和投送武器的问题,这是近 10 年来促使无人机在全球激增的主要因素。第 12 章讨论其他可能的各种无人机任务载荷。

第 10 章 侦察/监视载荷

10.1 概　述

侦察有效载荷在无人机上应用最为广泛,是大多数用户的首选。即便无人机的任务是收集一些专门的信息,比如执行污染监测等任务时,准确定位地面特定目标对收集其附近的数据通常也是至关重要的。这些有效载荷通常也称作传感器,从工作方式上可分为主动式和被动式。

被动式传感器不会向外界散发任何能量,例如它们不对目标进行照明。照相机与电视摄像机就属于被动式传感器。被动式传感器必须依靠探测目标发射的能量实现目标探测,如红外传感器(IR)接收目标的热辐射,电视摄像机接收目标对太阳光、星光或月光等的反射能量。

与此相反,主动式传感器通过向目标发射能量,并检测反射回来的能量来实现目标探测。雷达是主动式传感器的典型代表。主动式传感器与被动式传感器均受到大气吸收效应与散射效应的影响。本章将详细讨论以下两种最重要的侦察传感器:

- 日用或夜用电视摄像机;
- 红外成像设备。

这些传感器有效载荷的目的是搜索目标,并且一旦找到(探测到)可能的目标,即对其进行识别和/或确认。另外,如果结合其他传感器,例如测距机和无人机导航系统,就可能要求传感器有效载荷确定目标的位置,其定位精确程度则取决于这些定位信息的用途。

用于描述传感器工作能力的三个主要术语包括:

- 探测:在传感器视场关注的区域内某特定点上,确定存在感兴趣的目标。
- 识别:确定目标所属的一般类别,如一辆卡车、一辆坦克、一艘小艇或一个人。
- 确认:确定目标的明确身份或特性,如一辆自卸卡车、一辆 M1 坦克、一艘 cigarette 级高速艇或一个敌军士兵。

对所有传感器而言,探测、识别和确认目标的能力与目标个体的特征、传感器的灵敏度和分辨率以及环境条件有关。针对成像传感器(电视摄像机和红外成像设备),设计分析这些因素应遵循相同的步骤,下面将对此进行详细的讨论。

10.2 成像传感器

如果一种传感器提供的输出信息能够让操作人员解释为该传感器正在观察的景物的图像,则可将其称作成像传感器。就电视传感器而言,"成像"的含义就很直观易懂,即所看到的场景的电视图像。当摄像机工作在可见光谱范围内时,呈现的图像就如平时人们在彩色或黑白电视中看到的一样。而更普遍的是,如果摄像机工作在近红外区,则输出的图像(几乎总是单色图像)就会呈现出一些不为人熟悉的特征,这与植被和地形对红外光的反射率有关(例如深绿色植物因其强红外反射而呈白色),但场景的一般特征还是人们熟悉的。

如果传感器在中波红外区或远红外区工作,输出的图像就代表了场景中物体的温度与热发射率的差异。热的物体显得明亮(或者按操作员的选择,显示为暗色)。此时呈现给操作人员的图像虽然仍是场景的大致特征,但是要正确判读热场景图像的细节,就需要熟悉热成像的过程并进行一定的训练。当观察一幅红外图像时,从生活经验中获知的对事物在可见光谱下所呈现的图像的直觉印象可能会导致误判。在红外成像场景中会出现各种各样的有趣效应,例如,当一辆停了很久的车辆开走后,在原来车身的位置就会留下一个"阴影"(因为当车辆停泊时遮挡了太阳光而使处于阴影中的地面温度较低)。

某些雷达传感器可提供合成图像,这些图像往往会带有"伪"彩色,其表达了目标运动、回波信号极化或其他特性信息,这与场景中目标的实际颜色大相径庭。虽然合成图像通常被设计为操作人员能够凭直觉进行判读,但训练和经验在处理雷达图像时比处理热图像时显得更为重要。

下面讨论的内容主要适用于电视成像和热成像。影响这两种成像传感器性能的因素很相似,且评估这两种传感器性能所采用的方法几乎完全相同。尽管雷达成像系统与光学成像和热成像系统有一些共同特征,但毕竟存在大量的不同之处,需要单独考虑。

10.2.1 目标探测,识别和确认

图像传感器用于探测、识别和确认目标。而顺利地完成这些任务依赖于系统的分辨率、目标的对比度、大气和显示性能等诸要素间的相互关系。同时,图像传输方式(数据链路)也是一个重要的因素。

通常,系统的分辨率定义为穿过目标尺度的扫描线数。在讨论分辨率时,使用目标的最大尺度似乎是合理的。但是,大多数成像传感器在水平方向具有比垂直方向更高的分辨率,而且经验表明,除非目标长宽比特别大,通过比较传感器的垂直分辨率和目标的垂直尺寸即可以得到合理的评价结果。在广泛应用的图像传感

器性能评估模型中大都在使用这一惯例。

传感器的分辨率定义为穿过目标尺度的可分辨的扫描线或扫描周。一条扫描线对应于垂直方向的最小分辨单位,而一个扫描周对应于两条扫描线。(一个扫描周有时称作一个"线对"。)线和周可以用包含交替出现的黑白水平条纹的分辨率测试板来显示。举个例子,如果电视显示线能很好地对齐这些水平条纹,那么从原理上说,当每一条黑条纹或白条纹精确占据一条显示线时,电视就能分辨出这些条纹。(应该说明的是,图像采样从一条电视线跨到另一条电视线的离散特性会引起分辨率的下降,然而由于这种影响相对较小,通常在传感器分析中不加以考虑。)图 10.1 显示的是穿过目标的分辨率线和分辨率周。图示表明,目标为一辆卡车,从图中所示的角度观察,它在垂直方向上跨过四条线,或两个"线对"。

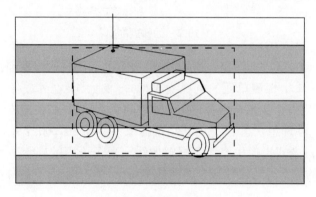

图 10.1 叠加分辨率线的目标图像

著名的"约翰逊准则"规定,要达到 50% 的探测概率,必须有两条线穿过目标。如果要提高探测概率、确定更多的目标细节特征,即识别和确认目标,则需有更多的线穿过目标。图 10.2 给出了探测、识别和确认概率随穿过目标的分辨率周数的变化曲线。注意到图中给出了两条识别成功率曲线,分别代表用于确定该传感器能否完成此项功能的乐观准则和保守准则。

光电(Electro - Optical,EO)传感器工作在可见光、近红外和远红外区,波长为 $0.4 \sim 12\mu m$。在此波长范围内采用合理的通光口径($5 \sim 10cm$)可以得到非常高的理论分辨率。具有圆形光圈的光学系统的衍射极限分辨率可以采用式(10.1)进行计算,式中 θ 是指能够分辨的最小物体对应的夹角,D 表示通光孔径,λ 表示光电传感器的工作波长。

$$\theta = \frac{2.44\lambda}{D} \tag{10.1}$$

例如,如果 $\lambda = 0.5\mu m$ 且 $D = 5cm$,则 $\theta = 24.4\mu rad$。

大多数光电传感器的实际分辨率是由传感器系统中所用探测器(摄像机,电

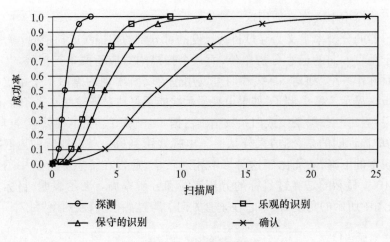

图 10.2　约翰逊准则

荷耦合器件(CCD)或红外探测阵列)的特性决定的。所有这些探测器具有固定数目的解像单元(单个探测单元的电视线或行)。例如,某红外成像焦平面阵列有480个水平行,且每个水平行内含640个独立的敏感元,我们将该阵列称为"640×480"探测阵列,在理想状态下,它有480条解像"线"与307200个像素。

一台标准的老式摄像机有525根解像线。现今可用的硅焦平面阵列可包含1千万或更多的像素,依其截面比(即屏幕宽高比)的不同,具有各种不同的排列组合方式。

传感器系统的实际角分辨率等于探测器在该方向的解像单元数除以视场角(FOV)。由此,若电视传感器的分辨率为525线,且其垂直方向的视场角为2°,则其角分辨率为每度262.5线。更常用的分辨率单位是每毫弧度(mrad)的线数或周数。由于2°等于34.91mrad,因此上面给出的分辨率等于7.5线/mrad,即3.75周/mrad。

注意7.5线/mrad等于0.133mrad/线,即角分辨率约为133μrad。该分辨率比用式(10.1)计算得出的光学衍射极限分辨率24.4μrad低许多,这表明在通常情况下,传感器系统的实际分辨率受限于探测器,而非衍射。

假如摄像机换作截面比为1:1、解像线大于3000、有效像素数为1千万的阵列,则其像素分辨率约为22μrad,与光学衍射极限分辨率相当。然而,正如本书后文在讨论数据链路问题时所述,向地面实时传输1千万像素的视频将面临严重的技术问题。因此,不管能否获得非常大的探测器像元阵列,成像系统的分辨率受限于探测器的像素分辨率而不是光学衍射极限分辨率的情况仍是比较普遍的。

此外,成像系统的分辨率除了受传感器单元自身采样结构的基本限制外,还受下列因素限制:

128

- 传感器直线运动、角运动或振动引起的图像模糊；
- 传感器系统或显示系统中所用视频放大器的高频衰减（由于在无人机有效载荷以及其他所有成像领域中，全数字成像渐占主导地位，因此这一问题已逐渐不再重要）；
- 图像处理和数据链中的传输方式引起的失真。

目标对比度对传感器探测目标的能力也有很大影响。上文在计算衍射极限分辨率或像素极限分辨率时，假设图像具有足够高的信噪比。如果信噪比降低，那么分辨图像特征的难度也会加大。图像中的信号强度是以目标与背景之间的对比度来度量的。对于依靠反射光（可见光与近红外线）工作的传感器，对比度的定义如下：

$$C = \frac{B_t - B_b}{B_b} \tag{10.2}$$

式中：B_t为目标亮度；B_b为背景亮度。

对于在中红外或远红外范围内工作的热成像传感器，对比度定义为目标与背景间的辐射温度差：

$$\Delta T = T_t - T_b \tag{10.3}$$

对于可见光和近红外传感器系统，分辨率和对比度的综合效果可以用"最小可分辨对比度"（minimum resolvable contrast，MRC）表示，对于热传感器而言，则可以用"最小可分辨温差"（minimum resolvable temperature difference，MRT，MRDT 或 MRΔT）表示。这些参数采用多条纹分辨率图来定义：

MRC 是指在传感器系统入口孔径处，可被传感器分辨的条纹之间最小对比度，它是分辨率图的角频率，即单位角度的扫描周数的函数。

MRT 是指在传感器系统入口孔径处，可被传感器分辨的条纹之间最小温度差，它是分辨率图的角频率，即单位角度的扫描周数的函数。

关于 MRT 和 MRC，有两点必须强调：

（1）它们是系统参数，考虑了传感器系统的各个组成部分，从前置光学元件开始，经过探测器、电子器件、显示器，直到人工观察员，还包括传感器覆盖成像场景的视场的抖动和/或运动造成的模糊效应。

（2）分析 MRC 或 MRT 所采用的对比度或温度差 ΔT 必须是传感器系统入口孔径处的有效值，是经过在大气中传输所造成的任何衰减后的值。

MRC 和 MRT 是随角频率变化的曲线，不是孤立的数值，尽管有时也用整条曲线上的一个或几个点表示。因此，MRC 是对比度随角频率变化的曲线，MRT 是温度差 ΔT 随角频率变化的曲线。图 10.3 和图 10.4 给出了典型的一般 MRC 和 MRT 曲线。

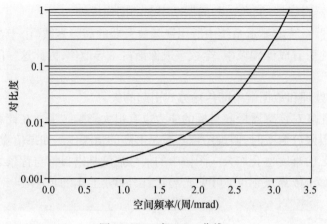

图 10.3　一般 MRC 曲线

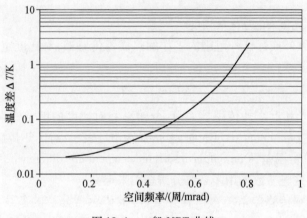

图 10.4　一般 MRT 曲线

关于 MRC 或 MRT 曲线的具体计算已经超出了本书的范围。这涉及与光学器件、振动、直线运动、角运动及显示特性相关的调制传递函数（MTF）的详细确定，视频电路的增益和带宽，探测器和显示分系统的信噪比水平，以及与操作人员通过显示器察觉物体的能力相关的因素等。

从系统设计者的角度看，MRC 或 MRT 曲线是传感器性能分析的起始点。一旦传感器分系统的设计人员提供了合适的曲线图，我们就能通过相对简单的"装定线"分析，确定一个距离，使期望的目标对比度或温度差在这个距离上至少等于传感器系统的最小可分辨对比度或最小可分辨温差，从而预测得出系统的操作性能。

传感器通光孔径处的对比度是由目标的固有对比度（零距离处）和大气的对比度传输率来决定的。就热辐射而言，在工作波长段的对比度传输率等于普通传

输率,即 T_t 与 T_b 两者都有衰减,因此到达传感器的有效温度差 ΔT 可通过下式求出:

$$\begin{cases} \Delta T(R) = \tau(R)T_t - \tau(R)T_b \\ \Delta T(R) = \tau(R)(T_t - T_b) = \tau(R)\Delta T_0 \end{cases} \tag{10.4}$$

式中:$\tau(R)$ 为到达距离 R 处的传输率;ΔT_0 为零距离处的温度差。

对于可见光传感器与近红外传感器而言,情况更加复杂。在这一波长范围,大气可以从太阳光或其他光源散射能量。这些能量进入传感器,产生"模糊眩光",进而使由于大气衰减而降低的目标对比度进一步降低。这种眩光效应可表征为"大气与背景的辐射率之比"(A/B),其中 A 是大气沿视线(LOS)至目标处的辐射率,B 是背景辐射率。则距离 R 处的对比度 $C(R)$ 与零距离处的对比度 C_0 之间的关系可以表示为

$$C(R) = C_0 \Big[1 - \frac{A}{B}\Big(1 - \frac{1}{\tau(R)}\Big) \Big] \tag{10.5}$$

然而,关于比值 A/B 的可信的数值难以获得,天气和大气数据库通常不会报告这一数值。粗略估计 A/B 数值大小的方法是:阴天情况下,令 A/B 等于背景反射率的倒数;晴天情况下,令 A/B 等于背景反射率倒数的 0.2 倍。由于在可见光谱范围内背景反射率的量级为 0.3 ~ 0.5,因此我们可以在阴天时设 $A/B \cong 2 \sim 3$,而在晴天时设 $A/B \cong 0.4 \sim 0.6$。

为了应用式(10.4)或式(10.5),就必须知道大气传输率 $\tau(R)$。

对于可见光和近红外光谱,电磁辐射的大气衰减几乎完全由散射造成。在此情况下,可以根据比尔定律(Bier's law)求出 $\tau(R)$ 的值:

$$\tau(R) = e^{-k(\lambda)R} \tag{10.6}$$

式中:$k(\lambda)$ 为"消光系数",其数值取决于大气状态和传感器的工作波长。

经验证,在可见光和近红外范围,使用如下经验公式可以估算出 $k(\lambda)$ 对普通雾霾天气条件的非常好的近似值:

$$k(\lambda) = \frac{C(\lambda)}{V} \tag{10.7}$$

式(10.7)通过一个与辐射波长有关的常数 $C(\lambda)$ 将 k 与气象能见度 V 联系起来。常数 $C(\lambda)$ 由图 10.5 给出。例如,当波长等于 500nm,即位于可见光谱的绿色部分时,$C(\lambda) = 4.1$。因此,如果能见度是 10km(非常晴朗的天气),则 $k(\lambda)$ 就等于 0.41km^{-1}。应用式(10.6)可知,在 5km 距离处的传输率大约为 0.13。

在中波红外和远红外区,大气衰减机制主要包括散射和吸收。其中大气吸收主要由空气中的水分引起。空气中的水分以蒸汽、雨或雾的形式存在。对于这三

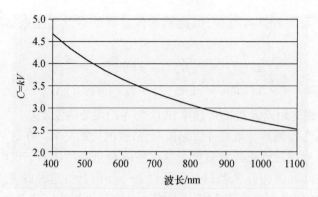

图 10.5　消光系数随能见度变化的曲线

种状态,大气衰减机制有所不同。水蒸汽主要吸收红外能量,雨主要散射能量,而雾既能吸收能量,也能散射能量。另外,雾霾除了如之前所述可以散射可见光和近红外辐射外,它还散射中波红外和远红外能量。然而,雾霾的散射效果在更长波长范围变弱,这是由于当波长超过散射物的特征尺寸时,散射效率作为波长的函数会急剧降低。

　　一般假设中波红外和远红外辐射的衰减遵循比尔定律(式(10.6))。比尔定律假设在整个传输路径长度上,单位距离上的能量吸收微元量是常数。如果在具有较窄波长范围的"吸收线"上存在显著的原子或分子吸收,那么对应于这些高吸收线的全部能量就有可能在较短的路径长度上被吸收,于是在剩余的路径长度上单位距离的吸收就会减少。在某些场合,这是需要考虑的,但是当光线衰减程度不影响成像传感器的成功运用时,上述情况通常被忽略不计。

　　按照通常的做法,我们将使用比尔定律来估算大气对光线的衰减特性。必须要用到的消光系数是几个单独消光系数之和,它们分别对应于上文所述的每一个过程。总的红外消光系数(k_{IR})由下式给出:

$$k_{IR} = k_{H_2O} + k_{fog} + k_{haze} + k_{smoke/dust} \tag{10.8}$$

其中只有与水有关的项是受前面提到的限制条件影响的,并且和其他所有项一样与宽带衰减现象有关,这种现象并不取决于饱和效应,而饱和效应能够导致比尔定律失效。对这些消光系数的详细讨论超出了本书的范围。下面给出对总消光系数中每一项的简单描述:

　　• 水蒸汽对红外辐射的吸收作用由其在大气中的密度决定,单位是 g/m^3。而大气中水蒸汽的密度又取决于温度和相对湿度,或等效地说,取决于温度和露点。值得注意的是,起作用的是水蒸汽的绝对密度,因此在凉爽而潮湿(湿冷)的天气使用红外传感器比在炎热而潮湿的天气要好得多。

　　• 雨水下落过程穿过空气中的水蒸汽,其散射增强了水蒸汽的吸收作用。如

132

果已知大气能见度(在可见光波长)或者以毫米/小时为单位的降雨量,就可以计算出或查表得出雨水导致的消光常数。

- 雾既有吸收作用,又有散射作用。另外,作为离地面高度的函数,雾的密度呈现出强烈的变化趋势。在雾中的红外消光系数已经凭经验与可见光的消光系数联系了起来,并且已经有典型的雾的垂直结构模型可用。目前发现有两种基本类型的雾,对红外辐射的衰减有明显不同的效果:湿雾(在环境温度下的表面,如挡风玻璃上产生凝结)与干雾(不会发生类似的凝结)。正如预期的那样,在相同的能见距离内,湿雾比干雾的衰减作用要大。

- 雾霾对辐射有散射作用。尽管雾霾对可见光的影响比对红外线的影响更大,但是有结果表明,式(10.7)仍然成立,只是当波长为 $10\mu m$ 时,$C(\lambda) = 0.29$。注意,这个值比图 10.5 给出的可见光和近红外区的 $C(\lambda)$ 的值要小得多。

- 烟和灰尘的消光系数由物质的密度沿视线路径的积分决定,表示为“cL”的乘积,其中 c 为视线上任一点的物质密度(单位是 g/m^3),L 为视线的长度。在一般典型情况下,如果密度 c 沿视线是变化的,则 cL 必须通过沿视线积分 $c(s)\mathrm{d}s$ 才能得到(其中 s 是沿视线上的位置)。一旦 cL 的值已知,$k_{smoke/dust} = \alpha cL$,其中 α 是一个单位为 m^2/g 的常数,它表示在传感器工作波长范围内特定烟的性质。灰尘的作用效果在可见光至远红外的整个光谱范围内与波长无关,对于灰尘,常数 α 的取值为 $0.5 m^2/g$。

在关于雾的讨论中曾经提到,大部分大气衰减作用随密度变化,是距地面高度的函数。有模型可以描述这种变化,并且支持沿无人机传感器到地面的倾斜路径计算有效消光系数。在大多数情况下,由于大气衰减作用随高度增加而迅速下降,在同样观测距离的情况下,无人机采用典型的大俯视角向下看的方式要优于贴近地面小角度观察的方式。当然,如果存在雾和低空云层时就另当别论了。

预测成像传感器性能所需的最后一个参数就是目标特征。前面我们已经讨论了可见光/近红外及热特征的定义,对比度以及温度差 ΔT,而确定目标的实际特征是非常复杂的。反射对比度不仅取决于目标的表面属性(涂层、粗糙程度等)和背景(材质、颜色等),还取决于光照条件。某些情况下,分析中用到的对比度可视为系统需求的一部分。对于一般系统的分析,通常假设对比度的值约为 0.5,为了探究最坏的情况,对比度还可能取更低的值。将大部分目标的对比度假定在 0.25 ~ 0.5 是合理的。但是,必须明白,某些目标有时可能出现零对比度的情况,这些目标是探测不到的。

对于有效载荷来说,可以明确规定其必须能够分辨的热对比度。如果没有指明,那么在 1.75 ~ 2.75℃ 范围内取定一个温度差 ΔT 的值作为系统分析的标称值也是合理的。实际目标总是趋向于形成局部热点,热点处的对比度要比温差标称值高得多。然而,如果不能确切知道是否存在这种局部热点,那么分辨局部热点通常应看作是系统性能的余量,而不是用来进行基本性能预测。

已知光电传感器的最小可分辨对比度 MRC 或最小可分辨温差 MRT、大气消光特性以及目标特征,通过简单的作图法就可以对光电探测器探测、识别和确认目标的距离进行预测。

作图法的第一步是把典型的 MRC 或 MRT 曲线图的横轴坐标由扫描周每毫弧度转换为距离,这可通过如下关系式来完成:

$$R = \frac{hf_s}{n} \tag{10.9}$$

式中:R 为到目标的距离;h 为目标的高度;n 为按期望的成功概率完成任务所需的最小解像线数;空间频率 f_s 的单位是扫描线每弧度,并假设 R 与 h 使用相同的单位(米,千米,等等)。例如,某一感兴趣的目标高度(垂直投影到视线)为 4m,即 h =4m,期望的探测概率是 0.5,那么就需要有两条扫描线穿过目标高度方向(n = 2)。这样就可以创建表 10.1,从而将扫描线或扫描周每毫弧度(MRC 或 MRT 曲线图横轴可能用到的单位)直接变换成到目标的距离。

表 10.1 扫描线或扫描周的空间频率与距离的对应关系

R/m	线/rad	线/mrad	周/mrad
500	250	0.250	0.125
1000	500	0.500	0.250
1500	750	0.750	0.375
2000	1000	1.000	0.500
2500	1250	1.250	0.625

h =4m,探测(成功率 0.5)

采用表 10.1,以目标距离作为参数,就可以为 MRC 或 MRT 曲线建立一个新的横轴。需要注意的是,这个横轴仅适用于特定的目标高度 h 值和特定任务(n 值)。

通过这种映射变换,可以将 MRC 或 MRT 曲线的 x 轴由空间频率重新标度为距离,就可以在原空间频率轴下再放置一根横轴,如图 10.6 所示。

为了得到光电传感器以需要的成功率执行任务对应的最大距离,我们必须确定传感器可获得的对比度与距离的函数关系。通常将对比度随距离变化的关系曲线称作"装定线"。图 10.6 中的实例,假定零距离处的热对比度为 2℃,将该数值作为装定线在纵轴上的截距。装定线的斜率可以采用比尔定律计算得到。作为算例,总的红外消光系数假设为 0.1km⁻¹。

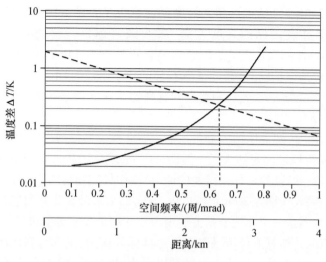

图 10.6 装定线分析

如图 10.6 所示,如果采用半对数刻度,则目标对比度和距离的关系就变成了一条直线(从左至右斜向下的虚线)。目标对比度线与 MRC 或 MRT 曲线相交于一点,在交点对应的距离处可获得的对比度大于或等于需要的最小可分辨对比度。因此,目标对比度线与 MRC/MRT 曲线交点处对应的距离值就是传感器系统能完成所赋予任务的最大距离(也就是说,对于该任务 n 值已根据目标选定,而目标的尺寸则用于式(10.9)将空间频率转换为距离)。

在图 10.6 所示的例子中,采用一般的 MRT 曲线估算以 0.5 的成功概率探测到 4m 高的目标所对应的距离。图中采用半对数坐标刻度画出了 MRT 随空间频率(单位是扫描周/mrad)变化的曲线。针对此项任务和具体目标,见上文表格,采用式(10.9)将以扫描周/mrad 为单位的空间频率转换为以千米(km)为单位的距离。添加第二条横坐标轴显示出与各空间频率对应的距离。

图 10.6 中,装定线与 MRT 曲线在 0.63 扫描周/mrad(对应的距离约为 2.5km)处相交。由图可知,在距离小于或等于 2.5km 时,可获得的对比度(在装定线上)超过所需对比度(在 MRT 曲线上)。当距离超过 2.5km 时,可获得的对比度小于所需对比度。因此,我们就可以估算出该传感器以 0.5 的概率探测高度为 4m 的目标的最大距离是 2.5km。

另外有一点,尽管是与地面站有关,而与有效载荷无关,但也值得说明。如果地面站显示屏幕太小,操作人员凭眼睛可能无法充分利用传感器的完整分辨率。因此,MRC 或 MRT 曲线中应该包含显示器大小的影响。然而,为传感器提供的这些曲线通常不会与系统中使用的实际显示器一起考虑。

文献[1]表明,为了获得较高的探测概率,在杂乱背景中的目标至少应在人眼视场中占据 12′(1/5°) 的视场角。如果要在 500 线的显示器中发现一个目标,而只有两条线穿过该目标的高度方向,那么该目标将占据显示器垂直高度的 1/250 = 0.004。假如操作人员的眼睛距离显示器屏幕 24in,那么在 24in 处,显示屏的高度(非对角线长度)就需要占满 1/5° 的 250 倍(50°)的视场角。这样就要求显示屏的高度约为 22in。若使用普通的宽高比为 4:3 的显示器,则要求显示屏的对角线长度为 37in。

事实上,许多传感器图像的分辨率低于 500 线。当分辨率为 350 线时,对角线为 25in 的显示屏就已经足够大了。然而,许多战术显示器只有 12in 甚至更小。操作人员总是将头贴近屏幕,如果需要的话,在操作员控制台的设计中应该考虑这种情况。因为如果人长期在 20in 距离以内工作,那么眼睛就很容易感到疲劳。如果有空间安装,这倒是一个在地面站上使用大尺寸高清显示屏的很好的技术理由。

上面介绍的是估算成像传感器实现对目标的探测、识别和确认所需距离的标准方法。该方法可以从正反两个方面加以运用,根据给定的 MRC 或 MRT 曲线预测成像传感器的工作性能,或者根据性能需求,生成在各空间频率上传感器所需的 MRT 或 MRC 的上限值。

尽管上述方法是标准方法,且能够实现较高的精度,但重要的是,系统设计人员应认识到通过这种方法只能得到一个可达性能的估算值。实践证明这种估算方法是合理准确的,特别是用来比较两个类似的传感器时,使用标准的方法可以带来相当高的可信度。尽管如此,这仍然只不过是一种估计。在使用该估算方法时,必须注意以下几点考虑:

• 这种估计是按某一成功概率对大量的试验结果进行平均处理后得到的。由于这种估计涉及操作人员的表现,因此平均处理必须包括多个操作人员的数据,其中一些人的操作高于平均水平,而另外一些人的操作则低于平均水平。

• 这种估计针对的是特定的目标对比度和大气状况。由于对比度和大气状况均随时间地点实时变化,这意味着我们无法在与估计中所使用的条件完全吻合且不变的条件下,得到大量的测试数据样本。

• 某一特定时刻沿着从无人机到目标的视线真实存在的目标特征和大气条件是很难测量的,也很少同时以同样的无人机视线角对其进行测量。因此,在现场试验中,影响某一特定数据点的所有因素是无法完全确定的。

• 如果待执行的任务是探测目标,那么场景的混乱程度将以复杂的形式影响探测概率(对此我们将在后文进行讨论),而上述的估计方法尚未涉及场景的混乱程度。

以上考虑导致的结果是,我们很难对估计的性能与在现场试验中测得的实际性能进行精确的比较。这在系统工程上是常见的现象。正如其他情况一样,必须通过在性能估计中设计一定程度的鲁棒性来处理这个问题,从而确保实际操作性能满足用户的需要。尽管我们不可能对使用上述方法进行设计的鲁棒性做出任何科学的证明,但实际上这种方法仍然沿用下来,并演变为成像系统设计中的一个标准,这一事实使人们在一定程度上相信,使用上述方法进行性能预估是足够保守的,可以得出可接受的性能余量。

这种标准方法的一个优点是人们可以非常自信地利用它对相似的传感器系统进行比较。例如,对于某特定目标与大气条件,如果我们预计两个具有不同 MRC 曲线的电视传感器的最大探测距离分别为 2km 与 2.2km,而在此条件下,它们实际能够实现的探测距离可能分别为 2.5km 与 2.75km(或 1.8km 与 2km),实际距离误差可能就是 10%,因此实际上可以肯定,在任何与计算中所用条件大致相同的情况下,经预估具有较远探测距离的传感器确实具有较远距离的探测能力。因此,我们可以自信地采用这种方法在相似传感器的设计中进行权衡。

但是,如果两个传感器不相似,那么在使用这种方法比较它们的性能时就要谨慎,特别是采用该方法比较电视传感器与前视红外(FLIR)成像装置时。诸多实践结果表明,FLIR 的目标探测性能通常优于模型预测的结果,而 FLIR 确认目标的性能比模型预测的要差。究其原因,我们可以做出各种假设,但笔者也不清楚是否有权威性的研究能够证明这些假设。特别有可能的是,FLIR 能够探测到高对比度目标的距离要比约翰逊准则预测出的距离更远。"热"目标能像信标一样出现在场景中,这与电视场景中的火焰和闪光是等效的。有些目标的热对比度可能达到几十摄氏度,如发动机的排气。这就使探测时穿过目标的解像线可以少于一根。由于热目标很可能就是感兴趣的目标,因此在远距离轻而易举探测其位置的能力在许多场合使得远距离目标探测更为高效。

另一方面,由于电视传感器工作过程中只用到反射光,且目标的对比度不会超过 1.0,在电视场景中可能存在许多小的、高对比度的混杂物,因此,除非图像有足够分辨率显示目标形状,且图像中高对比度的斑块(亮或暗)足够大以便引起注意,否则即使目标具有最大可能的对比度,也可能难以从复杂场景中辨识出可疑的目标。

当然,这些讨论都是定性的。这些讨论依赖于对场景中出现的混杂物类型和感兴趣目标类型的总体描述。然而,这种情况也表明,试图用标准方法来比较电视成像和 FLIR 是要冒出错风险的。对于某些感兴趣的特定情况,在进行性能比较前需要先对模型进行一些相应的"校准"。例如,在用 FLIR 探测某些类别的目标时,应将探测标准降低为一条扫描线穿过目标尺度。

幸运的是,对大多数系统而言,限定的目标类别的温度都比较低。如果热对比度只有几度,那么标准模型就能较好地描述 FLIR 的性能。这样,在设计中需要确定系统所需的最小目标特征时,使用标准模型所得的结果也可能不会太悲观。

比较两个相似的传感器时,对系统工程师至关重要的一种特殊情况就是确定对系统中设计更改的敏感度。在这一方面,标准模型应该很适用。例如,对振动增大引起的微弱性能下降的预估能够达到较高的精度,系统工程师对这一点有充足的信心。

至此,在输入条件准确的情况下,关于性能估算精度的考虑可能已经使我们多少有点丧失信心,然而,关于输入的信息和进行性能估算的条件,仍有必要指出一些容易忽视的方面。

其中,最严重的潜在问题在于确保实际使用的 MRC 或 MRT 曲线是真实的系统层面的特性曲线。具体来说,如果要预测整个系统的性能,飞行器的运动、振动以及数据链的影响都必须包含在 MRT 或 MRC 曲线中。甚至还必须考虑地面控制站上的显示器,它们也会制约系统的性能。设计人员拿到的 MRT 或 MRC 曲线往往是在实验室中测得的,在实验室环境中,传感器牢牢固定在测试台上,传感器与显示器之间采用同轴电缆连接,并由经验丰富的操作人员使用高质量的显示器进行性能判读。这样的曲线与无人机实际工作状态下的特性曲线相比可能过于理想。

至少,系统设计人员必须确定传感器振动、数据链路及显示器的调制传递函数(MTF)是否包含可能对整个系统曲线产生严重影响的特征。如果包含,则需将其考虑到特性曲线中。这个工作可以通过解析的方法来完成,应用文献中描述的分析过程,但这已超出本书的范围。另一个可用的方法是,使用数据链路和实际地面站上的显示器来测量得到 MRT 或 MRC 曲线。但是,通常在 MRT 或 MRC 的测量中,难以引入真实的传感器振动和运动,因此,如果初步分析表明这些因素会降低系统性能,就可能不得不通过理论方法引入这些因素的影响。

前文已提及,另一个主要问题是,开展实地测试产生与系统设计计算相吻合的结果是非常困难的。当然,如果系统是在一个实际操作场合工作的,那么可以说这不是个问题。但是,通常很难定义"在实际操作场合工作"到底指的是什么。大部分系统都有一些距离指标,在这些距离上系统必须能够分别实现对特定目标的探测、识别和/或确认。而负责接收系统的单位可能要对这些指标进行测试。系统工程师必须意识到这并不是一个容易完成的测试。

要提供具有给定对比度的目标很难,而要在无人机与目标之间的实际视线路径上提供具有明确传输率特性的大气环境则更加困难,并且要确保这些条件不变并持续足够长时间,使多个操作员获得统计上显著的样本则几乎是不可能的。如果系统指标对应的是某种中等能见度(比如 7km),那么提供这种大气环境并描述其特征尤其困难。在沙漠试验场找到非常清澈的大气则相对容易。有限的能见度在某些试验场是很常见的,但其可能会随时间和不同的视线方向剧烈变化。

由于这些困难的存在,有必要建立尽可能准确的传感器模型,应用上述方法进行分析,然后在一些不一定十分靠近指标规定的条件(如清澈空气、高对比度目标)的数据点验证性能曲线。最后使用这种经过验证的模型,通过分析证明系统性能符合技术指标。对于上述这些情况,制定性能指标的人员以及策划和预算系统测试的人员都应该知晓。

10.3　搜　索　过　程

上面所述的分析方法只适合处理对假定出现在显示器中的目标实现探测、识别和确认的静态概率。这是无人机成像传感器系统设计的首要步骤,但它没有涉及在数倍于单个视场大小的区域内搜索目标的关键问题。

关于使用无人机搜索某些目标的任务需求,以军事或准军事应用(如警用或边防巡逻)为对象进行讨论比较方便,因为这些任务是到目前为止无人机最为常见的任务形式。民用搜索用途也归入同样的范畴,在讨论中引用了一些实例能够说明这一点。因此由军事应用发展出的概念框架为组织本章的讨论提供了很好的途径。

无人机最常见的任务之一是侦察和/或大范围监视。此类任务要求无人机及其操作人员搜索地面上的大范围区域,寻找某类目标或某种活动。一个例子就是搜索一条山谷以寻找敌人前进的迹象。

一般有三种类型的搜索方式:

- 点搜索;
- 区域搜索;
- 路径搜索。

"点"搜索要求无人机在已知的名义上的目标位置附近相对较小的区域内进行搜索。例如,通过电子截获和测向系统可能已经确定了一个可疑战地指挥所大概位于某个方格坐标处,然而远距离无线电测向定位的不确定性一般都很大,以至于不能有效利用炮兵火力覆盖目标,除非使用弹药消耗量极大的地毯式轰炸方式打击较大的区域。而无人机的任务就是以战地指挥所的名义坐标为中心,搜索一定区域,并向外延伸到实际位置不确定度的极限,这很可能是向任意方向延伸几百米。

"区域"搜索要求无人机搜索指定的区域,寻找某种类型的目标或某种活动。例如,可能有一个可疑的炮兵单位位于给定交叉路口以东几平方千米的区域内。无人机的任务就是搜索该指定区域,并确定该炮兵单位是否存在并给出其准确位置。与此对等的民用用途可能是搜索某指定区域,寻找走失的牲畜。

"路径"搜索可以采取两种形式。最简单的方式,其任务是确定在指定长度的道路或小径上是否存在感兴趣的目标,或者还可能是确定在某段道路上是否有障碍物。而难度更大的任务则是确定在某些位置是否存在敌军部队,封锁了道路的使用。第二种路径侦察实际上与区域搜索很类似,只不过它是以道路为中心线,延伸到道路两边至少几百米范围,包括可能为敌军提供掩护和射程覆盖的林木线或山脊。

在民用无人机应用中采用类似的简单路径搜索方式受到广泛倡议。类似的应用是保持对传输线或管道线畅通情况进行监视,以便发现潜在的问题,比如树木距离输电线太近等,这样就可以防患于未然。

关于无人机及其成像载荷的基本特性是如何在执行这三类搜索任务时影响无人机系统能力的这一问题,需要充分理解,这一点至关重要。

无人机之所以能在军事领域对于上述这些任务备受青睐,是因为它能够在危险空域飞行并且几乎不会被发现,具有比有人驾驶飞机更强的生存能力,另一方面是由于无需搭载机组人员而具有相对更高的损耗可承受性。对民用而言,其期望的优势主要在于通过取消机组人员和使用较低运营成本的小型飞机来降低成本。把操作人员置于后方的代价是操作人员仅限于对传感器载荷提供的图像进行视觉感知。

对于成像传感器的性能来说,最基本的限制因素就是分辨率,它与视场(FOV)密切相关。如果传感器能提供 500 线的分辨率,那么在视场大小和最大探测距离之间就存在固定的关系,在这个最大距离处能以合理的概率探测到视场内目标的存在。如果在探测时需要有两条线穿过 2m 高的目标(假定目标有足够的对比度),且传感器总共有 500 线可利用,那么整个视场覆盖范围就不能超过 500m(每米一条线)。

对于任何俯视角度,到视场远边的倾斜距离总会比到视场近边(或到视场中心,如果无人机传感器是垂直朝下俯视)的距离长,传感器一般不会垂直朝下俯视,视场几何关系如图 10.7 所示。图中假定海拔高度为 1500m,为避开轻武器火力射击,这一高度是合理的,图中标称俯视角为 45°。如果视场为 7°左右,那么普通的电视传感器能在约 2200m 的倾斜距离处以较高概率探测到一个 2m 的目标。7°×7°的视场覆盖了地面上门拱石形状(梯形)的区域,如图 10.7 所示。考虑到大部分电视传感器视场的实际宽高比为 4:3,因此地面视场的实际面积将大约是350m×350m,形状仍为梯形。

采用较小的俯视角可以使地面上的覆盖范围更远,但是传感器可能探测不到位于场景上端部分的目标。如果系统采用简单的手动搜索过程,则会存在一定的风险,即操作人员可能意识不到传感器系统的探测极限,而调整传感器的指向角使得显示器中大部分场景的斜距已经超出传感器的最大有效探测距离。这时,操作者看似已经完成了对大片地域的搜索,但是实际上他/她并没有探测到目标,哪怕目标是暴露在野外的。虽然训练和经验可以缓解这一问题,但如果不在原始图像上添加一些信息,那么在控制站里观察屏幕的操作人员可能很难有效地使用传

140

感器。

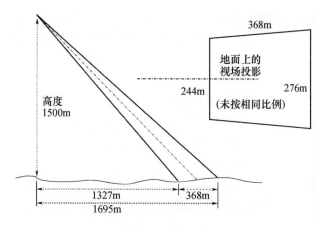

图 10.7 典型无人机视场在地面上的形状

系统能提供的一种简单形式的附加信息就是一条穿过场景的线,这条线指示出了传感器的"探测地平线"。它指出了地面上的一条边界,从传感器到该边界的倾斜距离超过了对当前搜索的目标类别的标称探测距离。根据传感器的俯视角和飞行器的飞行高度可以计算出这条线在场景中的位置。这样就可以使操作员将搜索距离限定在以合理概率探测到目标的范围内。

把搜索限定在能成功进行探测的范围之内是十分重要的,这是因为使用电视系统和热成像系统搜索地面颇似管中窥豹。正如我们已了解的一样,能够探测到 2km 外 1 ~ 2m 大小的目标的传感器视场边长只有几百米,这就促使操作人员需要搜索一系列的小面积区域。假定地面上的标称视场区域如图 10.7 所示,在将一组梯形视场填入方形区域时允许出现一些重叠,同时确保不漏掉方形区域的任何部分,这样至少需进行 12 ~ 15 次单独的"观察",才可以探测 1km^2 的范围,如图 10.8 所示。

如果操作人员不是在 7°的搜索视场和一个较大的全景视场之间来回切换,那么他就不可能看到 1km^2 的完整区域。这就导致在进行大面积区域搜索时会出现一些严重问题,即操作员很难以高效的方式手动执行覆盖整个区域的系统化彻底搜索。在有人驾驶飞机上的观察者可以通过窗户利用周边视觉观察大片视场,从而保持对地面的方向,完成系统化的搜索。而在控制站内观察显示器的操作人员却没有周边视觉,所观察到的每片区域都是孤立的。如果没有提供自动化系统来跟踪地面上已经观察过的部分,并引导操作人员为传感器选择下一个对准点,那么操作人员很可能只是搜索整个区域中的随机样本,甚至没有意识到他根本没有看完指定区域的所有部分。

这个问题可以通过训练操作人员采用有规律的模式移动视场来解决。然而,这种方法可能需要相邻视场之间有明显的重叠,以使操作人员能够感觉到下一个视场是如何与前一个视场关联的。如果观察区域覆盖很多个视场范围,且操作员试图采用光栅扫描方式(先扫过底部,然后向上移动一个视场,再穿过该区域往回扫描,等等),则很难使扫描方向保持平行并且只有较小的重叠,除非场景中有便于隔离的直线特征用作参考。

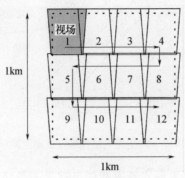

图 10.8　自动搜索模式

　　实际上,要对一个比单个视场大得多的区域进行彻底而有效的搜索,唯一的方法可能是装备一个自动化系统,该系统利用无人机的导航和惯性参考系统以合理的重叠度和速率有规律地移动视场以覆盖整个区域,其速率可使操作人员有足够的时间观察每一个场景,从而以较高概率探测到场景中可能存在的任何目标。

　　由于连续转动传感器会造成一些模糊,掩盖目标的运动,而且需要高速数据率来传送不断变化的场景,因此最好采用"步进/凝视"方式进行搜索。按这种方式,传感器可以迅速移动到地面上每个待观察视场中心的瞄准点,然后在该点稳定一段时间,以便操作员观察一个固定场景,接着传感器快速转动到下一个视场。

　　在一次"凝视"时间内,如果目标运动相对场景而言比较小,那么获取动态视频线索就没有多少益处,因此每一个地面视场只需要传送一帧视频图像即可。这种情况是否适用还要取决于目标的运动速度和"凝视"的时间长度。在任何情况下,如果数据率受到限制,就有必要暂时忽略获取目标运动线索所带来的好处,而只为每一个地面视场获取一幅"静态"图像,实际应用中经常如此。

　　凝视时间可以通过实验数据估算得到,该实验数据是操作人员在视频场景中探测目标的能力与每一个场景允许观看的时间之间的关系。这些实验数据有一个有趣的特点,如果目标存在的话,探测目标的累积概率会在操作人员观察场景的最初几秒钟内迅速上升。然后,概率曲线会趋于平坦,更长时间的观察也只能略微增加探测目标的概率。有证据表明,概率曲线趋于平坦之前的实耗时间与场景中存在目标的概率是相互关联的。这可以用"气馁因子"(discouragement factor)来解释,如果操作人员在观察场景的初始阶段未发现目标,那么他/她就会因气馁因子

142

的作用而降低注意力。如果操作人员连续扫描了许多场景,却发现大部分场景中不存在任何目标,那么气馁因子就会增加。换句话说,如果操作人员根本就没指望在场景中发现目标,那么与他认为场景中很可能存在某些目标的情况相比,他会更快地放弃对场景的仔细审察。

文献[2]引用文献[3]中的方法,计算在三种有不同程度混杂物的视频场景中搜索目标所需的时间,计算结果如表 10.2 所示。表中的"拥挤因子"(congestion factor)定义为操作人员在每次凝视场景时所见混杂物的数量。搜索一个典型的视频场景大约需要凝视 15 次,因此,拥挤因子为 3 就意味着场景中大约有 45 个混杂物。混杂物定义为具有与感兴趣的目标相近的尺寸和对比度的物体,因此为了把它从目标中区别出来,必须仔细辨认而不能仅仅一扫而过。

表 10.2　单帧画面的搜索时间

混杂物程度	拥挤因子	搜索时间/s
低	<3	6
中	3~7	14
高	>7	20

本书的作者之一曾参加过"天鹰座"系统的研制工作,他指出如果考虑气馁因子的影响,则上述时间值可能会比理想条件下的时间值稍长。针对这个问题,目前的文献中尚缺少翔实的研究,因此将成为人力因素研究部门的一个富有成效的研究领域。这是一个无人机系统设计者必须关注的领域,因为这些数字意味着无人机对大面积区域进行搜索的能力也是相对有限的。

例如,如果任务要求搜索一个范围为 2km×5km 的区域,采用上文讨论过的 7°视场,且场景的混杂物程度为高,每平方千米大约需要 15 个视场(场景),每个场景需要观察 20s,再加上每帧场景还需大约 1s 供传感器完成回转并稳定在新的瞄准点。这样,搜索 1km^2 需要 320s,即搜索指定的 10km^2 区域需要 3200s(53.3min)。而 1h 搜索将会耗费许多小型无人机大部分的作业续航时间。另外,如果目标处于运动中,那么较低的搜索速率可能还会导致目标穿过搜索区域却未被发现,这是因为在任意给定的时刻,整个区域只有非常小的一部分处于监视之下。

相比之下,有人驾驶的直升机或轻型飞机通过几次沿长度方向的来回低空通场飞行,在几分钟之内即可完成对同样大小的 2km×5km 区域的搜索。

当然,如果目标更大或者更醒目,那么搜索时间会更短。如果待搜索的目标是一个相当大的建筑物,那么无人机就可以用最宽的视场和很小的俯视角,仅仅需要几个视场覆盖就可完成对整个区域的搜索。而另一方面,如果目标是人(如背负毒品穿过边境的走私分子或穿过开阔地域的游击人员），那么无人机就不得不使用较小的视场或更加接近地面（此举减小了地面上视场覆盖区域的范围），而且可能要花费长许多倍的时间去搜索同样的区域。

如果有许多个体目标集体行动，那么发现了其中任何一个目标就会导致发现全部目标。例如，发现一个人以后，就会靠近仔细审视其周围的区域。再发现一些人就可以确认有一群人在待搜索区域内。这种情况提高了探测阵列目标的概率，因为只要探测到一个目标，那么其他许多目标就可以忽略。但是这对搜索某一区域所需的时间没有太大的影响，因为这个总时间是由视场和搜索每个视场所需的时间决定的，而视场的大小则取决于需要探测的单个目标的大小。

即使视场中有 10 辆坦克，也不能使用比探测单独一辆坦克所需的视场更大（分辨率更低）的视场探测其中的任何一辆。但这种成群的情形对整体探测还是略微有一些影响，其原因可能是，可以允许以更低的探测概率探测其中的任何单个目标，以及/或者由多个微小点目标一起移动的情况可以提供一些线索。然而这种效果可能微不足道，很难在确定系统设计参数时进行预测。正如很多其他设计余量对系统性能的提升效应那样，上述效应最好也看作是性能裕度的一部分，而在设定系统性能指标时不予考虑。

"天鹰座"系统和其他在搜索模式下测试过的无人机的使用经验都支持一个结论，即在搜索同样的区域时，无人机采用现有的传感器及处理方法所需的时间可能很长，而有人驾驶飞机则可能很快就能完成搜索。如果自动目标识别系统已达到实用化程度，就有可能减少在每一个场景上的停留时间，从而实现很快的搜索。在具备自动目标识别能力之前，无人机系统支持者和设计者们在声称与大范围搜索相关的性能时需小心谨慎，特别是当个体目标小且场景中混杂物明显时更是如此。

另一方面，对点和路径的搜索可以在合理的时间内完成。如果知道目标的位置在大约 500m 之内，那么只需搜索 $1km^2$。即使存在严重的混杂物干扰，完成搜索也大约只需要不到 5min 的时间。然而，与大范围搜索情况类似，自动化搜索系统可能是必要的，以保证视场能够完全、有效地覆盖整个区域。

可以使用一列视场沿着公路排列成行来完成对一条公路或高速公路及其路肩的路径搜索。取决于目标特性以及目标是否隐藏在沿路肩的林木线中，混杂物可能从低到高到处都有。如果要寻找路面上的一个车队，则可以在无人机飞过道路上空时，简单地沿道路进行视场扫描。即使需要更加彻底的步进/凝视搜索，那么沿着道路移动，以不低于大约 1km/min 的速率搜索也是可能的。

如果要执行彻底的路径侦察，包括搜索可能的伏击地点，那么这种任务实际上是对以道路为中心的狭长地带进行区域搜索。可以采用与区域搜索相同的方法估算搜索时间。

144

不言而喻而又经常被忽视的是,无人机穿过树木来观察目标也没有什么特效方法。实际上,分辨率低、缺乏周边视觉以及搜索推进速度慢等因素,都使得无人机系统在探测树林掩护下的运动目标方面可能不及有人驾驶飞机。

10.4 其 他 考 虑

10.4.1 视线稳定

前文的讨论都是关于有效载荷中成像传感器这一分系统的静态性能的,尽管系统的机械运动已经通过调制传输函数包含在了性能计算中。然而,对制约有效载荷性能的机械因素进行详细了解也是至关重要的。

稳定平台对有效载荷来说是至关重要的。由于空中飞行平台一般情况下无法保持角稳定性,这是很多任务需要的,所以安装在无人机上的成像系统不能刚性固定在机身上。例如,飞行在海拔2km高空的无人机,如果成像传感器的探测斜距为3km,则可以覆盖地面上直径为4.4km的圆形范围。为保证在3km处有一个解像周(两条解像线)穿过一辆坦克的尺度(2.3m),则传感器系统需要约0.4mrad的分辨率,这是探测该目标所需的最低分辨率了。为了在0.4mrad/周(即2.5周/mrad)时保持合理的最小可分辨对比度(MRC),要求平台的机械稳定度要远高于0.4mrad。

由于无人机机身不能保持接近0.4mrad的角稳定性,因此必须将传感器吊装在一个稳定平台上,该稳定平台支撑传感器达到角运动最小化。保证图像的质量、跟踪目标以及使传感器具有精确指向都是通过多轴万向架装置实现的。传感器的光轴保持在指定方向的能力称作视线(LOS)稳定度,视线稳定度由视线向量与期望指向之间的偏移量的均方根(RMS)来度量,单位通常是毫弧度(mrad)。需要的视线稳定度取决于任务,较高的稳定度通常意味着较高的成本和较大的重量。

1. 万向架的结构形式

在万向架设计中首要考虑的就是其结构形式,比如它的轴数。对于某些任务而言,两轴万向架结构即可满足要求,但并非适应所有场合(两轴万向架结构存在传感器指向盲区)。四轴万向架结构形式避免了"万向架自锁"现象,即万向架在某方向达到极限,无法运动到该极限外的区域,但四轴万向架通常体积和重量较大。两轴或三轴万向架结构就可以满足大部分遥控飞行器(RPV)的任务需要。

有些系统设计中,同时将红外探测器和激光测距机组合安装在稳定的万向架上。另外可选的一种结构形式是只采用万向架稳定反射镜,而传感器则固定在万向架之外。传感器整体稳定构型的主要优点包括:

- 取消了安装反射镜的空间;

- 直接在惯性空间稳定视线,而无需半角矫正(从倾斜转动的反射镜反射出来的光线转过的角度是镜子转角的 2 倍);
- 无需补偿由反射镜引入的图像倒像旋转;
- 探测器仅需较小的通光口经。

采用传感器整体稳定方式的缺点如下:
- 需要较大扭矩的电机来驱动由于万向架上更大的质量导致的更高的转动惯量;
- 可能需要补偿传感器产生的扭矩干扰,后文将讨论产生此干扰的各种原因;
- 可能需要较高的稳定回路带宽来抵制万向架上的各种干扰;
- 需要更为复杂的万向架结构来实现较高的工作带宽;
- 对安装在万向架上的单个可替换组件有更严格的平衡性要求。

这些问题可以通过结构建模以及细致的控制回路设计来解决,且能达到所需的稳定性能,但权衡确定在万向架上安装多少传感器系统是系统初始设计的关键部分。图 10.9 展示了两轴万向架和三轴万向架的构型。

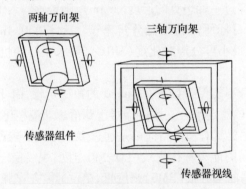

图 10.9　两轴和三轴万向架构型

2. 热设计

在万向架设计中隐含的一个问题是,需要及时耗散掉传感器和万向架控制电路产生的热量,而不过多影响稳定性能和结构。在散热处理方面已经采用了多种方法。液体冷却能够提供必要的传热性能,但需要用管道穿过万向架,从而引入扭矩干扰。液体冷却的缺点还包括,由于采用泵和冷却剂会使系统重量增加,潜在的泄漏和腐蚀导致可靠性降低,以及维护性难度更大。由于这些原因,风冷是最常用的散热方法。

3. 影响稳定性的环境条件

为了充分利用传感器稳定所带来的好处,视线稳定必须在环境因素干扰下实现,这些干扰有风载和传感器产生的扭矩干扰,以及制冷型前视红外系统主压缩机的振动干扰等。如果探测系统包含机械扫描探测器阵列(常见于早期的红外系统,现在仍在某些情况下应用),那么施加在高速旋转的扫描镜上的力矩导致的陀螺反作用力矩对于确定万向架力矩电机大小至关重要。处理和解决这些问题就意味着需要高带宽、低噪声的伺服回路以及高刚度的万向架结构。

作用在传感器外罩上的风载荷也会产生重要的机械影响。外壳的暴露部分通常是球形的,但是光学窗口往往是平的表面,传感器就是通过这种窗口向外观察(如果有效载荷中包括测距机或指示器,那么激光束也是从这里射出的)。选择平面光学窗口是由成本决定的,因为球形光学窗口价格昂贵,并且要达到一定的光学性能使得传感器系统的设计极为复杂。风载荷的影响通常取决于传感器相对于飞行器机身的安装方向,这个方向也就决定了平面光学窗口相对于飞行器周围流过的气流的方向。

为了确定需要的稳定性带宽,必须测量由风载荷和压缩机振动生成的干扰。为了测量风载荷,可以将有效载荷原型样机安装在有人驾驶飞机上,在飞行测试中监测力矩加载器的电流,从而得到风载荷。

前视红外(FLIR)系统使用的旋转式和直线运动式低温压缩机引起的振动是视线稳定性的另一个干扰源。这些干扰可以通过主动控制系统来加以补偿,该系统测量压缩机电流,并估算由内部压缩机运动到稳定系统的振动输入。该估算值可以用作前馈修正直接输入到万向架的力矩发生装置来补偿这些扰动。采用该项技术可以将压缩机产生的视线干扰效应减少50%以上。

4. 共光轴设计

"共光轴"是指一个传感器的视线与另一个传感器的视线保持一致,或者与执行传感器指向的激光束保持一致。在某些应用中,很有必要将激光束指向保持在传感器视线周围几百微弧度范围内。这是一个足够小的误差,以至于需要使用特殊的测试仪器进行初始校准,并确定其是否发生了偏移。

飞机机动飞行时会对结构施加惯性载荷,在机动过程中以及在传感器工作的全温度范围内,必须保持各个传感器之间的共光轴精度。虽然各光轴之间的共光轴偏移量可以并且应该通过试验方法测得,但在实际设计中也可以采用有限元建模的方法使其最小化。当然,这些分析应该在硬件加工和测试之前完成,当原型样机加工完成后,设计的合理性就可以通过测试来确定。

通过将共光轴偏移量定义为系统光学器件位移和转角的代数函数,就可以分析由惯性负载(或热负载)引起的光轴偏移,系统中光学器件包括反射镜、镜头以及摄像机等。将这些公式输入到整体结构建模软件中,就可以通过程序直接计算出共光轴偏移量。

光轴偏移模型还可以用来估计由振动引起的视线抖动。将合适的振动输入施加到模型中,即可通过模型中的光轴偏移关系式直接计算出视线抖动。

上述计算过程细节超出了本书的范围,但要保证满足严格的共光轴需求,尤其是对于某些系统可能使用传感器引导激光束精确地指向目标来说,是对机械设计者提出的严峻挑战,意识到这一点十分重要。这可能需要能够被动补偿热效应的精密机械结构,以便使某个组件的热膨胀效应被另一个组件的热膨胀效应抵消。这些技术措施由于要考虑体积小和重量轻的要求,因而变得更加复杂,因此如果要预研一套新的有效载荷组件,在系统设计过程中尽早考虑所有这些设计权衡是十分重要的。

另一种可行的方法是选择现有的有效载荷组件,然后再为其设计提供安装空间、承重空间、供电以及其他必需的环境因素。但是如果希望在不增加体积、重量和/或成本并且不拖延研制进度的情况下,能够使所选有效载荷组件在性能上取得哪怕很小的一点"改进",都很可能是冒险之举。

5. 稳定性设计

为了使对结构谐振点的陷波滤波处理不降低系统的稳定裕度,万向架的谐振模态必须具有足够高的频率(至少要达到控制回路带宽的 3 ~ 4 倍),这就需要很高刚度的结构和合理的陀螺仪布置。影响伺服机构性能的谐振模态是指那些对伺服力矩电机的输入做出响应,并激发陀螺仪传感器的振动模态。扭转振动模态来源于结构转动引起的扭曲,一般比较容易由力矩电机激发,对系统稳定性的危害是最大的。弯曲模态是线性的,不会对扭矩输入产生响应。

为实现需要的扭转刚度,在设计初期就必须提起注意,构建具有良好的扭转负载传力路径的万向架结构。在某些场合,可以在结构设计中采用封闭的扭矩管状截面。

从以上内容可以看到,稳定平台的设计与传感器子系统光学部分的设计同样重要,也同样复杂。对特定系统的选取不应该仅仅依靠 MRC 或 MRT 曲线。应该认识到,MRC/MRT 曲线通常包含全部 MTF 信息,进而也包含视线调制传递函数(LOS MTF)信息,因此万向架的性能也应该包含在曲线中。仅凭传感器制造商发布的信息来选择系统时,就要特别小心,这些信息可能不包括平台运动和振动造成的影响。使用者必须尽力去理解厂家发布的数据中包含的信息。

参 考 文 献

[1] Steedman W, Backer C. Target Size and Visual Recognition. Human Factors, V. 2, August 1960: 120 – 127.

[2] Bates H. Recommended Aquila Target Search Techniques. U. S. Army Missile Command Technical Report RD – AS – 87 – 20, February 1988.

[3] Simon C. Rapid Acquisition of Radar Targets from Moving and Static Displays. Human Factors, V. 7, June 1965: 185 – 205.

参 考 书 目

Rosell F, Harvey G. The Fundamentals of Thermal Imaging Systems. US Naval Research Laboratory Report 831. , 1 May 10, 1979.

Rosell F, Willson R. Performance Synthesis of Electro – Optical Sensors. AFAL – TR – 73 – 260s, US Air Force Avionics Laboratory, August 1973.

Ratches J. Static Performance Model for Thermal Imaging Systems. Optical Engineering, V. 15 No. 6, 1976: 525 – 530.

第 11 章　武器载荷

11.1　概　述

我们将可向目标发射致命弹头的无人驾驶飞机划分为三类：

（1）专门针对激烈地对空、空对空作战环境而设计的无人机，用以替代现有的有人驾驶战斗机和轰炸机；

（2）用于民用或军事侦察与监视、同时还能够搭载和投放致命武器的通用无人机；

（3）搭载弹头的一次性使用的飞行平台，例如巡航导弹，在目标上方或者附近爆炸而达到摧毁目的。

对无人战斗机（UCAV）很难有个明确的定义，这是因为所有的无人驾驶飞行器，只要用于作战，都可以称之为"无人战斗机"。按照我们所认为的多少能算作标准的用途划分，将上述第一类无人机称为"无人战斗机"。

我们认为第三类飞行器是制导武器，而非无人机。在本章下一部分对自杀攻击型无人机发展历史的描述中可以发现，制导武器与无人机之间有某些明显的共性。除了讲述发展史的需要外，本章不对制导武器进行专门的讨论，只在某些情况下与无人机做比较。这是因为，运载内置弹头的可消耗型飞行器的系统设计权衡，与那些能够返回基地回收并可重复使用的无人机系统权衡是不同的。

本章要讨论的主题是将武器搭载和投放功能集成到所谓的"多用途"无人机上的历程，这与多用途直升机很相似，20 世纪 60 年代，人们将各式各样的武器安装在多用途直升机上，组成了沿用至今并仍然十分重要的战斗系统。我们在本书的导论部分定性讨论了无人战斗机，与多用途无人机搭载和投放武器相关的大部分问题同样适用于无人战斗机，但是无人战斗机从一开始就是围绕武器系统而设计的，其设计的侧重点和权衡不同于本章所要讨论的多用途无人机的设计。这里提到了许多对无人机设计者来说可能很重要的非技术问题，但本书并不试图以任何形式解决这些问题，而只是讨论可能对如何解决这些非技术问题有影响的实际技术因素。

本章旨在讨论与无人机/无人机系统武器搭载和投放相关的某些一般化问题。将任何特定的武器系统及其火力控制单元集成到无人机系统中，都会涉及到许多细节问题，这些细节对于所涉及的武器系统类型（如半自主激光制导导弹或红外成像自动寻的导弹)以及/或该类型中特定的武器系统(如"地狱火"导弹)来说,都是独一无二的。本书只对最常见的武器系统类型相关的问题进行评论,对于特殊的特定武器系统,则不在本书范围之内。

11.2 杀伤攻击型无人机历史

把无人机当做武器使用,已经不是什么新鲜事。正如本书导论部分所述,无人驾驶飞机的很多早期应用就像飞行炸弹一样。"凯特灵"空投鱼雷(凯特灵虫子)和"斯佩里-柯蒂斯"空投鱼雷本来都是相对传统的飞机,但是它们装备了早期形式的自动驾驶仪,可以朝着目标上方某点飞去,然后向地面俯冲并引爆机上携带的炸药,从而摧毁目标。

第一次世界大战后,带有遥控装置的英国"费利王后"双翼机被用作训练防空炮兵的靶机,但它也具备与美国的这两种"空投鱼雷"同样的使用方式。

后续的研究工作,直到第二次世界大战结束,主要集中在将靶机或其他形式的无人驾驶飞机当做攻击靶标,而不是武器投掷系统。然而还是有一些值得注意的例外,包括德国无线电控制的滑翔炸弹和 V-1 导弹,V-1 导弹由自动驾驶仪控制,由脉冲喷气发动机推进,从导轨上发射起飞。然后如早期的空投鱼雷一般,飞行一定的时间后关闭发动机而坠地爆炸。

第二次世界大战中的盟军飞行员约瑟夫·肯尼迪,后来的总统约翰·肯尼迪的兄长,在驾驶一架 B-24 重型轰炸机时不幸遇难。该轰炸机专为遥控飞行进行了改装,以用作大型空投鱼雷。该机只需最少的机组人员操纵起飞并爬升至预定高度,之后机组人员全部跳伞离机,飞机交给伴飞飞机上的飞行员遥控飞行。这种改装后的轰炸机装载有大量的炸药,计划用于攻击德军占领的法国领土上的超远程炮兵阵地和其他高价值点目标。

继第二次世界大战之后,各种类型导弹的出现,广泛取代了这种无机组人员的常规飞机作为战场上投送炸药的手段的概念。这种替代现象随着远程、大纵深巡航导弹的装备而达到顶峰,从概念上讲,这些巡航导弹就是"凯特灵"空投鱼雷的现代版。

空军力量与防空能力之间的持续较量是冷战的主要特点之一。作为防空技术进步的结果,一流强敌的防空系统能够到达的任何空域都变得十分危险。

在 20 世纪 60 年代晚期,精确制导武器的出现,使得仅使用少量制导炸弹或战术导弹即可摧毁大部分目标成为可能,从而导致了轰炸机在战术领域的重要性逐渐降低。随着载弹量的重要性的下降,战术空袭开始逐渐依赖攻击机,有时也称之为战斗-轰炸机,因为它们通常具备战斗能力和轰炸能力。机体相对较小、快速而敏捷的攻击机与精确制导武器相结合,保持了有人驾驶飞机对地攻击的有效性,但是其生存能力仍然是个大问题,尤其是吸取了中东战争的经验之后。战场上使用两个超级大国的防空系统对抗最新投入攻击的飞机,表明了前线防空对抗攻击己方地面部队的战斗机非常有效。

同一时期内,在严密的防空环境中使用性能较差的观察飞机变得日渐危险,造成在侦察、监视和火力指引能力上留下了空白,重新激发了人们对无人机的兴趣。

在新一轮的无人机发展浪潮中,最先装备的无人机系统能够为致命炮兵火力提供侦察和校射,某些系统还意图为战术激光制导武器的精确投送提供激光指示,这些精确制导武器包括炸弹、"地狱火"类型的导弹,以及类似"铜斑蛇"(Copperhead)的制导炸弹。这些无人机与武器的投掷紧密关联,但并不直接搭载或者发射武器,这些任务还是需要有人驾驶攻击机、武装直升机、野战火箭炮或榴弹炮来完成。无人机的使用,是为了能使有人驾驶飞机尽可能地远离攻击目标,而将紧邻目标点的危险任务交由无人机系统来完成。

冷战期间,至少有一个自杀式攻击无人机的研发计划,名为"袭扰无人机"。这是一架相对较小的无人机,装备了可追踪雷达辐射的探测器,同时配备了战斗部,能够由触发引信或近炸引信引爆摧毁雷达。其设计理念是在部署了防空雷达的阵地上空盘旋,当雷达发射机开机时即追踪并试图摧毁它。假如在飞抵雷达之前,该雷达再次关机,无人机将爬升返回至原有高度并盘旋等待该雷达或其他雷达开机,作为新的攻击目标。

20世纪80年代,也就是在美国军方刚刚开始大力发展现代无人机时,对无人机研制工作的管理被分配给了以管理巡航导弹研制为主要任务的研究机构,此举可作为巡航导弹与无人机之间存在概念重叠的进一步证据。另外,当人们想要为无人机装上导弹,以使其能够发射导弹攻击地面目标时,一个法律问题就出现了,即这样做是否会使无人机演变为一种从地面发射的巡航导弹,而巡航导弹是受冷战时期协定并签署的相关条约限制的武器系统类别。

随着冷战的结束,世界政治军事格局在20世纪90年代开始发生变化。从那时开始,战争形式变成以所谓的"不对称冲突"为主,在这种冲突中,先进的军事力量打击叛乱分子或装备相对落后的军事力量,其"作战"行动经常穿越国界,并且不太注意以往两个主权国家军队之间公开作战的那种形式。

在这一背景下,人们开始以半隐蔽的方式利用现有的无人机资源来确定恐怖主义势力的位置,以便使用传统的空中力量或远程巡航导弹(如前文所讨论的老式空投鱼雷的现代版)予以打击。此时,就会出现这样一种情况:预期的目标出现在机载成像传感器的"十字瞄准线"上,而无人机上却没有可打击目标的武器。这样就给传统空中力量或巡航导弹打击带来了时间延迟,对于转瞬即逝的目标,往往因为时延太长而很难获得成功。

另外,使用有人驾驶飞机会带来损失飞机,以及机组人员被杀或被俘的风险,而且这种情况经常发生在根本就没有参战的国家,该国政府也没有授权飞机及机组人员在其领土上空行动。也就是说,假如一定要损失点儿什么,那么损失没有机组人员的无人机要比损失有人驾驶飞机好多了。这就是在先期的军事打击中使用巡航导弹的根本原因。

基于这一看法,美国开始了一项研究计划,将精确制导武器装备到中型通用无人机上,以便在定位、识别目标之后具备立即打击目标的能力。

"捕食者"是公开披露的第一架可在远程控制下投掷武器的无人机,其装备了"地狱火"半主动激光制导导弹,如图11.1所示。它取得了相当大的成功,获得了大量的宣传报道,同时也建立了当前公众心目中对武装无人机特性的认知。

图11.1　武装"捕食者",展示了其发射架上的导弹以及装有传感器和激光指示器的光学吊舱
（此图得到了通用原子航空系统公司的许可）

与此同时,即从20世纪90年代末期开始,在一些国家的空军中兴起了对无人战斗机的浓厚兴趣。部分原因是20世纪90年代早期,第一次海湾战争中将无人机用作非武装侦察系统的作战经验,以及20世纪90年代末期,在前南斯拉夫地区的国际维和行动中,"捕食者"和其他无人机的类似用途的使用经验。

关于为无人机装备武器的法律和心理障碍一旦被武装"捕食者"打破,人们对武装无人机的兴趣越发高涨,主要的几个大国空军开始公开谈论未来下一代战斗机和轰炸机无人化的可能性。

从一开始就按照战斗机、攻击机、截击机或轰炸机的设计理念,第一个真正意义上的无人战斗机系统的研发过程正在进行之中。正如11.1节所述,本章不直接讨论"真正的"无人战斗机,尽管武装通用型无人机所涉及的问题对它们也同样适用。

各种轻型的和可损耗型的"飞行器"也可能被描述成无人机,例如上文讲述历史时提到的袭扰无人机,以及正在研发的可通过手掷起飞,或利用迫击炮、火箭发射起飞,携带手榴弹或小型火箭推进榴弹（RPG）类型的内置弹头的超轻型飞行器等,将其看成是制导武器更为合适。它们必须能在弹药库中长期贮存,承受恶劣的运输条件,并且在使用时几乎可以瞬间激活。所有这些因素,对系统设计和涉及武器的设计权衡都有重大影响。本书中有许多内容既适用于此类飞行器,也适用于小型无人机,但是并没有讨论此类飞行器的特殊需求。

11.3 武装型无人机的任务需求

武装型多用途无人机的任务与"捕食者"目前所执行的任务非常相似。可将其描述为"中等对地攻击"任务,其中包括投掷相对较小的战术武器,多数为精确制导型的,这些武器适合攻击地面车辆,包括重装甲坦克,小型到中型船艇,小队人员(或单个人员),小型建筑物,以及很多其他的"点目标",例如一栋大型建筑物中的特定房间(武器可能通过一个窗户进入该房间),或者是仓库或洞穴的入口等。这种类型的任务也可能包括在探测到潜艇的附近水域投掷反潜武器。

这里"相对较小"的意思是指,要投掷的武器是足够小而轻的,以便能够装载到小型到中型无人机上,也倾向于包括在攻击型直升机或通用型直升机上装载和投放的任何武器系统。这个定义涵盖的武器尺寸和重量范围很广,轻则几磅,重则可能数百磅。应该注意的是,适合此任务的飞行器几乎一定要能携带至少 2 枚这样的武器。这样的话,比如一枚 200lb 的武器,以最小 2 枚的挂载数量,其需要的武器载荷重量将是"捕食者"演示的载荷重量的 2 倍。这条规则也可能有例外,那就是舰载无人机所携带的自寻的鱼雷,只需携带并投放 1 枚可能就足够了,因此鱼雷的重量就可以达到 2 枚或更多导弹或炸弹的重量。

用于特种作战行动的武装型多用途无人机可能具有隐身特性,以抑制雷达、红外和声学特征,同时还可能设计成长航程/长航时型,可以在更加远离其基地的位置开展行动。

11.4 与武器携载和投送相关的设计问题

11.4.1 载荷能力

武装型无人机的首要需求,是飞行器能够携带有用的武器载荷顺利起飞。美国空军之所以选择一种美国陆军使用的导弹装配到"捕食者"上,其原因很简单,就是空军所有的空对地导弹都太大而无法搭载到"捕食者"无人机上。

在大多数国家的弹药型谱中,战术型空地导弹的典型尺寸,基本上都是为了保证其能有效打击中等强度的装甲目标。因此,当它结合了某种寻的装置、电子处理单元、控制系统及执行机构、火箭发动机后,即使是那些专门为肩射设计的导弹,其发射前的净重也会增加多达数十磅。"地狱火"导弹重约 100lb,"捕食者"A 型无人机在起飞时最多也只能搭载 2 枚此种导弹。

有许多小型弹药正处在研发中,或已改进成供无人机使用的弹药,其部分原因就是为了响应武装型无人机的需求。这些弹药包括小型激光制导炸弹、改进为适用于无人机的肩射反装甲导弹以及一些无动力自由落体弹药,这些自由落体弹药原本的设计是从更大的载体,如火箭、导弹或炸弹上抛撒的。这些弹药中有很多重约50lb,有的甚至更轻。

肩射地空导弹也已被改型成为空空导弹,以便从直升机和无人机上发射。其中包括美国的"毒刺"地空导弹。如果存在一些空对空威胁,但不是很严重的话,这些导弹对于自卫还是很有用的。然而,如果空对空威胁比来自于武装直升机的威胁更加严重,比如面对的是真正的无人战斗机,那么这种战场环境就不再是武装型多用途无人机所能承受的了。

武器载荷能力的需求几乎完全由作战任务牵引。对于所有的任务,单个武器的重量又是由所要打击的目标以及需要的发射距离决定。必须携带的武器数量也是由作战任务决定的,而所需的开火距离在某种程度上倒是可以权衡的。考虑到降低成本、更大的航程、更长的续航时间以及对飞行器尺寸和重量很敏感的发射与回收方面的要求,需要携带的武器数量也是可以权衡的。

通常情况下,可通过减少燃油的重量来换取更多的任务载荷。这是对所有类型的飞机都很常用的重量权衡方法,对无人机也同样适用。因此,如果允许携带比平时实现最大航程或航时所对应的最大武器装载数量更少的武器,就有可能实现更大的最大作战航程或航时。

11.4.2　结构问题

携带、投放或发射武器,需要飞行器在机翼和/或机身下方提供挂装武器的所谓"硬挂点",或者提供装有炸弹挂架和/或发射导轨的内置弹舱。几乎可以肯定的是,武器外挂更简单,也更便宜,但是,如果要求显著降低雷达特征或者为获得最大航程和航时而减小阻力,那可能就需要使用内置弹舱。

对以上任何一种情况,机体必须设计提供在全部飞行工况都能够支撑发射导轨或挂弹架的外挂点,这些飞行工况包括最大过载机动和硬着陆。如果需要拦阻着陆或撞网回收,那就必须在设定硬挂点的技术规格时,考虑到着陆回收过程中的受力。硬挂点所要承受的质量包括武器本身及其发射架或挂架。在设计着陆/回收系统时考虑全武器挂载,往往是有必要的,因为不一定总是抛弃全部武器弹药。这样做非常有意义,因为要避免硬着陆过程中的结构失效,所必须设计考虑的结构受力载荷非常大。

如果选择内置武器弹舱装载火箭或导弹,那就必须提供一个供导弹发射及其尾焰排放的畅通通道。这可以通过使用"蚌壳式"弹舱盖来实现,发射时打开使火箭或导弹暴露在机身外,同时还可能需要一套发射机构,当武器舱门打开后移出到

155

外部气流中。这个问题在一些有人驾驶飞机上已经解决了,其使用旋转发射架,能下降到气流中足够的距离使其上的一枚导弹暴露出来,发射完一枚后旋转下一个挂架和导弹到同一发射位置,进而完成依次连续发射。

旋转发射架的概念如图11.2所示。当武器舱门关闭时,该发射架完全容纳于机身蒙皮内部,不会产生雷达反射特征,也不会产生阻力。当武器舱门打开时,发射架可以向外伸长,使其中一枚导弹被置于气流中,并离开足够的距离保证安全发射。其余的导弹也可以依次旋转到该发射位置。

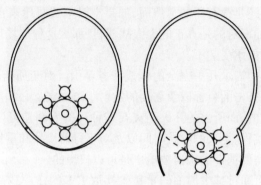

图11.2 收回和伸出的旋转发射架

除了重力和硬着陆引起的垂直力外,硬挂点和发射架必须能够固定住武器,使其承受机动飞行引起的横向力和纵向力。特别是在着陆过程中,反向加速度可能很大,其大小范围从刹车制动、推力反向或拉出阻力伞,直到拦阻着陆或撞网回收。火箭和导弹发射导轨上装有一个"保险锁",其作用是阻止火箭或导弹从导轨上滑脱,除非向前的力超过了一个设定值,该设定值足够大,能够使武器在预期的最大反向加速度下不会向前滑移而脱离导轨。

为了让发射发动机的推力增至足够高的水平,从而使火箭或导弹在脱离导轨时可加速至产生气动稳定性的空速,也需要使用保险锁。对于设计用在直升机上的发射架而言,由于在发射导弹或火箭时,直升机并不一定向前移动,因此其保险锁释放力必须高于固定翼飞机上的释放力。在固定翼飞机上,火箭或导弹初始就具有了与飞机相同的空速,并且对气动稳定性来说也是一个有利的起始状态。如果无人机可以悬停,或者用在固定翼无人机上的武器及其发射架最初是为用于悬停飞机而设计的,那么这一点就必须牢记于心。

施加在用于安装炸弹挂架或发射架的硬挂点上的力,被传递至该硬挂点所属的机体结构上,因此,如果要在机翼下挂载武器,那么机翼的基本结构必须足以支承挂载武器产生的附加力。由保险锁产生的机翼受力的方向,在小型飞机上正是机翼承受很小的应力的方向,因为小型飞机并不在机翼下安装发动机(当然也就无需承受发动机推力),因此需要特别关注这个问题。

大多数拥有先进空军力量的国家和一些国际联盟,如北大西洋公约组织,都拥有标准的接口,允许在很多不同类型的飞机上挂载同一种武器。这就可能要涉及到能够发射多种导弹或火箭的标准发射架。如果标准发射架是为有人驾驶飞机设计的,那么将其集成到小型无人机上时,就可能会因为太重而出现一些问题,此时是面对这些问题,还是研发新的或改装的、能更好地适应小型无人机用途的发射架,可能需要做出权衡。一种改动量相对较小的办法是,减少多导轨发射架上的导轨数量,以匹配无人机上有限的武器载荷能力。

11.4.3　电器接口

正如机械接口一样,关于从飞机平台到标准武器挂点或发射架之间的电气接口,以及从武器挂点或发射架到武器本身的电气接口,很多国家和一些联盟都有着各种不同的标准。

大多数导弹与其发射平台之间都有某种类型的电气接口。这可以通过"脐带式"连接器来实现,该连接器插入导弹完成连接,而在导弹发射时自动脱落。通过"脐带式"连接器可能传输的信息类型如下:

- 从飞机平台到导弹的解除保险及"上电"信号,使导弹呈待发射状态。
- 导弹上电后执行自检(BIT)的结果,以确定其是否工作正常、是否完成发射准备。
- 激光脉冲编码信息,使激光制导导弹选择要跟踪的正确的激光信号。
- 根据不同的目标场景,武器系统可能会实施两种或更多种不同的飞行模式,在发射前由操作人员选定飞行模式。一个具体实例是,选择陡峭俯冲的末段弹道,意在攻击车辆顶部装甲,此处通常比前面及侧面装甲薄,还是选择平直弹道,意在攻击洞库或隧道的入口。
- 图像搜索器中的图像,操作人员可以利用该图像将图像自动跟踪仪锁定在要攻击的目标上。
- 操作人员发出的控制信号,用于将图像搜索器的"跟踪框"中心移动到期望的目标上,当跟踪框中出现的部分图像是操作人员想要攻击的目标时,告知武器系统。
- 锁定与跟踪信号,表明搜索器的确是在跟踪选定的目标。
- 导弹发射信号,点燃点火器并引燃发射发动机。

以上列举的内容,并未完全包含导弹发射前所有可能的通信,但说明了接口所要处理的信息的一般特征。很多信息是由标志码和简短的数字信息组成,如自检(BIT)检测到的任何错误代码数字。但也有一些信息可能要求很高的带宽,并且不容许有太多的延时和迟滞。后一种类型的数据的例子包括,从导弹发送至飞机平台的图像信息,以及操作人员用于将跟踪框移动到期望目标的指令信息,而目标在发往操作人员的图像中可能是运动的。本书将在其他章节,连同数据链路一起,详细讨论信号的延时和迟滞对任务执行能力(比如在图像自动跟踪器上锁定目标)的不良影响。从飞机平台到武器之间的接口引入的任何延时与迟滞,都对上述不良影响有贡献。

特定武器所需要的接口,是由该武器系统的设计人员所规定的。对于特定的无人机,在设计过程中尽早知道该无人机将要携带何种武器,是非常重要的,因为当设计完成之后,若要在任一武器挂点上增加额外的布线,其代价可能会非常高。这是所有搭载武器的飞机的普遍问题,通过为所有接口建立标准,这个问题正在得到积极的解决。在没有标准指导时,给每一个武器挂点都提供一整套数据接口,包含某种类型的较高的数据带宽,是明智之举。由于整个电子领域的数字化程度越来越高,可以在所有的武器挂点处安装高带宽数字线路,然后在武器挂点上进行多路传输或者多路分配,因为需要接收来自特定武器的所有数据,并发送来自飞机平台的所有数据,包括由原本不是数字形式的视频转换而来的数字视频数据。

导弹通常需要大量的接口,与之不同的是,许多激光制导炸弹根本就没有电气接口与飞机平台相连。此类炸弹在释放前悬挂在挂弹环上,当炸弹与挂弹环分离时就会触动一个机械开关,这个开关使炸弹一旦释放就上电启动。为了实现无接口运行,在炸弹挂装到飞机上之前的地面准备过程中,就要设定所有必要的信息,并通过机械开关、接头或跳线器加载到炸弹上。这使得飞行器的集成总装更加简单,但可能需要增加额外的地面工作人员。

11.4.4 电磁干扰

对于包含很多不同的电子子系统、又必须在雷达或无线通信系统附近工作的所有飞机系统而言,电磁干扰(EMI)是一个普遍存在的问题。军用飞机工作环境中的电磁干扰非常严重,尤其是在海军舰船上。军用舰船具有高密度的雷达系统,并且舰船上空间的限制,意味着舰载飞行器经常处在离雷达发射天线很近的地方。

当飞行器装备有火箭或导弹时,这个问题将变得尤其严重。越战期间就曾发生过一次事故,航空母舰上的雷达发射信号与航母甲板上等待起飞的战机所搭载的火箭或导弹的电子系统发生了耦合,点燃了火箭发动机并导致导弹意外发射,而此时飞机仍停在甲板上。射出的火箭或导弹击中其他装载了武器的飞机,引发了火灾,进而导致更多的武器意外发射,最终造成了严重损毁和人员伤亡。

鉴于此类事故,美国海军制定了《电磁辐射对武器的危害》(HERO)及相关的规范和要求。其他国家可能也有类似的要求。尽管这些要求主要针对武器本身,但是同样很重要的是,飞机电子系统不生成错误的解除保险和发射信号,并且飞机上的导线不会像天线一样耦合对武器系统有害的干扰信号。

11.4.5 对现有机载武器的发射限制

现在的很多武装型无人机都相对较小,并且携带任何有效载荷的能力都非常有限。与通常从固定翼攻击机上投放的武器相比,无人机使用的武器必须又轻又小。如果武器具有很高的单发射击成功率就最好了,这样无人机就不必携带很多的武器。这些要求增大了对小型、轻型精确制导武器的需求。

为了避免研发无人机专用的新型武器的成本,目前使用的很多武器都是现存的,是为直升机挂装和投放而设计的,如"地狱火"导弹,或者是单兵便携式甚至肩射武器系统。如果无人机要从中高空投放这些武器,可能会遇到关于"投放包络"(delivery basket)的问题。"投放包络"是一个空间范围,武器系统必须在这个范围内投放,才能捕获和追踪目标。在很多情况下,人们更希望武器系统在发射前先锁定目标,以便操作人员确认这正是要打击的目标,还可以降低由于不能捕获目标而白白浪费武器的可能性。在这些情况下,这个关键的"包络"实际上是一个"捕获包络",即一定的空间范围,在该范围内武器传感器能够看到要打击的目标。

这种包络至少由两个限制条件来定义:武器系统挂装到无人机上以后,弹载传感器相对于其轴线向上或向下看的最大和最小角度;以及到目标的最大距离,在该距离上目标特征是可探测的。所有这些限制条件对于固定翼无人机来说都是动态变化的,因为它可以朝着目标位置飞,并最终到达目标上空。

如果武器本来就设计为由肩扛发射筒的射手直接指向目标,那么它相对于轴线向上或向下看的能力将非常有限,对这种情况,要么为其提供铰接的发射导轨或发射筒,使其能够指向下方,要么对武器系统进行改造,使其传感器能够指向目标方向,这两种措施可能都是必要的。但后者可能是一个成本高昂的提案,因此,使武器传感器视场向下指向地面这一艰巨任务,可能大部分要落在无人机系统集成设计人员的肩上。

各种各样的武器系统在需要的飞行包线内进入可接受的"捕获包络"的能力,以及无人机系统其他的物理限制,对于选择哪一种现存的武器更适合无人机投放,都是关键因素。

11.4.6 安全分离

"安全分离"这个术语指的是从飞机上发射武器时,当武器从发射导轨、发射筒或炸弹挂架上分离时,发生猛烈撞击飞机或者更为糟糕的情况的概率非常低。在紧邻固定翼飞机机身和机翼的地方,或者在直升机旋翼下洗流中,几乎总是有复杂的流场。在武器刚刚脱离飞机后最开始的一段时间内,保证武器不被这种复杂气流托举而碰到飞机结构是很关键的。在很多情况下,为实现安全分离需要对发射武器时的飞行状态进行限制。

对安全分离负责,是一个系统层面的职责,飞行器和武器系统的设计者都必须清晰地意识到确保安全分离所隐含的技术需求,另外,在为无人机选择能够集成的武器系统时,这也应该是一个必须考虑的问题。

11.4.7 数据链

数据链路是本书第五部分讨论的主题,在那里将讨论无人机及武器系统在敌对的电子环境中操作所涉及的问题。无人机上杀伤性武器的存在,大大增强了在对抗下传图像被敌方干扰、欺骗、截获和盗用的形势下确保安全的重要性,但并没有实质上改变对数据链路的上述各个方面至关重要的影响因素。

11.5 与战斗行动相关的其他问题

11.5.1 特征消减

对于用于军事用途的无人机而言,一定程度的"隐身性"是非常有益的。无人机中可以减弱的信号特征包括如下几种:

- 声学;
- 视觉;
- 红外;
- 雷达;
- 电磁辐射信号;
- 激光雷达。

从完整的角度考虑,我们将激光雷达信号也包含在该信号列表之中,但它通常并不是非常重要,这是由于激光雷达系统并不能在半球范围内执行搜索功能,而必须由其他形式的搜索系统提供指引。当有其他搜索系统的指引时,激光雷达才能提供对飞行器高质量的追踪能力,而如果其他特征被压制,飞行器就不会被探测到,因而就不再有指引信号指引激光雷达指向离飞行器足够近的地方进行跟踪。

所有其他信号特征通常都是为了军事应用而开发的,需要对它们进行压制,以确保无人机的效能和生存能力。其具体的做法不在本书的讨论范围之内,但在这里介绍一些概念性的信息及一般性的术语是有意义的。

1. 声学特征

1)固定翼飞机

大多数人会熟悉这样的情形,我们常常只是最先听到飞机的声音,并吸引我们抬头观看,然后才发现飞机正飞过头顶。战场一般非常嘈杂,会掩盖这种声音。但在许多军用和警用领域,无人机可能被用于执行农村地区的监视任务,而其周围环境的噪声可能非常小。即便是在嘈杂的战场中,短暂的噪声间隙,头顶的飞行器发出的声音同样会引人注意。因此,声学特征成为探测无人机的首要线索。

简单的消声器及其他形式的声音屏蔽设备,能够显著地降低往复式发动机的声音级别。而涡轮机的噪声较难消除,但如果消声非常关键,设计时就可以加以权衡,考虑降低发动机因排气而产生的噪声。

电动机能够有效地降低噪声,并越来越普遍地应用于无人机。当最大限度地要求声学隐身时,电动机是一种可行的备选方案。

在实际应用中,对于中小型无人机而言,如果对发动机噪声进行抑制,并保持在高空运行,声学探测则变得难以实现。例如,据大量报道称,当"捕食者"A 型无人机在 10000~15000ft 高空进行作业时,即使是在相对较安静的环境中,在地面仍然无法听到其声音。这就意味着,从声学的角度而言,安装了功率为 100hp 往复式发动机的中型无人机,其声音已足够小,以至于能够秘密地进行军事行动。目前尚不清楚人们为消除"捕食者"发动机的噪声付出了多少努力,但很可能在对于发动机的处理中,使用了与其他往复式发动机相似的消声技术,其中包括汽车中所采用的消声技术。

基于可获得的常规数据及基本声学传播原理,针对于中小型无人机,我们可以对其声学信号做一个简单的定量分析。

在分析之前,我们暂时离开该话题,先介绍一个非常有用的工程实践惯例——用对数建立数量表达式。

工程中通常采用 dB(分贝)表示无量纲比值。如果两个量的比值是以"R"给出,并且这个比值没有量纲(即两个量具有相同的量纲——如功率——以至在取比值时,它们的量纲互相抵消),这个比值可以用 dB 表示,公式为:R(单位为 dB)= $10\lg(R)$,其中对数以 10 为底。尽管对于非工程师而言,一开始使用 dB 表示量值时可能会引起混淆,但我们会发现,用 dB 表示数量,在讨论系统权衡时是非常方便和有用的。

对这种方法的一个改进是,在一些特殊比值的定义中,包括了一些带单位的分母,例如,任意电压(V)和一个参考电压值 1mV 的比值,进而,任意电压值可以用 dB 表示为:$10\lg_{10}(V/1mV)$。有时在 dB 比值的名称中指定参考单位,但情况并非总是如此。在参考值基准为 1mV 时,则可写成"dBmV"。

声级采用空气压力的变化来度量,在目前讨论的特定情况下,采用以 $0.0002\mu bar$ 为参考基准的 dB 值来描述。参考基准是人们公认的可以听到的最小压力变化级别。飞机的噪声等级用 dBA 来表示,该值考虑了噪声的声学频谱,以及人耳对于相同频率的敏感度变化。因此,采用 dBA 表示的声级是做了调整的,和人耳听到的声音结果相一致。

据报道,装有约 100 hp 的往复式发动机的轻型单引擎飞机,在 120m(394ft)高空飞过头顶时,其地面噪声大约为65dBA[1]。这相当于100ft外空调发出的噪声,它比10ft处真空吸尘器的噪声低10dB。

忽略对声波能量的吸收,假设飞机是一个声波能量的点源,其声级随着距离的平方下降,这相当于距离每增加1倍,声级下降6dBA。如图11.3所示。在8000ft高度,声音等级下降到38dBA,这相当于一个安静的城市的噪声等级,或者相当于另一个声源——"一间安静房间"的噪声等级。上文粗略的估计为如下的设想提供了依据,像捕食者之类的无人机,如果在10000~15000ft的高空飞行,其声音很难被听见,尤其当人们努力阻隔了发动机噪声后,更是如此。

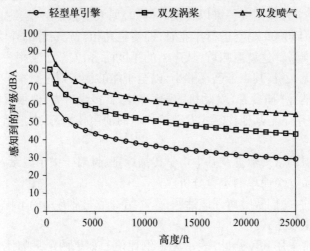

图11.3　感知到的声级随着飞行高度的增加而降低

利用同一数据来源,一架小型的双涡轮螺旋桨运输机(荷载4~6人),其噪声比轻型单个往复式引擎飞机大10dB;而一架轻型双发喷气式公务机的噪声大约比一架双涡轮螺旋桨飞机的噪声大15dB。图11.3还展示了这两种飞机从地面感知到的声级。对于在15000ft处飞行的双涡轮螺旋桨飞机而言,在地面听到的声级大约为47dBA,这比100ft处的空调要安静,但比白天安静的城市嘈杂。如果任务允许,可以通过增加飞行高度来降低地面的声级。然而,曲线在15000ft处转平,如果使声级下降至40dBA,则需要增大到3倍的高度,达到45000ft。对于小型双发喷气式飞机而言,其噪声比涡轮螺旋桨飞机大了15dBA,而如果依旧使地面感知到的声级维持在40dBA,显然是不切实际的。

从数学角度而言,这些估算是正确的,但当尝试计算如"可探测性"这一类的量值时,也暴露出一个非常常见的困难,即计算时系统中包含了人的因素,而人的能力表现是估计的。人在地面上听到飞机飞过头顶的概率,极易受到以下两个因素的影响:①观察者所在地点的噪声水平;②观察者是否在集中精力听飞机的声

162

音,还是在听他关注的其他活动的听觉暗示。

常识及个人经验告诉我们,站立在繁忙的公路旁边或者在越野车中旅行的观察者,很难注意到一些声音,除非那些声音很大,而对于山顶的观察者而言,则更容易听到某些声音。无论是自动探测还是人工探测,对于周围环境噪声的敏感性是非常普遍的,但是相比于自动信号处理系统,这种敏感性导致人为观测的差异非常大。

对自动化系统而言,并不存在必须对观察任务付出多大注意力的问题。但对人为观测而言,不仅存在这一问题,而且该问题非常重要。在行进的汽车中,一个人不仅要应付背景噪声,还要应付很多分散注意力的事情,除需要辨别飞行器的声音之外,可能还要完成谈话、驾驶、研究地图等其他一些事情。即使对于一个专注的观察者而言,其专注度也会随着探测时间的变长而降低。如果观察员花费很长时间去听一个微弱的声音,但结果什么也没有听到,那么他通常会放松警惕。对于工作在枯燥任务中的观察者而言,这是他们共同的特点,诚然,一直没有找到或倾听到任何有用的东西,是一项非常枯燥的任务。而且根据对枯燥工作的定义,像倾听一直不出现的声音这种任务,30min 就可能意味着"长时间",尤其是在半夜的时候。

此外,分析人工观察者探测概率非常复杂,这是基于如下事实:①任何一位观察者的表现,均会随事件的变化而发生变化,且变化程度大于自动系统;②不同观察者之间能力表现的差异会大于任一特定观察者自身能力表现的变化。这就为确定这一过程的统计数据增大了难度,并且导致任何可以确定的概率分布的标准差非常大。在任何具体的任务中,为了获取观察者表现更好的试验数据,需要对大量的观察者进行大量的试验。

由于以上原因,除非已知观察者所处的环境,否则上述关于所感知声级的计算,只是回答"是否能够探测到飞机"这一问题的第一步。工程师若想要解决整个问题,要么必须给出在地面可感知的声级,即在"真实环境中、绝大部分时间内"可感知的声级,要么必须解决上述关于观察者的所有不确定因素。

根据这些估算,我们能够确定,如果无人机工作在 10000ft 或者 15000ft 高度,那么使其做到像轻型单发飞机那样"难以被听到"并不困难;但对于大型涡轮螺桨或者喷气式飞行器而言,想要达到相同的效果,就需要在消声技术方面做出重大投入。

2)旋翼飞机

目前为止,我们的讨论一直集中于发动机噪声,对于固定翼(活塞式或涡轮式发动机)或涵道风扇飞行器而言,发动机无疑是其主要噪声来源。与此不同,旋翼飞机通常会发出"突突"的声音,这是由于旋翼翼尖接近声速时产生激波,这些声音就是由激波引起的。

旋翼翼尖产生激波,其传播方向与靠近翼尖处的桨叶前缘垂直,这就导致桨叶每旋转一周,激波就会扫过各个位置一次(处于向前运动并和直升机飞行方向一致的桨叶,会产生最高的翼尖空速)。

有两种相当简单的方法可降低桨尖产生的噪声:①使桨叶的梢部后掠,以减小垂直于桨叶前缘的速度分量,降低翼尖产生的噪声;②在旋翼上使用更多的桨叶,使桨叶更短,从而减小其桨尖速度,降低噪声。

3)自动检测

此处的讨论主要介绍了人工方式来探测飞行器噪声。近年来,人们对各种自动检测系统产生越来越浓厚的兴趣,这种系统采用声学探测设备及计算机处理方法,探测和定位不同类型的威胁,尤其是用以探测狙击手。另一个典型的拓展应用是,设计软件来搜索飞机发动机或直升机旋翼的声音。而增强式声波探测器是一种全新的工具,在第二次世界大战中,被广泛用于探测高射炮的方向。许多情况下,尽管探测概率经常受到周围背景噪声的限制,但这些方法仍然能显著提高声波探测概率。需要指出的是,无论是人工探测,还是采用信号处理系统的自动探测,均会受到周围背景噪声的限制。

2. 视觉特征

使一架飞机难以被发现的典型做法是,给飞机涂上颜色,使其融入背景色中。从下面观察,天空的背景是蓝天白云,通常把军用飞机的下腹涂成浅灰或者淡淡的天蓝色。如果还有来自上空的攻击,则根据地表是水、沙漠或者植被,而将飞机上表面涂成对应的蓝色、褐色或绿色。如果预计有夜间作业,那么带光泽的黑色可能是最好的选择。

人们已经尝试采用主动方法来降低飞机与天空的对比度。似乎看上去有违直觉感觉,有建议称,在飞机上装上明亮的灯光可使其在明亮天空背景下更难以被发现。

对于地面车辆以及贴近地面作业的直升机而言,反光表面的闪烁光是主要的视觉线索。一个典型的例子就是,汽车挡风玻璃对阳光的反射。这种情况取决于几何外形,需要阳光从观察者后方照射,或者从其他选定的位置照射。球形的反射面(例如飞行员座舱罩)更容易产生闪烁光,且对太阳、飞机和观察者的相对位置的限制要求更少。一般而言,无人机没有座舱罩,但是具有许多其他球形表面,例如飞机的机头,如果这些表面是有光泽的,那么它们可能成为反射面。最容易避免闪烁光的方法是使用无光涂料或使拐角处的表面变平坦,从而使得从这些表面上镜面反射出去的光向着地面观察者能看到的方向照射的可能性降到最低。

当然,使无人机难以从地面看见的最好方法是使其尺寸变小,这也是无人机的固有优势之一,由于不需要搭载飞行员或其他机组人员,无人机尺寸不必非常庞大。

164

3. 红外特征

最重要的红外信号特征是由热表面引起的。可见光视觉特征是被动特征,依赖于太阳、月亮、星星或者人造光源的照明;与之不同,红外热特征是固有的,不管周围有没有照明,它都是存在的。

到目前为止,红外特征是小型空对地导弹最常采用的信号特征,是在军事系统中关于生存能力的一个重要议题。曾经一段时间,只有军事组织才可能拥有红外成像设备,但是到21世纪前10年,这种现象已经发生了改变。现在恐怖主义分子、游击队员或者犯罪分子均可能拥有红外探测仪,他们使用这些仪器探测执行侦察或致命攻击的无人机。单人便携式地对空导弹的激增,也已达到可引起暴动的程度,并可能会流入资金更充裕的犯罪组织手中。

要使飞机发动机不产生大量废热是很难的。对于为特定目的而设计的无人战斗机(UCAV)而言,有许多方法可以隐藏废热,以避免被导弹导引头和装在载人隐身飞机上的红外搜索系统发现。在公开的文献资料中,有人提出了在涡轮发动机入口处使用"折线"造型的概念,以避免涡轮的废热特征出现在飞机的前视面中。而在喷气式发动机的出口处,可将发动机热废气与冷空气混合,以减少发动机羽流的散发。

对于设计初衷并非具有"隐身"特征的通用无人机而言,最可能的方法,就是将发动机的进气和排气孔安装于机身或机翼的上方,以便从底部无法观测到其温度最高的热源。对于活塞发动机飞机而言,这一点尤其有效,其排气系统能够通过周围的气流冷却,这样从底部来看,发动机的任何发热都被遮盖了。

如果不单单是为了防止被红外导弹跟踪,而是以防止被探测为目的,有一点需要特别注意,超过背景温度仅仅几度的温差,就足以使无人机成为红外成像系统的明显目标。在晴朗的夜晚,天空的"温度"接近绝对零度,正如看到的是外太空一样。在这样的环境中,无人机的表面温度会比背景温度高很多度,使它看起来可能像一盏明亮的灯。

幸运的是,受红外探测器技术的限制,在视场的高度与宽度范围内,大多数红外成像系统的分辨率为500~1000像素。若要采用红外成像仪搜索空中的无人机,需要相当大的视场,譬如7.5°(最有代表性的就是7×50的双筒望远镜,在可见光范围常被应用于类似的用途)。如果红外系统的分辨率是7.5°的1/1000,则每个像素的角度大小为0.13mrad。为了有效地搜索和探测,在无人机远未达到正上方时,就需要能够对它们进行探测,例如对于一架15000ft(约5000m)高度的无人机,理想的探测斜距至少为20km。在此斜距内,0.13mrad对应的线尺度约为2.6m。对于中型飞行器的粗略正面视图而言,它不满足约翰逊准则,即需要有两条扫描线穿过目标尺度来进行探测。然而如第10章所述,即使一个热目标物的成像远小于热探测仪上的一个像素,但只要其具有足够的温度,以至于使所处像素点比周围像素点更醒目,该热目标通常也可以被探测到。

最糟糕的情况是在晴朗的夜晚,与夜空相比,仅飞行器表面的温度,都足以使至少一个像素变得明亮。通过抛光金属表面,或使用合适的涂料,可以降低飞行器表面的热辐射。流过飞行器表面的大量气流,可使飞行器与该高度气体温度大致保持相同,并且防止由于辐射冷却的减少而带来的任何明显升温。

发动机排气装置和散热器尺寸通常小于 2.6m,因此在红外成像系统上只能占到某个像素的一小部分。但它们温度通常非常高,以至于即使把它们平均到所在的整个像素点范围内,也足以使该像素变得明亮。正如先前关于热追踪防空导弹的讨论一样,这两个装置都可以被隐藏和/或冷却。

4. 雷达特征

雷达特征来自于飞行器结构对于电磁波的反射。在进一步讨论这些特征信号之前,我们首先简要介绍电磁频谱的基本特征,和读者一起回忆用于描述无线电波与雷达波的相关术语。

1) 电磁频谱

图 11.4 显示了频率范围在 1 MHz ~ 300 GHz 的电磁频谱。这不包括低于千赫频率的长波段和极高频率的光波段,我们知道,长波段主要用于广播、远程、非视距通信,而光波段主要包括紫外、可见光和红外。

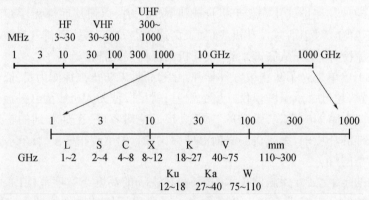

图 11.4 电磁频谱

电磁波的特征包括频率、波长、偏振特性以及 186000mile/s$(3 \times 10^8 m/s)$ 的传播速度。方程(11.1)是波长与频率的关系式。

$$f = \frac{c}{\lambda} \qquad (11.1)$$

尽管频率和波长能够通过该式进行换算,在无线电频谱范围内,工程上通常以频率的形式表示电磁波,并且频率和波长经常结合在一起,例如"微波频率"。电磁波的频率(或波长)影响天线的形状、尺寸以及设计,同时它还影响电磁波在发

166

射机与接收机之间介质中的传播能力,并且会影响电磁波经过物体时的反射特性。

由于分子的吸收作用,电磁波在大气中传播的一般趋势是,随着频率的增加传播能力降低。在直至 X 波段顶端的较长波长(较低频率)范围内,电磁波的传输能力非常好,在 Ku 波段的上端,其传输能力也还不至于很差。尽管在 20~30GHz 频率范围内,K 波段的传输能力并没有变得很差,以至于妨碍到它的短程使用能力,但空气对其吸收作用却有一个极值点。而在 Ka 波段,存在一个有更好的传输能力的"窗口"。V 波段的传输能力很差,但非常适合于一些短距传输的应用,在这些应用中要求信号不至于传播得太远。在 W 波段中心位置,有一个具有较好传输能力的"窗口"。Ka 和 W 波段电磁波的传输能力明显差于 L 至 Ku 波段。尽管如此,有一种倾向是将 Ka 波段用于窄波束雷达,因为更短的波长也直接意味着更小的天线尺寸。

雷达反射的特性强烈依赖于雷达波长与反射雷达波的物体尺寸的比值。如果雷达波长约等于或小于垂直于雷达波束目标的尺寸,那么其反射特性就如宏观物体对光线的反射。也就是说,平整表面对雷达波的反射类似于镜面对于光的反射。由于雷达波长至少是毫米量级,因此任何平整的表面会显得光滑,并像镜子一样发生反射。与之不同的是,光的波长大约为 10^{-6}m 的量级,对这样的波长而言,许多表面都显得粗糙,并产生漫反射现象。

在"镜面反射"规律下,雷达信号对目标的几何形状及雷达照射目标的方向非常敏感。例如,在垂直入射方向进行观察时,一个大而平的金属面将会产生非常强的信号,而当偏离垂直入射方向很大的角度去观察时,产生的信号则非常弱,正如手电筒垂直照在镜子上,镜子会将光线全部反射到光源(手电筒)处,但是,如果镜子倾斜,则不会将光反射回光源处(假设镜子洁净,且非常光滑)。

与雷达的波长相比,如果目标的尺寸很小,那么能量就会向各个方向散射,而不会像镜子一样发生反射,反射量也不会如镜面反射一样容易受目标具体形状的影响。

上述对于雷达反射的描述非常简单,但是足以讨论飞行器雷达信号的一般来源,以及讨论消减这些信号特征所采用的方式。

2)雷达信号

目标物体的雷达特征用"雷达截面"来表示,我们将雷达截面定义为:向雷达接收器方向产生相同回波信号的理想反射半球截面面积。一组常见的单位是 dB-sm,它是该截面面积与 $1m^2$ 的比值。采用球面作为参考对象,利用了球面反射具有各向同性(在各个方向上相等)这一特点,以便当把已知球面置于待测目标旁时,可相对容易地确定两个回波信号的比值,而不需要担心参考对象的叠加。

在非镜面反射规律下(波长与目标尺寸相当),散射是关于下面两个参数的函数:①宏观层面目标物体的电学特性(是导体还是绝缘体);②电磁波波长与目标物体尺寸在三个维度上的比值(沿着波速方向,雷达波速的偏振方向,与偏振方向垂直的方向)。除了对飞行器表面的电学性能进行裁剪,以便尽可能多地吸收入射波能量之外,没有太多的办法可以用于减小雷达截面。

增加雷达吸收最常用的表面处理方法是,使用雷达吸波材料(RAM)或者雷达吸波涂料(RAP)。雷达吸波材料通常由吸波瓦片组成,并用在飞行器外层表面,如果损坏可对其进行更换。这种吸波瓦片可能会影响到气流流动,尤其是机翼表面,且会增加飞行器的重量。其优点是瓦片可以保持一定的有效厚度,使入射能得到更好的吸收。

雷达吸波涂料作为涂料使用,这使它比吸波瓦片更为便宜,且对表面气流的影响也较小,它造成的飞行器增重也可能比吸波瓦片要小。

RAM 与 RAP 的配方受到其使用方的严密保护,但仍有一些已经在市场上公开出售。

在镜面或者半镜面反射规律下,当雷达的波长小于飞行器的特征尺寸时,任意给定方向上的雷达回波取决于飞行器的形状。这也是处理现代跟踪雷达时的主要原则。为减小雷达截面,关于形状设计最重要的基本原则如下:

- 避免90°的二面和三面几何体;
- 避免曲面;
- 调整平整表面的方向,使所有较强的雷达特征处于飞机侧面的几个特定方向。

图 11.5 以图解的形式说明了 90°的二面角几何体和三面角几何体,通常称90°的三面体为"角隅棱镜",所有射进角隅内的平行雷达波束能量,都被朝着雷达发射机/接收机的方向反射回去,产生的反射波要比同一面积的球形外形产生的反射波大几个量级。

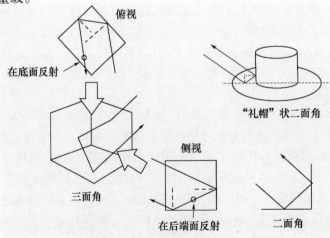

图 11.5　90°二面角和三面角几何外形

由于其回波方向与入射路径方向相反,因此称之为"回射"。角隅棱镜就是一种回射器。一旦波束进入"角隅",不管角隅相对于雷达波轴线处于哪个方向,都会发生回射现象。正是由于该原因,三面角隅棱镜通常安装在水面浮标上,以便在多雾的天气中容易被船舶雷达探测到。

90°的二面角也在图中进行了图解说明,其影响与三面角几何体相似,但它只有两个面。也就是说,如果雷达波束与两平面交线垂直,那么反射将沿入射波束方向返回。而如果入射波束与二面角交线成一定角度,则回波不能回射回去。

90°二面角的一种特殊情况是,二面角中的至少一个面不是平面,但这两个面仍以直角相交。图中所示的"礼帽状"几何体就是其中一个简单的例子。飞机上这种二面角通常会出现在机翼与机身连接处,或者出现在水平安定面与垂直安定面的连接处。对于礼帽形状的构型而言,可以看出,如果雷达波束(包括射线)与圆柱的轴线相交,那么这些波束(射线)将会被回射回去,从而导致雷达特征信号增强。

第二条原则是避免出现曲面。这样做的原因是,曲面会将雷达反射波以很大的角度分散开来,这就增大了其中一些波束被反射回雷达接收器的概率。这一特点令人沮丧,因为它使得第三个目标原则难以完成。第三个目标是集中各个方向上较强的雷达特征信号,并使这些信号仅仅能够从飞机侧面的少数几个孤立的方向观察到。

应用这些原则的一个简单的例子是,使飞机机身形状像金字塔形,尖端朝前,金字塔平面相交成边线。只有当雷达处于如下的四个方向时,其反射能量才能返回至雷达,这四个方向沿着金字塔四个面的法线方向,也就是上、下表面以及两个侧面的法线方向。如果机翼也是平的,并且在垂直面内保持倾斜,以避免与机身连接时形成90°二面角,并且尾翼包括两组水平/垂直安定面,也保持倾斜以避免与任何其他表面形成90°二面角。除了从飞机少数几个反射较强的角度观察外,这种构型具有很弱的雷达特征信号,而这些反射较强的角度不能是飞机正面和后面。如果飞机进行机动,那些特殊角度不会长时间暴露于某一雷达方向。尽管某一时刻,雷达可能偶尔位于具有最大雷达截面的方位,但几何形状稍纵即逝,要确定探测结果或跟踪飞机将会非常困难。

当然,这种简洁的几何形状可能会带来一些严重的气动问题,但是很多此类形状特征可以从F-117"夜鹰"隐身战斗机外形中看出,这是在多年前美国装备的一种战斗机。

减小雷达特征的完整处理措施既包括形状处理,也至少包括RAM和/或RAP的选用,并且必须考虑采用内部弹舱来装载无人机可能携带的任何武器,因为外部挂架上的武器将会引入大量不希望出现的雷达特征元素。

5. 电磁辐射信号

如果信号本身能够被截获、破译,并且其中包含有位置信息,而且当敌方具备截获信号和定向能力时,电磁辐射信号就能够暴露飞机的位置。在稍后的章节中,我们会将该问题与无人机数据链路一起进行讨论。此处讨论信号截获与定向问题,这并不依赖于"读取"信号中包含的信息。

假如敌方具备必要的拦截和定向设备,避免被侦测和定位的唯一方法是,终止信号发射或者使用低截获概率(LPI)传输技术。扩频技术是最常用的 LPI 技术之一,我们将在本书数据链路部分对其进行讨论。

对于使用卫星数据链路与其控制者进行通信的无人机,可以调整发射天线方向,以至于几乎没有向下发射的信号,这样在地面就很难对其进行侦测,同时也降低了任何定向手段的精度。该方式还可以与 LPI 传输波形结合使用。

11.5.2 自主性

我们在第 9 章中探讨了系统自治的一般问题。正如可以预料的那样,如果一架真正意义上的自主飞行器所从事的事情是使用致命武器打击某人某物时,就会牵涉到一些关于自主性的特殊问题。有一个基本的问题就是,无论在什么情况下,是否允许一个"机器人"去做出处死某人的决定。该问题颇受争议,本书对此不做讨论。我们仅涉及如何实现这种程度的自主性,讨论与其相关的技术和工程实现问题。

就目前完善的工艺及技术水平而言,如果需要,无人机能够基于航路点或者其操作员指定的大致方向进行自主飞行,并且可以实现自主起飞和降落或回收。人们一直在积极地发展目标自动检测与识别技术,但目前这种技术仍不成熟。

目前,还不太可能允许无人系统自主做出武力攻击的决定。

武装无人机"捕食者"上使用了半主动激光制导技术,其中一个可被人理解的优势就是,它可以通过激光瞄准点来导引武器系统,激光瞄准点是通过载荷操作员来控制的,操作员可以在任何时间,一直到打击的前几秒钟,将瞄准点转移至别的位置来随时改变武器的指向。这使得人工操作员一直在"回路"中,直至导弹已经没有足够时间进行机动来偏离其已锁定的瞄准点前,操作员都一直掌握决策权,这种特性在针对混杂于平民中的目标所发动的非对称战争中是十分可取的。

由于飞行器(有时也包括目标)是移动时,"捕食者"无人机操作员可能经常使用图像自动跟踪仪,以便使激光跟踪被锁定的目标。尽管如此,关于射击目标、发射时间以及真正发射导弹的决定都是操作人员完成的,操作人员可以在发射的前一刻改变主意。

交战过程对于时间非常敏感,但也不至于敏感到会导致操作人员错失发射良机,至少在目前的应用领域中不会是这样。但可以想象,如果一个操作员同时操纵多架无人机,那么使系统处于"发射后不管"模式会更加具有优势,也就是不对交战过程进行监控,而让图像自动跟踪仪完成锁定和交战。但目前还不太可能实现,原因有以下两点:①在目标深入平民区的"外科手术式精确打击"的场景中,大多数人认为最好让操作员尽可能长时间地留在回路中,以保证突发情况出现时,可将导弹从原来的攻击目标转移;②人们普遍认为图像自动跟踪仪并不可靠,而且可能还需要操作人员重新规划航迹,或精确对准目标点。

因此,目前之所以不具备目标的自主探测及选择能力,是由于缺乏可靠的目标自动识别算法;而发射后的自主性不足并不是大的阻碍,且保持"人在回路"中的好处超过了它的细微不足。

这一结论适用于叛乱环境下中等程度的对地攻击任务,并且是针对目前或近期的目标自动检测和识别技术的。有人可能会问,它是否也适用于将来可能增加的任务,以及将来如果有一种可靠的目标探测和目标选择方法,并适用于未来的战场,会发生怎样的改变。

如果不知道新的任务可能是什么,就不可能回答有关新任务的问题。受到武装无人机应用领域的限制,我们不清楚除中等程度的对地攻击之外,还可以增加什么任务。其他所有显而易见的任务,可能都需要战斗准备更加充分的飞行器,也就是一直被称为无人战斗机的飞行器。

对于所有工作在武装无人机领域的人而言,都需要注意其潜在的问题,正因为如此,我们放宽对特定无人战斗机(UCAV)的限定,以便能够对其可能的任务做简要的讨论。考虑到无人驾驶战斗机,我们增加了如下的任务:压制敌人的防空系统(SEAD),使用远程空空导弹拦截敌方飞机(如保护舰队免受空中打击那样),战略及战术轰炸,在缠斗状态下的空对空作战等。

除了空对空缠斗外,似乎所有的任务都需要在这样的限制下完成,即瞄准和发射决定必须由人工操作员完成。这并不是说,如果在更多的过程中采用自动化,就不能达到更高的效率或更高的交战率。相反,这只限于得到这样的结论,即应该以人在回路的方式执行对地攻击、远程防空以及各种轰炸任务,只要数据链路是安全的,哪怕存在明显的时延和迟滞。

然而,众所周知,空中缠斗是瞬息万变的行为。我们可以想象,即使无人战斗机由飞行员(可能还包括武器指挥官)使用接近于实时并带广角视频的飞行模拟器操控,如果视频或者向飞行器发射的指令出现时延,哪怕只有零点几秒,都将会产生惩罚性后果。如果采用卫星中继或者信号长距离传播,还会导致数据链路带宽受限或出现延迟,有时延迟可长达一两秒,如此,无人战斗机在缠斗中击败有人驾驶飞机的能力会大大降低。对于这一领域可能已取得的研究成果,作者了解不多。

然后回答上文中提到的第一个问题,该评估表明,在绝大多数的无人战斗机应用中,其自主决策发射致命武器可能并不是非常必要的,但是如果没有这种程度的自主性,至少有一些应用是无法实现的。

针对第二个问题,关于在不同类型的战争中可能会发生什么,两个拥有先进军事力量的国家之间爆发的常规对称战争,将会导致不同类型的战场,这一点不同于正在进行中的非对称冲突。

如果对于战争前线和战斗区域有非常明确的界定,我们才可能更愿意采用某种自动目标探测与识别技术来选定目标。假定具有精确的导航精度,可以将无人机的自主性限定于地面上的某个固定区域,例如那些只有敌军车辆活动或大部分都是敌军车辆活动的区域。雷达能够侦测到行进中的车辆,甚至可以辨别履带式车辆与轮式车辆,因此可以采用雷达来引导成像传感器,以便锁定运动车辆,对其实施打击。这将要求具有如下的交战原则,即在选定区域内,任何移动目标均认定为敌方力量。然而这也引出了一个问题,即如何区分救护车及其他不应受到攻击的特殊车辆。

在预计只有敌军车辆的区域中,发生击中友军车辆的事件,是一种非常严重的危险行为,这需要通过各种敌我识别系统(IFF)来解决。这些系统通常带有编码询问信号发射器以及编码应答器,可让询问器判断被询问的车辆或人员是否为友军。此时交战原则可能会假定成这样,即没有做出正确应答的物体或人就是合理的打击目标。

上述方法对于识别友军车辆非常有效,但对于敌方非战斗车辆(如救护车),则必须给其装配与己方 IFF 系统兼容的应答器,并且给出其应答编码。这与下面的方式相类似,即在救护车上挂有显眼的红十字或红色新月标志,在观测者做出是否攻击的决定时,有效地对这些车辆实施保护。然而,这有可能涉及技术共享与编码信息的问题,而这些信息可能会非常敏感。

也许有人会去研制可被无人机传感器识别的涂漆标志,但是由于脏乱的战场环境,以及在战斗中士兵普遍会将物体捆在车辆的所有可用表面上,包括帐篷、睡袋、可卷起的防水油布及多种其他的设备,这无疑会给标志识别增加很大困难。

对战斗机而言,敌我识别系统已经非常普遍。考虑到民用飞机不会出现在空中缠斗的空域中,这意味着,IFF 可以提供空对空战斗问题的解决方案。对于某一空域内的所有飞行器,如果都能够被无人战斗机或者被地面的、有人或无人预警机的雷达探测和询问,那么在包括所有飞机的三维立体图上,将会有每一架飞机的轨迹以及是否友军的标识等信息,这些信息可以共享至所有友方无人战斗机,进而原则上可以提供完全自主性的基本条件。尽管对于可能出现的医疗护送直升机而言,空战区域是一个危险区域,需要进行危险性评估,但非战斗飞机出现在该区域的可能性仍然很低,可以忽略不计。几乎可以肯定的是,该方法也意味着,给某些自动化系统赋予一定职责,令其告诉无人战斗机部队,它们应该攻击哪架飞机,保护哪架飞机。

基于这些一般的讨论,我们可以得到结论,即在常规战争中,有多种方法能够解决区分目标的问题,把可能的目标分成友好的和不确定的,不确定的一般假定为不友好的。如果认为上述这些足以允许发起自主性攻击,那么对于无人战斗机而言,完全的自主性也许是可行的,但很可能要受到地域或空域的限制。

在讨论无人机自主操作的一般概念时,作者的观点是,无人机要具备真正自主决策所需要的人工智能能力尚需时日,这与从指定地点飞往另一地点,即使还可能带有一些智能路径规划是不同的。上文提及的自主性,正如可能用于对地攻击的那种类型,目前还是基于一些简单的原则,比如"射击所有移动的目标",而依据的判据也只是类似"对 IFF 询问的应答显示不是友军""目标位于某限定区域之内""目标的类别为履带式车辆"或其他类似的条件。这些自主性在某种情况下,可能"聪明"到足以让人接受,但都不大可能会通过"图灵"测试,在测试中会被问及,在外部观察者看来,是否真正能够像人工操作员那样选择待锁定的目标。

在决定是否要建立针对使用致命武力的自主决策能力时,很多人会说,这里有一些很基本的问题,其本质并非技术性的,但需要对其进行考虑。当然,技术界人士对此问题的争论起到了重要作用,但这些问题是不能通过技术争论和分析来解决的。

参 考 文 献

[1] US Department of Transportation, Federal Aviation Administration; Advisory Circular 36 – 1H: Noise Levels for US Certified and Foreign Aircraft, November 15, 2001.

第12章 其他载荷

12.1 概 述

除前面章节讨论的成像传感器以及与武器相关的载荷之外,无人机还可以搭载大量的其他有效载荷。所有关于无人机有效载荷的统计列表,都很难做到非常全面的概括,并且可能在出版之时,所罗列的载荷已经过时了。

对于这种情况,我们所能做的,就是尝试讨论一些最可能出现的有效载荷,并侧重于那些特殊的载荷,这些载荷可能会对飞行器、数据链路或无人机系统提出特殊的需求。

这些讨论的目的不在于介绍有效载荷的具体设计,而是对其中涉及到的技术做一个基本介绍,从而作为例证说明无人机系统各种各样的应用方式是如何影响全系统设计的。

12.2 雷 达

12.2.1 常规雷达

潮湿空气对雷达频段(通常在无人机上使用的频率为 9~35GHz)电磁辐射的吸收率,比对光学频段(可见光到远红外)的吸收率要小,因而雷达频段的电磁辐射能够穿过云层和雾,使得采用雷达可实现全天候侦察。雷达系统自身提供能量来源,因此不依赖于目标的反射光和热发射特性。

通过测量信号的往返传输时间,雷达传感器具有测量目标距离远近的能力。对于脉冲式雷达,可通过测量相对于发射脉冲的反射脉冲到达时间,来完成距离测量。对于连续波雷达,通过在连续波信号中调制叠加信号来测量信号往返时间,进而得到目标距离。

作为有源自主系统,雷达传感器的一个主要优点是,它可以通过多普勒处理方法识别静止背景下的运动目标。从运动目标表面反射回来的雷达能量,其频率会发生一定量的偏移,该偏移量与反射面在雷达波束传播方向上的速度分量成比例("多普勒频移")。如果在回波信号接收器中叠加未频移的信号,同时由于目标回波发生多普勒频移,则在频率不同处,将会产生"多普勒"信号。接收器能够忽略未发生频移的回波信号,从而将来自运动目标的回波与来自静止背景的回波及杂乱回波区分开来。

当雷达发射机运动时(无人机上的雷达系统几乎都是在运动的),在发射机和地面之间存在一个相对速度。而如果没有运动补偿,雷达会将地面上的固定目标判定为运动目标。这个问题可以通过采用"杂波标记"的方法加以解决。雷达假定大部分回波都来自于地面上的固定物体,并使用这些回波中的多普勒频移量定义为"零速度"点,由这个零速度点可测量出多普勒偏移量。这样,可以检测到任何相对于环境发生运动的目标的回波。相对于地面的速度在雷达波束方向上的分量,是雷达波束方向与飞行器速度方向之间夹角的函数,因此,每个单独的雷达回波需要一个新的杂波参考。(杂波标记系统的具体应用,会随某些因素的不同而发生相应的变化,这些因素包括:雷达波束相对于所测目标的尺寸、雷达信号的波形和其他系统特殊设计特性。)

多普勒信号可由目标的整体运动产生,也可由目标的组成部分的运动而产生。例如,对于履带式车辆来说,其履带顶部的运动速度是不同于车身的。利用这两个多普勒信号之间的关系,可以识别来自于移动车辆的回波。在直升机(主旋翼、尾旋翼和桨毂)、旋转天线以及其他与主体存在相对运动的目标中,也可以观察到类似的现象。

大多数雷达并不具备足够的分辨率,以提供能够识别车辆大小目标的图像。但它可以提供船只或建筑物的低分辨率图像,有时还能提供具有足够分辨率的地面图像,以显示道路、建筑物、树木、湖泊和山区。当需要这类图像时,必须在雷达处理器中进行合成,因为雷达传感器本身不能直接识别图像信息。相反,雷达传感器提供的是雷达回波强度图,以及已经(或没有)进行额外处理的信息(如多普勒频率),而不是具体的角度和距离信息。处理器能利用这些信息产生伪图像,以供操作员参阅。在伪图像中,像车辆这类小目标会以亮点形式显示,或用图标来表示,图标中提供了一些雷达能够识别的目标特性,但这些特性并不是直接与"图像"相关,例如相对于地面的运动状态,或基于内部多普勒信号的识别信息(如运动的履带式车辆)。

除了多普勒处理之外,雷达还可以用于测定反射信号相对于发射信号的偏振改变量。该信息可提供额外的识别能力,以区分目标和杂物以及其他不同的目标类型。

雷达传感器可以使用大于待检测目标角度范围的波束,特别是对重点目标正在运动,并且采用多普勒处理方法的情况。然而,大多数雷达系统的性能,会受到将目标从杂物中区别出来的能力的限制,而这种能力可以通过尽量使雷达波束不要比目标物尺度大太多来强化(也就是说,使用接近 1 的"填充因子",填充因子是垂直投影到波束后的目标区域面积与波束横截面面积之比)。因此,通常希望采用较小波束,特别是对于无人机典型应用而言更是如此,比如试图检测到车辆和其他地面较小目标的应用。

雷达的最小波束尺寸(角宽度)是由衍射效应来控制的,这种衍射效应与应用于光学传感器的衍射效应相同(见第 10 章)。因而,雷达波束的宽度和某一量值成比例,这一量值为雷达波长与天线直径之比。由于无人机系统的天线尺寸不能太大,设计中通常倾向于采用较短的波长。然而,为保证现有雷达组件依然可供使用,其最高频率也只能达到 95GHz(最短波长),而波长仍约为 3.2mm。对于长为30cm 的天线来说,其 λ/D 仅为 1/94,而常见的光学和红外传感器的 λ/D 值通常为 1/100000。其造成的结果就是,雷达的波束宽度通常是几十毫弧度(mrad),而光学传感器的分辨率通常为几十微弧度(μrad)的量级。

在使用小尺寸天线时,要求采用小的波束宽度和较短的波长。然而,当频率高于 12GHz 时,大气中水蒸汽对雷达波的衰减作用明显增强。这对用于无人机上的短距离雷达而言,也许还可以接受,但是在系统优化中需要对这一因素进行考虑。

根据频率、波束形式以及处理方法,雷达系统可以分成许多不同类型,选择合适类型的雷达系统依赖于所执行的任务要求。在无人机的应用中,还有其他约束限制,例如尺寸、重量、天线的配置及大小,以及相关成本(因为雷达必须和飞行器一样,是经得起消耗的)。关于雷达传感器的详细设计超出了本书的范围,下面我们介绍一种无人机中采用的特殊雷达传感器,该传感器具有非常好的分辨率。

12.2.2 合成孔径雷达

合成孔径雷达(SAR)是利用了这样一个事实:尽管雷达频率非常高,但仍允许雷达电子处理设备在载波频率对原始信号进行操作。这使得雷达可以进行所谓的"相干检测",即在检测中将回波信号的相位与发射信号进行对比。这就意味着,信号在往返传输中的距离测量可以精确到信号波长的分数部分。

SAR 发射的信号或多或少会垂直于无人机运动方向,经过一段时间接收到回波,而在该时间段中,无人机已运动了相当长的距离。在这段时间间隔内,相干数据是可用的,这相当于接收机的孔径由于飞机移动的距离而被增大了。在此不对具体的细节进行探讨,而直接关注其结果。SAR 具有足够的角分辨率来产生图像,通过雷达产生的图像能够显示相当远距离处的单棵树木、汽车甚至人的图像。

这些图像是一个相对复杂的计算过程的输出,其输入的信息包括:时域下发射和接收信号的相对相位和幅值、飞行器的速度、大量的取决于雷达技术细节和工作频率的其他参数等。这些图像是由沿着飞行器飞行航路一侧的条带构成的,因此

SAR 有时也被称为机载侧视雷达(SLAR)。

接下来要讨论的是与数据链路的连接问题,SAR 产生的原始数据速率太大,以至于在试图向地面系统发射全部数据时,会占用大部分数据链路。这可以通过两种方式解决:①在机上进行数据处理,只发射最终图像;②利用现有的大容量数字存储设备来记录原始数据,并采用比实时传输要求的速率更小的速率下传数据。在后一种情况下,尽管有大的存储能力,也有必要限制最大数据收集周期,并且在采集新的数据之前及时下传数据。

12.3   电子战载荷

电子战(EW)载荷用于探测、利用、阻止或削弱敌方对电磁谱的使用。1996 年美国参谋长联席会议主席用精简且基本的语言给出了电子战的定义:

电子战是运用电磁能来测定、利用、削弱或阻止敌方使用电磁频谱,并保护己方使用电磁频谱的军事行动。

电子战的实施可以分为以下三种类型:

(1)电子支援(ESM):包括截获、定位敌方信号,并对信号进行分析以支持后续行动。与截取信号相关的情报收集称为"信号情报"(SIGINT)。如果信号为雷达信号,称为"电子情报"(ELINT);而如果是通信信号,则称为"通信情报"(CO-MINT)。目前,无人机系统常用的电子支援载荷为无线电测向仪。基本测向设备(DF)由一个天线和信号处理器组成,信号处理器用于判定接收到的无线电和雷达信号的方位方向。使用市场上出售的用来收听警方或其他紧急信号的简单商用扫描仪,发现接收到的信号,再结合一个定向天线,就构成一种有效的无人机电子支援载荷。

(2)电子对抗(ECM):是指阻止敌方使用电磁频谱所采取的行动。通常采取电子干扰的形式。通信与雷达干扰器相对来说较为便宜,并且容易集成到无人机中。所谓干扰是指采用有意辐射去对抗敌方接收机接收到的信号。干扰器的所有能量能够集中于接收机的某一频率或者扩展到某一频带范围。前者称作定频干扰,后者称为全波段干扰。当与其他系统集成使用时,无人机用来提供电子干扰还有很大潜力可挖。

(3)电子反对抗(ECCM):是指阻止敌方对我方采取 ECM 的行动。无人机可以采用 ECCM 技术来保护其载荷和数据链路。

12.4   化 学 探 测

化学探测载荷的目的是检测空气中、地面或水面是否存在某种化学物质。这种检测技术可应用于试图蓄意散播化学物质以造成大规模杀伤的军事行动或恐怖活动中,也可以应用到涉及有毒、泄漏、溢出的化学物质以及由火灾或火山喷发造成的有害化学物质的民用领域中。对于军事行动或恐怖活动的情况,无人机系统的任务是向部队发出警告,令其展开防护设备以防止或减少伤亡、降低污染,或令平民留在室内或撤离受化学物质威胁的区域。对于民用情况,其任务则为进行常规的抽样检查和监视,或与军事活动中的任务相似,即在发现有大量有害化学物质释放时,及时向人们发出警告。

化学传感器有两种基本类型:点式传感器和遥测传感器。点式传感器要求检测设备与化学物直接接触。使用这种传感器时,要求飞行器飞过污染地带,或将传感器投放到待检测的地点,让传感器与化学物质接触,然后直接或者通过飞行器上的中继设备将检测结果发送到监测站。接触式传感器可采用的检测技术包括湿法化学、质谱仪和离子迁移谱仪等。

遥测传感器无需直接接触被检测的化学物质,而是利用化学质量对电磁辐射的吸收和散射情况进行检测和辨认。激光雷达和带有过滤器的前视红外(FLIR)设备可用于化学物质的远程检测。

由于无人机能够携带传感器飞过有害物质区域,而不需要人员暴露在该区域,这使其成为一种理想的接触式检测设备。这也是使用无人飞行器的重要原因之一。然而,除非无人机仅仅飞行一次之后就报废,否则就需要对其进行回收,并且由地勤人员进行处理。这就要求飞行器容易清除自身污染,而这些净化要求对结构、密封、表面处理和材料等方面提出了更严格的限制。因此,除非在无人机初始设计时就考虑了这些要求,否则很难得以满足。

12.5　核辐射传感器

核辐射传感器能执行两类任务:

(1)检测放射性物质的泄漏,或大气中悬浮的放射性尘埃,为预测和发出警告提供数据,发挥类似于上述化学探测传感器的作用。

(2)检测储存状态的武器或武器生产设施中的放射性特征,以确定核投放系统的位置或监测条约的执行情况。

对于第一类任务,需要考虑的因素和化学探测类似,包括可重复使用无人机的易净化要求等。对于核武器投放系统的搜寻,则要求无人机在敌方区域进行慢速低空飞行。对微弱辐射信号的检测可通过降低飞行高度和延长接收总时间来得以增强。由于其相对高的生存能力和可损耗性,无人机成为执行此类任务的明智选择。

另外,即使得到被监视国家的授权,在监视条约执行情况时,与有人驾驶的监视平台相比,采用无人机也可以避免过分招摇。

12.6　气象传感器

气象信息对军事行动的顺利实施至关重要。大气压力、周围环境的温度和相对湿度是决定火炮和导弹系统性能、以及预测未来天气状况（可影响地面和/或空中军事行动及战术）的重要因素。

同时，气象数据在许多民用领域中也很关键。无人机可以长时间停留，而无需频繁而枯燥的人工操作，这一潜能为无人机的应用提供了许多可能，可对发展中的风暴或其他长周期天气现象进行监视。

对任意一种情形，将传感器就地投放到最感兴趣的地点，我们可以得到最为准确的观察结果。对于这种任务，无人机能轻而易举地完成。对于气象探测，已开发出适用于无人机的"MET"传感器，这种传感器简单、轻便、价格便宜，且几乎能安装到任何一架飞行器上。当结合无人机的飞行速度、高度和导航数据时，该传感器能够为各种武器系统提供非常准确的工作环境条件信息图。

12.7　伪 卫 星

近年来，人们对于高空长航时无人机概念产生越来越浓厚的兴趣，这种无人机通常采用电机提供动力，并依靠太阳能电池对储能电池进行无限充电。这类无人机能够在地面上空定点巡逻，提供一种空中平台，这种平台具有许多和静止轨道卫星相同的特性，但只需要相当于卫星一小部分的成本。

用于该用途的无人机，其设计飞行高度必须非常高，并且在飞行高度具有最大化的升阻比（L/D），以使其维持在飞行高度的能量需求最小。无论遇到什么样的风速，无人机要能够维持在地面上的某点上空飞行，因而需要具备能与该风速相抗衡的飞行速度。然而，无人机可通过调整其飞行高度，来选择适合的风速。

按照常理，对于高空长航时无人机而言，我们希望其飞行高度高于商用和军用飞机的正常升限，从而简化空域管理问题，避免可能出现的冲突。

无人机必须要能够携带任务中所需要的任意载荷，并且能够为相应的载荷提供所需的基本能源供应。以下是已经考虑到的一些任务形式：
- 森林及灌木带火灾监视；
- 气象监测；
- 通信中继；
- 大范围监视。

关于这些载荷的详细信息取决于所执行的具体任务。

在森林和灌木丛火灾监视任务中，有效载荷主要包括可见光成像传感器和热成像传感器。将无人机的位置和姿态与成像系统视线(LOS)角度相结合,就可以确定图像中每个亮热点位于地面的位置。

气象监测可以采用应用于气象卫星的任意一种传感器,并可以直接测量风速和运行高度处的大气情况。

在通信中继任务中,无人机作为伪卫星运行,提供相对便宜、大范围的、通视的通信节点,并可在超级手机基站和真实卫星之间的某处发挥通信作用。

与地球同步卫星相比,伪卫星无人机与地面间的往返通视距离要短得多。地球同步轨道的高度高出海平面36000km(22000mile),而高空长航时巡航无人机可能的飞行高度约60000ft,也就是只有18km(11.3mile)。由于单向信号损失正比于距离的平方(R^2),这就会导致若在单向距离的一端获得相同的信号强度,其发射功率需求相差4000000倍。这就是在一些应用中通常采用非同步卫星星座的原因,这些应用包括采用全向天线的上行或下行数据链路,例如卫星电话或电视广播。然而,即便是高度为160~2000km的近地轨道,相对于高空无人机而言,其距离平方(R^2)之比也达到80,甚至高达12000。即使是这个范围的最小值,对于发射机和接收机的设计都意义重大。而另一方面,单个伪卫星所覆盖的面积要比真正的卫星小很多,其倍数相当于R^2之比。

用于大范围监视用途的伪卫星与目前运行中的商用和军用成像卫星的关系,也与上文讨论的在通信应用中的情况相似。伪卫星成本相对来说非常便宜,且由于其高度较低,因而能够提供更高的分辨率,但如果停留在地面某点上空的固定空域中,其覆盖区域也较小。伪卫星和真实卫星之间主要的差别可能在于,虽然伪卫星飞行高度非常高,但也只能在所属国家的领空内飞行,而卫星则不同,卫星是在大气层以外运行的。因此,伪卫星可能会受领空的限制,而卫星则不受该限制。

对于承担伪卫星职能的无人机来说,在整个系统所涉及的技术风险中存在一些有趣的不同点,这会导致在系统层面对总成本和部件或子系统的失效风险之间进行权衡时,结果会出现明显的差异。

真正的卫星在发射过程中要承受相当大的风险,而一旦进入轨道,其风险就相对较小了,这是从"空气动力学"的角度来看。作为伪卫星的无人机,和多数飞机一样,在起飞和爬升过程中风险最大,但该风险比卫星发射要小。另一方面,由于飞机比卫星具有更多的对飞行至关重要的活动部件和子系统,一旦到达工作站位后,飞机平台出现故障的风险要高于卫星。

对于真实的卫星而言,其主要的风险来自于某些对任务至关重要的部件的故障,并且任何关键部位的故障对于整个任务可能都是灾难性的,这包括所有关键的任务载荷单元,以及安装载荷的卫星平台本身。即使卫星能够继续完好地运行,一旦载荷停止工作,那么也会造成任务的彻底失败。

然而,对于无人机而言,如果它仍然能够飞行并处于受控状态,那么它就可以成功降落,而且发生故障的任何部件均可进行替换或修复,并能再次起飞以继续完成任务。一些无人机和轻型飞机设有伞降装置,即便是在机翼折断的极端情况下,仍能将飞机回收至地面,而不会遭受灾难性毁坏。

不考虑工程实现能力,仅从理论上讲,无人机可采用太阳能电池对机载储能电池进行充电,从而能够无限制地在高空持久驻留,但电池和许多运动部件仍然需要维护,对于那些出现磨损的部件则需要定期更换。卫星同样也会有损耗,其设计寿命为 10 年,这其中考虑了预期故障和维持轨道飞行所需要的推进能量等因素。

因此,与真实的卫星相比较,无人机伪卫星为了进行维修而定期降落的需求,不应看作是一项缺点,相反,具备降落地面并进行部件/子系统维修的能力,是一种突出的优势。

除了关键的飞行子系统之外,飞机设计师可以考虑采用商用级别的部件和子系统。而由于无人机需要定期维护,甚至对于一些关键的飞行子系统,也可进一步在成本、冗余度及可靠性之间的权衡中放宽限制。

这里给出一个实例,如果用于支持"卫星"电视转播任务的高带宽数据链路,需要由一个非常可靠的、但能力有限的数据链路来备份,而这个备份数据链足够胜任将无人机降落回基站进行维修,这种情况完全适用于无人机,但对于真正的卫星就是不可取的了。

太空中运行的卫星和用作伪卫星的无人机之间的取舍权衡由以下几个因素决定:

- 单个无人机一段时间暂停服务所造成的后果,或者配备随时可以发射的备份飞行器的成本(还包括到达高空工作位置所需的时间)。
- 可能的坠毁或者在伞降回收区域可能发生碰撞,其结果是否可以接受。
- 对无人机及其载荷进行周期性维护形成的全寿命周期附加成本,与设计高可靠性、高冗余度的卫星以及在其生命周期之后,替换太空中的卫星所带来的附加成本的比较。
- 无人机在预定维护期内能够进行载荷升级的能力,相对于在轨运行的航天器,如果进行维修或者载荷升级,其成本将会非常高,且是不切合实际的。
- 对于特定的应用,较低的飞行高度带来的有利和不利影响。
- 无人机在运行过程中关于领空的问题,卫星不存在该类问题。
- 长航时无人机的载荷能力,有时可能比使用大型火箭推进器送入太空的任务载荷小。这个权衡会受到飞行高度因素的次级影响(例如,低高度需要更低的发射机功率),或者较低的冗余度,以及可能采用多架无人机来代替一颗卫星等的影响。

然而,容易看出,无人机的回收和维修能力在无人机的设计中对于系统和子系统的权衡将会产生多么重大的影响,这一点能够导致成本的显著降低,同时也是无人机相比于轨道卫星的核心优势。

第五部分　数　据　链

　　本部分将介绍无人机数据链路的功能和特性,阐明链路主要性能、复杂性及开发成本,并讨论在数据链路子系统性能水平参差不齐的条件限制之下,可供无人机系统设计人员选用的获得所需系统性能的方法。本部分的重点是讨论数据链路的一般特性及这些特性与无人机系统整体性能之间的相互关系,而不是讨论数据链路的设计细节。

　　本部分将帮助读者理解如何创建系统权衡,以及规划与无人机系统相关联的测试平台和技术力量,目的是对数据链路和系统的其他各个方面(特别是传感器设计、机上及地面处理以及人为因素等)之间进行平衡和集成。

　　数据链路可运用射频(RF)或光缆进行数据传送。射频数据链路的优势在于飞行器不受控制站线缆拴系的物理限制。同时,也可以避免飞行结束后的光缆损耗,这类损耗通常难以修复。

　　光缆的优势在于拥有极高带宽,传送数据稳定而流畅。但在飞行器飞行时,保持飞行器和控制站之间的实体链路连接仍存在许多严重的机械问题。任何试图使无人机在某地点上空机动或盘旋来实现转向并迅速返回地面站的操作,都可能由于其后方拖曳的线缆而引起相关的一些问题。

　　大部分无人机系统使用的是射频数据链路。例外的情况可能是超短程观测系统,例如从舰上起飞并系留的旋翼无人机,为雷达和光电传感器提供一个较高的最佳工作位置;还有一种是近程杀伤性系统,它们是光纤制导的武器系统而非可回收的无人机系统。

　　不管以何种方式实现,各种数据链路的功能是基本一致的,不过本书将集中讨论适用于射频数据链路的问题。

第13章 数据链功能和特性

13.1 概 述

本章将对无人机系统数据链路子系统的功能及特性进行综述,并阐述数据链路特性是如何与无人机的任务和设计相互作用的。

数据链路提供了无人机与地面控制站之间的通信链路,是完整无人机系统的关键部分。在整个系统的设计之中必须考虑数据链路特性,在任务、控制、无人机设计和数据链路设计之间要处理大量的权衡,对无人机系统设计人员而言,认识到这一点十分重要。若无人机系统设计人员把数据链路作为简单的、几乎瞬时的数据及命令传递途径,那么,当系统面对和处理实时数据链路的局限性时,很可能出现一些意外情况和系统错误。另外,如果系统是作为一个整体设计的,包括数据链路在内,在设计中调整飞行器及其控制系统概念和设计时充分权衡了数据链路的成本和复杂性,那么将有可能实现整个系统的成功,而能够适应和包容数据链路本身的一些局限性。

13.2 背 景 知 识

和数据链路相关的最困难和最复杂的问题,主要集中在军用无人机数据链路的特殊需求方面,如屏蔽恶意干扰和信息欺诈。但即使是最基本的民用数据链路,也需要避免由各种射频系统产生的无意干扰,这类干扰在发达的居民区是持续发射的。所以军用和民用系统在需求上的区别并不是问题的根本。这种处理方式涵盖了所有军事方面的需求,以便读者能认识到在无人机数据链路工作时所处的一般困难环境中,什么才是真正最坏的情况。

本章从美国陆军在"天鹰座"遥控飞行器及其数据链路方面的经验中,引用了许多特殊实例,"天鹰座"的数据链被称为"模块化综合通信导航系统"(MICNS)。模块化综合通信导航系统是一种具有抗干扰(AJ)能力的复杂数字式数据链路,它可提供双工数据通信和位置测量能力,用于指挥飞行器、向地面发送传感器数据、通过提供相对于地面站位置的精确位置修正来辅助飞行器导航。该数据链路的设计使之能在强干扰环境下工作。模块化综合通信导航系统研制上的拖后导致了"天鹰座"飞行器早期测试只得使用商用高带宽数据链路，就是移动电视系统将影像传回制作室的那种链路。当模块化综合通信导航系统达到应用状态时，集成到"天鹰座"无人机系统时又出现了很多严重问题。

或许，从"天鹰座"及其模块化综合通信导航系统的研发和测试历程中可以得出的主要教训是，将数据链路集成到像无人机这样复杂的系统中绝非易事。除非此数据链路是一种简单、实时的、高带宽通信频道，可以被看成是一条有线连接，否则，数据链路的特性很可能会对系统性能产生重大影响。若在系统设计的其他方面考虑了这些影响，就能够保证系统的基本性能。若系统设计时假设数据链路基本没有能力限制，那么当安装使用真实的、能力有限的数据链路时，很有可能需要重新进行设计。能在视线之外工作且能抗干扰的数据链路不可能是简单的、实时的、高带宽的。因此，在进行系统初始设计时必须考虑数据链路的特性和性能限制。

很多关键的数据链路问题都与数据链路时延有关，这种时延指的是由数据链路引入到飞行器与地面控制器之间的封闭回路中的任何控制过程的时间延迟。在"天鹰座"研制时期，这些延迟很可能是因为带宽限制以及抗干扰处理时间而产生的。最近，在很远距离通过通信卫星控制无人机得到了普及。一个实际例子是，从美国西部的地面控制站操控执行西南亚地区的作战任务。本章所讨论的使用MICNS抗干扰数据链路遇到的关于图像和命令延迟的所有问题，同样适用于由于通视距离及点到点信号中继的微小时延累积而造成的时间延迟情况。

数据链路和无人机系统其他部分之间的设计权衡应在整个系统设计之初进行，这样可以分散来自数据链路、机上处理、地面处理、任务要求和操作员训练诸方面的设计压力。

正如大多数技术领域的情况，数据链路的性能依据成本和复杂性的跳动而存在一些自然分级。成本效益较高的系统需要识别这些等级以及它们之间的差别，这样就可以制定周全的决策，确定更高一级的成本是否能够换来它所提供的物有所值的性能提升。

数据链路与无人机系统其他部分之间的相互作用是复杂且多方面的。造成相互作用关系中大部分复杂性问题的关键特性包括：带宽限制、时间延迟、是否结合了抗干扰能力、距离、中继、无人机系统所使用的通用型通信网络的技术限制。因此，我们先对数据链路的功能、特性以及它们之间的相互关系进行大体的描述，在此基础上，再评估与抗干扰能力相关的设计权衡，并为不同条件下的抗干扰数据链路设置合理可行的数据率容量限制。最后，我们将考虑来源于任何方面的数据链路限制对遥控飞行器任务性能的影响，并讨论如何从系统整体设计角度尽可能地减小此类影响。

13.3 数据链功能

无人机数据链路的基本功能如图 13.1 所示,主要分为以下几部分:

- 一条带宽频率为几千赫兹的上行链路(或称指挥链路),使得地面站能对飞行器及其载荷进行有效控制。无论地面站何时需要发送指令,必须保证上行链路能够随时启用。但在飞行器执行一个新指令之前,链路可以处于不工作状态(如飞行器在自动驾驶仪控制下从一点飞到另外一点的状态下,链路可以不工作)。

- 一条可提供两个信息通道的下行链路(可以合并为单一的数据流)。一条状态信息通道(也称遥测通道)用于向地面控制站传递飞行器当前的空速、发动机转速以及载荷状态(如指向角)等信息。该信息通道只需较小带宽,类似于指令链路。第二条信息通道用于向地面控制站传递传感器数据。它需要足够的带宽以传送大量的传感器数据,一般要求其带宽范围为 300kHz ~ 10MHz。下行链路一般都是连续传送数据的,但也可能因临时存储机载数据而中断传输。

- 数据链路也可用于测量地面天线与飞行器之间的距离和方位角。这些数据可用于飞行器的导航,提高机载传感器对目标位置测量的整体精度。

数据链路包括以下几个主要的子系统。数据链路的机载部分包括机载数据终端(ADT)和天线。机载数据终端包括 RF 接收机、发射机以及连接接收机、发射机和系统其余部分的调制解调器。有时候也包括数据处理器,用于压缩数据以符合下行链路的带宽限制。天线可能是全向的,也可能有增益且需要指向。

数据链路的地面设备也称地面数据终端(GDT),该终端包括一副或几副天线、一台射频接收机和发射机、调制解调器。若传感器数据在传送前经过压缩,则地面数据终端还需采用处理器对数据进行解压(数据压缩和解压应该设计在数据链路内部还是外部,这个问题将在后面的内容予以讨论)。地面数据终端可以分装成几部分,一般包括:一辆天线车(可以放置在距无人机地面控制站一定距离处)、一条连接地面天线与地面控制站的数据链路,以及若干用于地面控制站的处理器和接口。

地面数据终端与机载数据终端之间发送和接收的数据流,无论是通过高带宽的线路或光缆传输,还是由上行链路连接到一颗卫星,由该卫星再连接到第二、三颗中继卫星后最终抵达机载数据终端,数据链路的各功能部件在基本构成方式上都不会有太大变化。而从无人机系统角度而言,还是存在上行链路信息通道和下行链路信息通道。这些信息通道必备的功能都在图 13.1 中得以体现,信息通道的传输能力由整个链路中数据量最小的环节来决定。

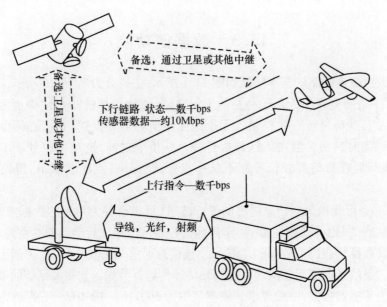

图 13.1　无人机系统数据链路构成要素

（图中文字：
备选，通过卫星或其他中继
备选：卫星或其他中继
下行链路 状态—数千bps
传感器数据—约10Mbps
上行指令—数千bps
导线，光纤，射频）

13.4　理想数据链特性

　　若一个无人机数据链路只在特定测试场范围内使用,那么使用简单的遥测接收机和发射机就足够了。这样的接收发射系统会受到测试场范围内其他发射机的干扰,不过此干扰可以通过精心选择工作频率加以控制,如有必要,可尝试控制其他发射机。然而,经验表明,若无人机系统是从一个已解决了频率冲突问题的测试场换到另一测试场,这样简单的数据链路是不能保证可靠运行的,更不用说是在真实的战场或"城区"复杂电磁环境下运作。（这里我们使用"城区"作为电磁环境复杂区域的代名词,指的是高度发达的,至少是中等密集度的居民区,在今天意味着可能有大量的信号冲突和干扰。）

　　无人机数据链路最起码的要求是必须足够稳定,保证用户在任何地方进行测试、训练时正常工作,或者在不存在蓄意干扰的情况下正常工作。这就要求数据链路能够在所有上述地点使用当地可分配的频点工作,同时还能抵御可能存在的外来射频发射机的无意干扰。

　　在战场上,无人机系统可能面临各种电子战的威胁,包括针对地面站的为炮兵指示目标的测向系统、追踪地面数据终端辐射源的反辐射武器（ARM）、电子截获、情报利用、电子欺骗以及对数据链路的无意或蓄意干扰。只要经费允许,数据链路需要尽可能多地增加抗电磁威胁的功能。

无人机数据链路有 7 个与相互干扰和电子战有关的理想特性：

（1）全球可用的频率分配：无论是和平时期还是战争期间，在用户感兴趣的所有地方，数据链路都能在当地可用的测试和训练操作频点正常工作。

（2）抗无意干扰：尽管会有来自其他射频系统的间歇性带内信号干扰，数据链路仍能正常工作。

（3）低截获概率：当处在敌方测向系统的覆盖范围和有效距离之内时，数据链路难以被截获和测得方位。

（4）安全性：由于信号加密，即使被截获，也无法被破译。

（5）抗欺骗：在敌方意图向飞行器发送指令或向地面数据终端发送欺骗信号时，数据链路能进行抵制。

（6）抗反辐射武器：难以被 ARM 锁定，即使被锁定，也能使对地面站的毁伤降到最低。

（7）抗干扰：即使遇到外界对上行链路或下行链路的蓄意干扰，也能正常工作。

上述理想特性的优先次序取决于特定无人机的任务和用途。通常，上行链路的优先次序与下行链路有所不同。与优先次序相关的总体考虑将在接下来的内容中予以讨论。

13.4.1　全球可用性

全球可用性对通用型的民用及军用系统都是很重要的。专用系统可能只是为在特定地点使用而设计的。原则上，这类特殊系统使用的频带可能只在这些特定地点才可用（此类设计的代价是，如果之后想在其他位置使用这些系统，需对系统进行重新设计）。即便是这种特殊的情况，也不要忘记，该系统可能不得不在其他一个或多个测试地点使用，那里的频率限制可能与最终的使用地点不同。

目前，就通用系统而言，欧洲可能是对可用频率限制最严格的地区。进一步的发展将加速全球化过程，其他地区也可能形成与欧洲类似的限制，并具有不同的规则体系。即使是现在，某些"不发展的项目"（NDI），其现成的数据链路销售到欧洲以外的地区，其使用的频带在和平时期的欧洲也可能是不可用的。

若数据链路使用的频率不是全球通用型，则应根据使用地为链路设计备用的频带。对于民用系统而言，可以简单认为这是必需的。对军用系统而言，则可以争辩，即使是和平时期限制使用的频带，也能在战时使用，但军方用户同时又有测试和训练的需求，这就使得在和平时期使用这些数据链路变得很重要。无人机操作人员也需紧跟时代步伐，不断提高自身操作技能。如果数据链频率在和平时期不能用，那就需要在某些区域训练飞行无人机，而任务训练则通过有人驾驶飞机携带无人机载荷及数据链路进行，问题是很难找到这样的地区。此类训练应使用功能齐全的全状态数据链路,以便将其所有特性融合到训练过程中。

如果最初获取时接受了一套不具备全球可用性的"不发展项目"的数据链路,则应在项目计划中预先安排以可替代的版本,后期版本要能够在全球各地使用。在此情况下,应该把替换早期数据链路产生的成本看作必不可少的开支,假如该"不发展项目"的数据链路能尽早形成装备,并能在该系统大量交付之前进行替换升级,这样做可认为是值得的。

13.4.2　抗无意干扰能力

能在无意干扰存在时正常运行而不存在任务失败的重大风险,是对无人机数据链路的第二个基本要求。用于描述和测试该能力的电磁环境应该是对于当前系统有可能经受的最不利情况。对军用系统而言,应包括联合作战环境,以及在各个测试场地内,在训练场和使用地区,可能遇到的多台发射机混杂的情况。经验说明,简单的遥测数据链路不能满足上述测试场地和训练区域的需要,更不用说是现代战场密集多变的电磁环境了。

除了避免频率冲突,抗无意干扰的能力还可以通过使用检错码、应答和重发协议以及许多用于抗干扰的技术得以加强。

13.4.3　低截获概率

军用上行链路对低截获概率(LPI)有强烈需求,原因是飞行器飞行时,地面站很可能必须在长时间内保持静止不动,一旦其位置被确定,地面站将成为火炮和导弹的攻击目标。为了提高地面站的生存能力,可以将地面站设在离后方较近的位置(在某些情况下),也可以由多个地面站轮流操控飞行器。这样,地面站就可以经常移动位置。另外,可以让上行链路的发射天线远离地面站其他设备,同时对地面站所有设备加装火力防护层(代价是车辆体积和重量增加)。但非常有必要的是,减少地面站信号源的漏洞,从而可降低敌方使用测向装备进行高精度定位的可能性。

相对而言,LPI 对下行链路而言就不是那么重要了。但是,如果任务是秘密的,无论是监视和/或对恐怖分子集结点进行袭击,还是与执法相关的类似行动,不让被侦察的目标人物知道上空有飞行器而且飞行器正在发送信息,是有潜在好处的。敌人获得某种能给出上述警告的扫描接收机并不是太难的事,这取决于所使用的频率。

LPI 可通过扩频、频率捷变、功率管理和低占空比技术来实现。对于较高频率而言,由于缺乏到地面数据终端天线的清晰的通视条件,上行链路信号也可能难以被地基测向装备发现。由于受到"低成本"的限制,LPI 特性也许会被认为是一种"锦上添花"的功能,因为链路特性主要由防反辐射武器和抗干扰性能需求决定,

LPI 更像是一个加分项目。

13.4.4　安全性

当第一批现代无人机系统于 20 世纪 80 年代投入现役时,对于为其设置的许多战术功能而言,敌方监听上行链路或下行链路收效甚微,除非他们还能依据截获的信息进行欺骗式介入。

然而近年来,在无人机执行的一些主要任务应用中,保持任务的机密性非常重要。正如之前所言,恐怖分子和犯罪分子可以通过获悉上空有侦察设备正在看着他们,而改变行动计划或躲避无人机发动的攻击。在这种场合,安全性成为一项重要需求,需要对上行及下行数据流进行加密。

13.4.5　抗欺骗性

通过欺骗上行数据链路,敌方能够控制飞行器,并且能够使飞行器坠毁、改变航向或回收。这比干扰情况更严重,因为欺骗可导致飞行器及其载荷的直接损失,而干扰一般只造成某项具体任务无法完成。而且,若敌方能够引导飞行器坠毁,那么他就可以通过单个欺骗系统陆续袭击多个飞行器,而干扰却要长时间占用各个设备,因为干扰对象从一架飞行器换为另一架飞行器后,原来受干扰的飞行器又可继续执行其任务。欺骗上行链路只需让飞行器接收一条灾难指令即可(例如,关闭发动机、转换数据链路频率、打开降落伞、降低飞行高度到地面以下等)。

欺骗下行链路相对困难,因为操作员很可能会识别这类欺骗。对下行链路进行传感器数据欺骗需要产生具有可信度的假传感器数据,而这是很难做到的。对下行遥测链路的欺骗可导致所执行的任务夭折,甚至使飞行器坠毁。例如,不断上升的高度读数可误导操作员发出降低高度的指令,从而使飞行器坠毁。但是,与向飞行器发送一条坏指令相比,这类欺骗需要更复杂的伎俩。

实现抗欺骗性可通过鉴别码和一些抗干扰技术,比如使用安全码的扩频传输技术。特别是在有意部署一系列战术无人机时,某些对上行链路的保护显得更为英明,由于这些无人机将使用通用地面站,这意味着它们将使用通用数据链路及一些通用指令码。

抗欺骗性可在数据链路之外完成,这是因为鉴别码可由系统软件生成,由机载计算机校验,不需要数据链路直接参与(而不是发送带有鉴别码的信息)。

13.4.6　防反辐射武器能力

由于地面站位置固定、能向敌方辐射各种信号并且是相当高价值目标,所以使其不易被反辐射武器打击是人们所期望的。采用远程布置的传输天线以及降低上行链路占空比是防反辐射武器打击的可靠措施。理想的情况是,除非需要向飞行器发送指令,否则上行链路不发射信号,因此上行链路可长时间保持静默。在一定程度上,这是一个系统问题,因为设计时应让整个系统尽可能少地使用上行链路,但这也是一个数据链路问题,因为一些数据链路可能被设计为定时发射信号,即使没有新的待传输指令。

额外的防护还可以通过低截获概率、频率捷变和扩频技术等方面来获得,这几方面从其他角度来看也是希望具备的。

如果认为反辐射武器的威胁十分严重,还可以使用很多种主动手段,如诱饵等,来进一步提高对地面站的防护。

上行链路无需考虑防反辐射武器问题,因为对这类武器而言,飞行器不是一个合适的攻击目标。

13.4.7 抗干扰能力

数据链路受到蓄意干扰时能够正常工作的能力称为"抗干扰"能力,或称"AJ"(Anti-Jam)能力,又可称为"干扰抵御"(jam-resistant)能力。有时,"抗干扰"指的是抵御最严重干扰威胁时所进行的全面防护,而"干扰抵御"则是用来描述对于干扰的较低程度的防护。用在这里,干扰抵御是抗干扰的子集。

在这里,只引入抗干扰余量的概念而不用给出其数学定义是有帮助的。数据链路的抗干扰余量是其可承受的最大干扰功率的一种度量,超过这个功率数据链路的运行性能将降低到可接受的水平以下,该可接受的最低水平通常由数据链路规定的最大可接受误码率来决定。抗干扰余量常以 dB 为单位。

对于抗干扰余量的特定实例,以 dB 为单位的比值是在无干扰情况下系统所能获得的实际信噪比除以系统正常运行时所需的最小信噪比。所以,抗干扰余量为 30dB 意味着,干扰必须使接收机信噪比降低至少 1000($10\lg1000 = 30$)倍才能使系统工作失常。

在讨论用 dB 表示的抗干扰余量时,需要记住的要点是,dB 中的因数 2 不同于干扰功率中的因数 2。因此,将 40 dB 的抗干扰余量降低 2 倍到 20 dB,这将使所需干扰功率降低约 100 倍。举个例子,一个 10000W 功率的干扰机与一个 100W 功率干扰机之间的差别比用 dB 表示时的因数 2 要显著得多。第 14 章将用更长的篇幅讨论抗干扰余量。

抗干扰能力的整体优先等级取决于无人机将面临的威胁,以及无人机任务能够承受的干扰程度。数据链路不可能在任何时间、任何地点都受到干扰。任务可承受的一个极限情况是,当执行预设程序控制的飞行剖面时,在机上记录传感器数据,一旦发现干扰漏洞就将数据传到地面,甚至干脆把保存的数据带回基地。在这个极限情况,系统可能根本没有必要使用上行链路,一直到接近回收地点,因此,上行链路抗干扰的意义并不大。对某些无人机应用而言,这也许是一种可接受的降级运行模式,尽管不是原本计划好的基本模式。在此情况下,就可以使用几乎没有抗干扰能力的数据链路。

另一个极限情况以类似于"捕食者"所执行的任务为代表,它的很多关键功能只能实时执行。最明显的例子是信息获取、定位、攻击活动目标,或监视跨越边境的地区。多数情况下,记录重放是无意义的,哪怕只是几分钟前的记录。对这些任务而言,抗干扰能力的强弱及干扰威胁等级决定了敌方是否能够使无人机系统任务丧失有效性。

很多时候,与上行链路相比,下行链路受到干扰时对任务造成的危害将更为严重。许多任务的执行使用的都是预编程控制的飞行剖面及传感器搜索模式。如果上行链路受到干扰,则操作员将失去观察灵活性,即不能从不同的角度再次观察感兴趣的目标。不过,若操作员想再次查看之前的实时数据,他可以在地面记录数据并重放。飞行器在任务结束后可以由程序控制返回到地面站附近,在这里上行链路不易被干扰,然后进行回收。因此,相比于下行链路被干扰的情况,大多数任务对上行链路被干扰的承受力更强,如果下行链路被干扰,就无法得到实时数据。

13.4.8　数字式数据链

一条数据链路可传递数字信号或者模拟信号。若传递的是数字信号,数据链路可能采用数字式或者模拟式载波调制。很多简单遥测链路采用的是模拟式调制,至少对视频信道是这样。而大多数抗干扰数据链路则会选择数字式调制来传递数字数据。

任何现代无人机系统一定是采用数字计算机实现地面站和飞行器的控制和自动驾驶仪功能,而且机载传感器数据也几乎一定是数字式的,至少在其最后的一些环节是数字式的。数字数据格式对于大部分错误检验方法、通过冗余传输承受间歇干扰、加密和鉴别码等都是非常重要的。基于上述种种理由,无人机数据链路自然会选择数字式数据及数字式调制。这种处理方式假定数据链路都是数字式的,除非有明确说明它不是数字式的。

13.5　系统接口问题

对于无人机数据链路,很可能在如下几个主要方面涉及到接口问题:

- 机械与电气;
- 数据速率限制;
- 控制回路延迟;
- 互操作性、互换性和通用性。

13.5.1　机电接口

很难用通用的模式对一般的机械和电气接口进行讨论,并且这些问题已经超出这里所涉及的范围。可以明确的是,在飞行器上重量和功率限制是机载数据终端设计上的主要限制。地面接收天线尺寸及指向要求会影响到地面站的配置。这些因素对抗干扰数据链路来说更有可能成为系统设计的决定因素,而对于不抗干扰的数据链路来说其影响较弱,尽管在没有抗干扰要求时,导航上的需求也会牵引地面接收天线尺寸及其指向性能设计。

如果数据链路使用的频率较高,且使用可操纵的中等增益天线来获得更远的作用距离(对于同样的发射功率)或更大的抗干扰余量,那么机载天线可能带来一些问题。可操纵天线通常必须伸出飞行器机身,所以在回收时易被损坏。单个天线位置不能对飞行器所有的机动飞行提供全部覆盖,至少需要两副天线(典型情况是一副在背部,一副在腹部)。当需要覆盖盲区时,或者是接收天线与发射天线相互分开时,会用到更多天线。"天鹰座"上的模块化综合通信导航系统共用了三副发射天线和两副接收天线。

数据链路电气接口不仅包括了电源,还包括数据输入口和输出口。通常,在数据链路工作时,它需要发送信息到系统其余各部分,不论输出缓存中的数据是否已就绪(也就是说,有新数据通过了错误检测查验),还要发送操作人员需要了解的状态信息,如信号强度在减弱,误码率在上升等,因为这些信息表明数据链路出现了明显损耗。另外,与系统其余各部分恰当连接的内置检测功能也是非常需要的。

13.5.2　数据率限制

对无人机系统其余各部分影响最大的因素可能在于对传感器下行数据链路传输率的限制。许多传感器产生数据的速率会比任何正常数据链路传输数据的速率高得多。比如说,电视传送的高分辨率视频,或前视红外(FLIR)传感器在标准的30f/s帧频运行时能产生约75Mb/s的原始数据(640×480 像素,每像素8bit,每秒30帧)。几乎没有哪种数据链路可以在满足无人机尺寸、重量和成本限制的前提下具备传输如此高速率原始数据的能力。

很多常见的或比较常见的操作方法可供操作人员选择来降低数据传输率而不至于丢失信息。但是,在后文的讨论中,若对抗干扰能力,甚至是"干扰抵御"能力有需求,很可能需要将数据传输率降低到一定值,而这会对任务执行造成影响。对此,关键是弄清楚该影响的本质是什么。如果整个系统的设计建立在无限制的数据传输率基础之上,那么降低数据传输率的影响很可能是降低系统任务的完成质量。另一方面,如果在系统设计中,包括操作规程及任务规划在内,都考虑了数据传输率限制,那么任务完成质量完全有可能不受到任何影响。

可选用压缩或截断的方法来降低数据传输率。数据压缩过程包括将数据转换成更有效形式以便能够在地面站得到重建。理想的情况是,在数据被压缩进而得到重建后,所包含的信息没有丢失。在实际应用中,经常会有少量的信息丢失,这是处理过程中的瑕疵以及近似处理造成的。另一方面,数据截断涉及到舍弃部分数据以传输剩余数据。一个典型的例子是,隔帧传输电视视频(每两帧中舍弃其中一帧)可使得数据传输率减半。这个过程中丢失了一些信息,但操作人员可能感觉不到数据丢失,因为 1/15 秒每帧的新数据已经能够提供所需的全部信息。另一种更为严格的截断方式是舍弃视频每帧画面的边框部分,这会使得传感器的有效视场在每个方向上都减小一半,从而将数据传输率降为原来的 1/4,与此同时,地面观察视野随即减小。这种数据截断方式可能导致有用信息丢失。

对下行数据链路而言,需把压缩和截断结合起来以满足对数据传输率的限制。选择合适的压缩截断技术应该是整个系统工程的一部分,要考虑传感器特性、怎样使用传感器数据来执行任务以及数据链路特性。

数据压缩和截断的需求是由数据链路带宽限制带来的,而带宽限制又受到抗干扰考虑的影响。第 14 章探讨了抗干扰需求与带宽之间可能的内涵联系。第 15 章讨论了为得到最终数据传输率可能采用的数据压缩和截断方法。

13.5.3 控制回路延迟

无人机一些功能的实现需要地面站对其进行闭环控制。比如,传感器手动指向目标以及启动对该目标的自动追踪。又如,手动控制无人机飞入回收网或使其在跑道上着陆。完成这些功能的控制回路以双工形式通过链路传输数据。如果数据链路采用数据压缩或截断、消息分组、上下行链路在单一频率上时分复用或者传输前后的数据块处理等措施,则控制回路中的指令和数据反馈的传输会出现延迟。控制回路出现延迟现象通常是不利的,所以无人机系统设计过程中需要考虑到这些延迟以避免严重的甚至是灾难性的问题。

举例而言,一条特定数据链路的上行链路可能每秒只传输一次指令,且其下行链路每秒也仅传输一帧视频信号。若无人机操作员以预定俯视角瞄准电视传感器,并根据电视画面手动控制无人机飞向跑道进场端,这样整个回路就可能出现 2s 或以上的延迟:1s 用于上传指令,1s 用于等待看到反映飞行路径变化的一帧视频画面,操作员做出反应需零点几秒,还有操作台电路的少量延迟。需要注意的是,延迟时间不是固定的,因为等待下一次上行链路空档造成的延迟,取决于操作员的输入与数据链路时分复用相位差的时间间隔。这类延迟很可能会使飞行器着陆不具有任何可靠性,尤其是在刮风条件下。

对此有两种可能的解决办法。针对回收操作,最简单的办法是增加一条低功率、无抗干扰能力、宽带宽的辅助数据链路。该链路只在飞入回收网或跑道着陆的最后进场阶段使用。另一办法是采用一种对链路延迟不敏感的回收方式。可行的方法包括,在机上使控制回路闭环的自动着陆系统(例如,追踪跑道或回收网上的信标,然后使用追踪数据驱动自动驾驶仪执行降落的系统),或者采用降落伞或翼伞进行回收。对降落伞而言,仅需一条指令就可将其打开。1s左右的开伞时间不确定度是无关紧要的。翼伞着陆方式可能会比较慢,以至于2~3s的控制回路延迟是可以接受的,至少对于在地面回收是这样。然而这种情况对于在移动平台上,比如行进中的舰船上进行回收就不一定可行了。

对于传感器指向的情况,不能使用短距离、备份数据链路的方法。对此,解决办法是设计一条在2~3s延迟范围内能正常工作的控制回路。"天鹰座"遥控飞行器计划的研制结果表明,此方法是可行的,只要控制回路能在这样一种模式下运行,该模式能自动补偿时间延迟期间传感器视场移动,而该时间延迟产生于操作员看到视频与他发出的视场移动指令到达飞行器所用的时间[1]。与文献[1]中所描述的技术相类似的技术已成功运用于"天鹰座"模块化综合通信导航系统。然而,这些技术要求飞行器配备较好的惯性基准,且传感器指向系统要具备高分辨率解算器,这样指向指令就可以在一个长时间保持稳定的参考系中进行计算和执行,该参考系能在数倍于最大延迟时间量级的时长内保持稳定。

当然,在其他案例中,解决传输延迟这一问题还可以通过提高对数据链路传输率的要求来实现。但该解决途径会影响到抗干扰性能或数据链路复杂性以及成本,并且,与增加一条用于回收的辅助数据链路或设计更为复杂的控制系统造成的影响相比,该途径更不可取。同时,若数据链路中存在卫星传输,则延迟会成为一个重要问题,且不能通过使用更高带宽来解决。平衡的系统设计要从系统总体影响角度去考虑所有解决方案,从而避免对任何子系统有过高或过低的要求。

控制回路延迟主要来自于下行链路数据传输率降低,而传输率降低会产生如前面例子中所述的视频信号帧频降低等影响。帧频降低产生的影响会在第15章中的数据压缩和截断部分进行详细讨论。不过,数据链路及无人机系统设计中的其他因素也会造成明显的延迟。正如前文所述,将地面站和飞行员的位置设置在离飞行器半个地球远的地方可能产生明显的延迟,而且对这样的延迟可能很难做出完全预估。

一种类似的、但相对而言更容易避免的延迟是在多指令消息组被传输到飞行器前,由数据链路等待消息组填充的过程所造成的。在此情况下,填满消息组的指令几乎立刻就会被传输,但下一组第一条指令必须等到该组所有指令填充完成后才会被传输。(数据链路也可能在达到最大等待时间后传输不完整的消息组,又或者数据链路会假定地面站将以一定速率发出指令来确保等待消息组填充的时间决不是不可接受的。)

另外,在开始解压重建一个数据块之前,要等待这个压缩过的传感器数据块被完整接收,而重建过程也会消耗时间,这些都造成延迟。而且,因为每个子系统内的计算机会等待下一个子系统内的计算机做好传送数据的准备,此类通过回路产生的累积延迟对某些应用而言是非常可观的。

对于一个在设计上没有考虑适应数据传输延迟的系统,控制回路延迟对该系统的影响可能会很严重,除非采取一些补偿措施。比如使用抗干扰数据链路替代简单的遥测数据链路,或者通过卫星操控数千英里以外的无人机而不是通过直接数据链路操控近处的无人机,这些措施可能需要对系统软件进行重大的重新设计,而且可能需要更新硬件。

13.5.4 互操作性,互换性和通用性

互操作性和互换性不是同一概念。就无人机数据链路而言,互操作性的实现将意味着一条数据链路的机载数据终端(ADT)可以和另一数据链路的地面数据终端(GDT)进行通信,反之亦然。这一点不太可能做到,除非这两条数据链路确实完全相同,建立在同样的设计基础上。互操作性唯一有可能实现的技术层面是使用独立单工信道的简单遥测数据链路(也就是说,将上、下行信道分开,使用不同的频率并且独立工作)。任何其他更为复杂的数据链路,涉及调制、时序、同步等各方面细节,很难充分规定其技术性能以保证这些系统能够一起工作。尤其对不同的抗干扰技术(如直接扩频、跳频技术)而言,即使使用的是同一频带,也基本不可能实现互操作性。因此,对于不同的无人机系统,拥有互操作数据链路的唯一可行的途径,几乎肯定是使用通用数据链路,尽管其链路硬件可能是由相互竞争的厂商按照同一种设计生产的。

互换性是一个相对较低的要求,它只需要两个不同的数据链路在一个或多个无人机系统中可相互替换。机载数据终端和地面数据终端都能够互换来保证正常工作。互换性允许在自由训练环境下使用低成本、不抗干扰的数据链路,在密集电子战环境下使用高成本、抗干扰数据链路。成本权衡在以下两种选择间进行:是购买少量高性能和低性能链路并维持两种数据链路在战场使用,还是购买大量高性能数据链路并只维持一种数据链路在战场使用。

互换性需要统一的机械和电气规格(形式及装配要求)以及统一的特征,正如操作人员及无人机系统其他各部分(功能)所见到的那样。如果抗干扰数据链路带宽有限,有时间延迟,并且对视频或其他传输数据有影响,那么系统就不得不设计成能适应这些特性,操作员也需要训练得适应这些特性,这样的情况是很有可能出现的。一种可能的解决方法是要求非抗干扰数据链路具备一种能仿效抗干扰数据链路的模式。这种仿效模式不是建立在数据链内部,而是通过地面站内的接口或"灵巧缓存"来实现,使用高带宽、非抗干扰的像硬导线一样的数据链路连接飞行器,同时在接口内模拟抗干扰数据链路特性。此接口按照与抗干扰数据链路相

同的时序和格式向飞行器发送指令,并且其处理由飞行器下传的传感器数据和状态数据的方式要能使地面站看到与其他数据链路发送的数据相同的时序、数据压缩和重建效果。虽然这种概念看上去在原理上可行,但真正实现起来的复杂度不容低估。

在任何希望使用多种类型或多种型号无人机的环境下,可能倾向于通用数据链路以降低购买和维护成本并保证互操作性。一条通用数据链路可供两个或两个以上无人机系统使用,还有可能试图跨军种或跨机构应用。(模块化综合通信导航系统(MICNS)最初是一条通用数据链路,是为满足机载目标捕获系统(SO-TAS)、"天鹰座"无人机和空军精确定位打击系统(PLSS)的要求而设计。SOTAS和PLSS的研制项目已终止,但与"天鹰座"一起测试过的MICNS的设计仍然在为满足他们的需求提供支持。)

一种通用数据链路应只有一套数据链路硬件,也可能针对不同应用有可选的模块。根据定义,通用数据链路应在系统间具有互操作性和互换性,因为如果所有版本不是采用相同射频区段和调制解调器的话,是很难被认定为通用的,至少也要在输入或输出缓存中完成信号和数字数据间的相互转换。这并不排除针对不同应用采用不同天线的情况,而且可能也不排除根据不同通信距离使用不同发射功率的情况,但必须保证,如果空中和地面的相关系统发出了正常指令和输入信号,任意机载数据终端都能与任意地面数据终端进行通话。

始于20世纪后期的一大创新是标准化网络的引入,比如互联网,这使得远程系统间可基于通用协议进行通信。各飞行器与地面站之间,甚至多架飞行器之间的通信也可以使用这种网络,替代直接的、一对一的数据链路。于是数据互操作性就包括为飞行器和地面站提供合适的通信链路和协议来连接到网络,还包括设计信息格式以通过该网络向上或向下传输所需信息。该方法可能导致数据链路独立于无人机系统这样的潜在情况,也可能导致传输过程中明显的、不可预估的延迟时间。

通用数据链路的潜在优势是互操作性以及降低采购和维护成本。缺点则来自于使通用数据链路成为使用它的系统中要求最严格的环节所带来的一切必须承受的代价。这种代价可以表现在以下两个方面:

(1)如果最终得到的数据链路非常复杂且昂贵,则潜在的费用节省可能不复存在。

(2)数据链路的某些可行的且支付得起的能力是针对单一应用优化过的,那么这种能力在满足多项需求的通用数据链路中可能不复存在。

通用数据链路相关问题将在第14及第15章讨论,内容涉及抗干扰能力、数据传输率及数据链路作用距离等方面。在这里值得注意的是,假如需要抗干扰能力,那么针对短程数据链路的最佳解决方案可能与针对远程数据链路的最佳方案本质上不兼容,这就意味着单个通用数据链路不应试图覆盖全部距离范围。

参 考 文 献

[1] Hershberger M,Farnochi A. Application of Operator Video Bandwidth Compression Research to RPV System Design, Display Systems Laboratory, Radar Systems Group, Hughes Aircraft Company, EI Segundo, CA, Report AD 137601, August 1981.

第 14 章 数据链余量

14.1 概　述

本章主要讲述确定数据链余量的基本理论。数据链路信号受到各种因素的削弱和干扰,本章讲述如何确定一条数据链路有多少余量来抵抗所有这些因素的影响。对无人机系统数据链路的选择与设计而言,余量以及如何增加余量是核心影响因素之一。

本章对余量的讨论以电子战环境为背景,因为此环境对数据链路余量的要求最为苛刻。用于电子战的数据链路设计的所有原理同样适用于更缓和的环境,因为这样的环境中不会出现蓄意干扰数据链路的情况,不过数据链路仍需应对自然信号丢失和无意干扰。数据链路总余量通常有两个方面的问题:①在无干扰环境中的余量需求;②抗干扰环境中的余量需求。在链路设计中,总余量是设计目标,而设置上述断点只为明确有多少额外余量来抵抗蓄意干扰。

本章关于抗干扰能力的讨论主要集中在点对点数据链路,但有关处理增益的内容同样适用于网络连接。

本文将不会针对一个网络环境中的抗干扰能力进行总体讨论。因为"网络"通常不会成为无人机系统的一部分,无人机系统设计者可能会对网络有要求,那他必须明白如何对一个特定网络进行权衡,但一般而言,他们不会直接为了网络而考虑设计上的折中。

14.2　数据链余量来源

数据链路余量有三种可能的来源:
(1) 发射机功率;
(2) 天线增益;
(3) 处理增益。

14.2.1　发射机功率

发射机功率是增加信号余量的一种直接方式,对于大多数缓和环境来说,用此方法也可能有效。但是,存在严重干扰或蓄意干扰的情况下,该方式抗干扰的功效最小,至少对无人机的下行链路而言是这样。在这种情况下,可尝试通过功率对抗的方式简单地抗击干扰机,从而获得抗干扰性能。基本能确定的是,无人机机载下行链路发射机会是这一对抗的败方。甚至对于有一个地面发射机的上行链路而言,尝试产生纯净的已调制功率,达到可与干扰机匹敌的水平,其用处也不大。

14.2.2 天线增益

不通过增加辐射功率发挥高功率发射机功效的一种方法是,将辐射集中到接收机方向上。在日常生活中,手电筒是这种方法的一个实例。若一个手电筒没有反光镜或透镜,灯泡直接连接到电池上,其发出的光将等量辐射于各个方向(即"各向同性"辐射模式)。这种辐射方式的有效性只有几英尺远。但是,若系统加上了一个反光镜和/或多个透镜,多数光线可集中于一个窄光束内。此光束可在几十或几百码距离外产生一个亮点。在射频领域,这种集中被称为"天线增益",因为要实现这样的集中需要使用天线来聚集选定方向上的辐射。

1. 天线增益的定义

理想各向同性天线会向各个方向辐射相同能量,这样在各向同性点源周围一个假想球面上任何地方所接收的能量是相同的。各个方向上等量辐射并不总是人们想要的,有时需要将辐射能量集中于特定方向上。若各向同性辐射源能将能量直接辐射到同一半球面,而不对另一半球面辐射任何能量,则这样的"半—各向同性"辐射源能在一个辐射半球上产生 2 倍的辐射,此概念就称为天线的定向增益。

给定一个相同的距离和总能量,辐射到特定方向上的能量密度,与各向同性辐射源辐射出的能量密度之间的比值称为定向增益,或直接称作"天线增益"。

增益的概念既可用于传输也可用于接收。也就是说,若一副有增益的天线被用于接收一个信号,接收机输入端的有效信号强度会因为天线增益而增加。

在无人机应用中,地面天线通常需要提供显著的增益,以便在飞行器上使用低功率发射机。同时,这也能增加系统对干扰的抵抗力。由机载天线提供增益也值得一试,但通常提供高增益需要一副较大的天线,且定向天线必须指向一个固定点以保持通信畅通。在地面上比在飞行器上更容易满足高增益天线尺寸及指向方面的要求,尽管对大型飞行器而言,这样的区别可能并不存在。

天线增益的定义是,发射机沿选定方向定向发射的辐射强度,与各向同性模式(即在所有方向上辐射强度相同)下同一方向上产生的辐射强度之间的比值。因为天线增益是无量纲比值,所以用 dB 表示较为方便。通常情况下,天线具备变角度辐射模式,且可在某方向上达到峰值,则峰值天线增益即为该峰值方向上所测得的增益。可由下式近似估计峰值天线增益,式中 θ 和 φ 分别表示半功率点处垂直方向和水平方向上的全波束宽度(单位为弧度):

$$G_{\mathrm{dB}} = 10\lg\left(\frac{4\pi}{\theta\varphi}\right) \qquad (14.1)$$

基于天线波束宽度和天线尺寸,即高度 h、宽度 w、传输信号波长 λ 成比例的关系,上式可改写为(同样是近似)

$$G_{\mathrm{dB}} = 10\lg\left(\frac{hw}{\lambda^2}\right) \qquad (14.2)$$

图 14.1 所示的是单一尺寸(高度或宽度)下波束宽度的定义。对此可能还会存在不同定义,但我们统一使用在"半功率"或"3dB"点测得的全角波束宽度这一公认的定义。该图以极坐标网格上所绘出的卵形表示波束主瓣(以单位面积功率作为径向坐标,偏轴角作为角坐标)。

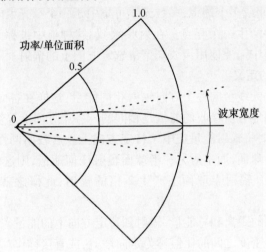

图 14.1　波束宽度的定义

2. 天线

无人机系统通常使用三种天线:抛物面反射器或碟形天线、八木天线阵及透镜天线。地面较常使用前两种,第三种(透镜天线)是仅有的几种可适用于飞行器的定向天线之一。

1) 抛物面反射器

抛物面反射器可用于设计相对便宜的高增益天线,且该天线可提供一定角度的波束宽度。抛物面是一个数学曲面,具有圆柱对称性,其横截面是一条抛物线。它可将平行光聚集到一点,该点被称为焦点(图 14.2)。若一个辐射源处于抛物面焦点上,其能量就会从抛物面被反射到光束内。理想情况下,该波束宽度取决于反射器直径相关的衍射极限。类似地,入射平行光或接收到的辐射将会被聚焦,并传送到抛物面反射天线的接收器,此时系统工作在接收模式下。

当辐射是短波时,大型抛物面反射器天线可拥有高达 30 ~ 40dB 的增益。

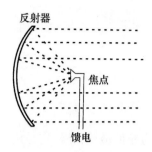

图 14.2　抛物面反射器天线

2）天线阵列

对于较低频率(VHF)的应用以及超视距传输而言,设置水平偶极天线阵列供无人机系统使用,可以产生高度定向辐射模式。八木宇田天线由激励(受激)偶极、反射器以及引向杆排列组合而成,其结构见图 14.3。

八木宇田天线使用一个激励偶极,并有多达 30 个平行且紧密排列的寄生偶极。反射器是组成原件之一,位于激励元件后方,比激励元件稍长。余下的寄生元件称为引向器,较激励偶极稍短,位于偶极前方。元件间的间隔接近(0.1 ~ 0.4)λ。

八木宇田天线有较好的导向性,其增益可高达 20dB,在家用电视天线中较为常见。

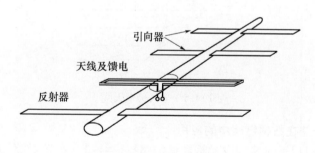

图 14.3　八木宇田天线

3）透镜天线

透镜天线工作原理和光学透镜一致,在无人机应用中,透镜天线工作频率高于 10GHz。

微波能量点源呈球面状发散,正如一个光学透镜对光源进行平行校正,位于电磁能量辐射点源前方的绝缘体透镜或金属板透镜可校正电磁无线电波。其工作原理如图 14.4 所示。

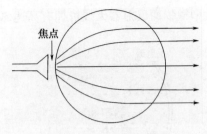

焦点

图 14.4　龙伯透镜天线

一种特制透镜天线被称为龙伯透镜天线,它是用绝缘材料制成的实心球,它的折射率从球心到表面是变化的。此天线能够校正来自球体另外一面发自反馈点的射线,且已在飞行器上得以应用。

透镜材料通常是聚苯乙烯或有机玻璃。电波穿过透镜时会减速。穿过透镜中心的电波相比那些在绝缘材料内传播路径更短的电波具有滞后性,这就形成一个校正的出射波束或是一个聚焦的入射波束。若透镜形状得当,呈球状辐射出的能量将汇聚成一个波束,从而获得增益。介质透镜的中心必须具有多个波长的厚度,所以通常较重而且会吸收大量功率。透镜的截面可以按阶梯状切割去除,若每个阶梯产生的相移都是波长的整数倍,就不会对波阵面造成影响。这被称为分区透镜,分区透镜天线的例子如图 14.5 所示。

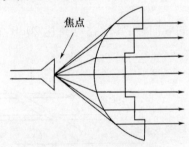

焦点

图 14.5　分区透镜天线

3. 天线增益在数据链路中的应用

天线增益可以通过两种方式给数据链路提供余量。在发射端,天线增益将信号能量集中到已对准的接收器的波束内,这样输出的有效辐射功率(ERP)就等于实际发射机功率与天线增益的乘积。若天线小到可被无人机携带,它通常具有 10dB 的增益,可获得 10 倍于发射机功率的有效功率。若是地面发射机,在波长较短的微波波段,使用增益超过 30dB 的天线也是可行的。

为了使增益产生效益,发射天线必须瞄准接收机方向,这要求天线可转向,系统能够跟踪接收机天线的方向并发出指向命令。发射机和接收机的天线获得的增益可直接增加传送到接收机的功率,其效果就好像发射机功率增加到同样的倍数

202

一样。在应对大气或距离造成的损耗时,这种功率增加可轻易使数据链路的有效作用距离明显增大。对于无意干扰,当发射机正制造干扰时,即使该发射机具备带增益的天线,它通常也不会对准正被其干扰的无人机系统接收机,所以,上述增益所产生的效益也是显著的。

不幸的是,若是蓄意干扰,干扰发射机同样能使用带增益的天线,并可尝试将其对准它正试图干扰的无人机系统接收机。干扰机也许不能使用非常窄的波束,理由是它可能不知道接收机的确切位置,这就迫使它采用足够宽的波束来覆盖所有可能的位置。然而,水平宽度为50°、垂直宽度为10°的波束具有约18dB的增益,所以一台干扰机发射端可能很容易获得与一条无人机下行链路同样大小的增益。

无人机发射天线的任何可用增益都具有一定价值,能够对链路总余量做出贡献。然而,仅靠发射天线增益不足以对抗干扰机,大部分遥控飞行器(RPV)体积不足以携带有足够大增益的天线,即便数据链路的工作频率达到15GHz也不例外。

接收机天线的增益对抗干扰余量是有贡献的,因为它能够基于到达天线的能量来源的方向来区分有用信号和干扰能量。图14.6阐明了该机制。若接收天线希望从飞行器发射机接收信号,并对准了该发射机,则数据链路信号可获得该天线主波束的所有增益(如图中的 G_S)。若干扰或人为干扰信号来自主波束以外的方向,则数据链路信号只能获得该天线某一旁瓣的增益(G_J)。这种情况相当于使有用信号获得的增强效应是干扰机信号的 G_S/G_J 倍,具体量值取决于干扰能量到达的确切角度以及该接收天线的旁瓣结构。

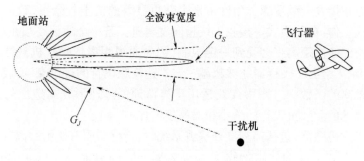

图14.6　天线增益的几何关系图

需要格外注意的是,这种信号增强效应取决于干扰源必须落在接收天线主波束之外。若干扰源落在接收天线主波束以内,它与链路信号获得的增益仍会有所不同,除非干扰信号与数据链路发射的信号刚好处在同一方向上。但比起干扰信号落在旁瓣的情况,这种不同要小得多,且在干扰信号方向与数据链路发射信号方向间的夹角趋于零时,增益的不同就可忽略不计。

对数据链路而言,假设干扰机落在接收天线主瓣(有时是第一旁瓣或第二旁瓣)之外,接收天线增益对数据链路余量的贡献通常以特定的波束宽度来定义,如图 14.6 所示,该增益不考虑接收天线所有的旁瓣结构。这时,它对余量的贡献用主瓣峰值增益与特定波束宽度外的最高旁瓣增益的比值来表示。

天线上的有源元件能够增强对信号和干扰(或干扰机)的辨别能力,它抑制旁瓣中的信号和/或提供放置在干扰方向上的可控天线零点。这些技术能降低旁瓣增益,减小有效波束宽度,以达到特定的区分水平。

在数据链路的载波频率、体积和价格可以接受的条件下,地面站天线端信号与干扰之间的有效辨别力能高达 45 ~ 50dB。在达到 50dB 时,可能会因多径传输和小天线缺陷造成干扰信号能量泄漏进入天线主瓣的问题。这种影响使得天线的实际辨别能力受到限制。

无人机机载天线尺寸通常不能太大,因而不能获得足够大的增益。甚至频率达到 15GHz 时,载波信号波长也有 2cm。一副 8cm 直径的天线对于典型小型无人机所使用的可控天线来说已经算是很大的了,但其直径也只有 4 倍波长,得到的理论峰值增益约为 21dB。无人机表面反射会造成偏轴信号泄漏进入天线主波瓣,是机载系统存在的严重问题。机载系统可在高频带采用零点可控技术来改善信号/干扰的辨别能力,但这样做会使费用大大增加。

在较低的载波频率上,要获得很高的天线增益会困难得多。频率为 5GHz 时,载波信号波长为 6cm。采用 10cm 天线,其直径也只有波长的 1.7 倍,意味着天线增益只有 14dB 或者更小。甚至对地面天线而言,要想在频率为 5GHz 处获得与 15GHz 处相同的增益,天线尺寸需要增大 2 倍。

为了能在接收天线端通过角度辨别来获得显著的抗干扰余量,数据链路必须以瞄准模式工作,在此模式下接收天线指向发射机。若一个通信终端在地面上,那么数据链路的通视距离将会受到一定限制,因为通视距离依赖于机载终端所处的高度。图 14.7 给出了飞行器能够超越一定雷达视距飞行的最小高度,表示为雷达水平作用距离的函数[1]。图中曲线适用于光滑地面。地形升高造成的遮挡通常使相同距离处的无人机飞行的最小相对高度增加。

使用光学传感器,包括前视红外探测系统时,传感器固有探测距离的限制以及必须在云层下方工作的要求使得无人机大部分时间只能飞行在 1000m 或低于 1000m 的高度。增加传感器探测距离可使无人机飞行高度增加,但天气状况是系统设计人员无法控制的。例如,欧洲冬季(10 月至来年的 4 月)正午云层最大高度低于 1200m[2]。所以,若要在欧洲的气候环境下使用光学传感器,则地空瞄准式直接视距链路的最大视距约为 150km。如果地面终端不能任意设置在地面与飞行器间的任一高度上,由于远处地形对视线存在遮挡,直接数据链路的实际最大通视范围可能会远小于 100km。

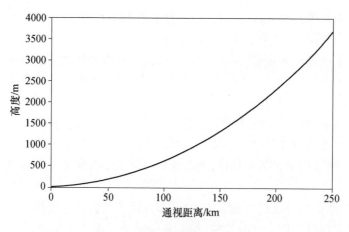

图 14.7 通视距离随高度的变化

通过中继设备可扩展数据链路通信距离,这个距离可超越从地面到无人机所有可能的直接视距传播距离。使用中继设备时,同时存在的两种不同的数据链路都可能受到干扰:①连接地面站和中继设备的数据链路;②连接中继设备和无人机的数据链路。中继设备可设在视线能够直接到达地面的高度,这样,地面站和中继设备间的数据链路可获得地面高增益天线的全部功效。然而,中继设备与无人机间的数据链路可获得的天线增益将受到中继飞行器可携带的天线尺寸的限制。若用小型无人机运载中继设备,则定向天线增益将被限制在 15~20dB。额外有效增益可采用零点可控技术获得。

当干扰信号落在主波束之外时,接收天线的低增益不仅会降低抗干扰余量,同时也会增加干扰信号落在主波束之内的可能性,从而消除接收天线增益对抗干扰余量的贡献。其影响将在后面的干扰几何学部分予以讨论。

使用卫星链路时,卫星与地面站或卫星之间的链路通常不会出现什么问题,因为这两种通信通常都会使用高增益天线。仅有的问题出现在链路终端卫星和飞行器之间。假定由飞行器机动引起的临时性短暂中断可以容忍,较大飞行器可携带拥有中等以上增益及定向能力的天线,尤其当所用天线一般只需覆盖上半球时。由于干扰和人为干扰源基本来自地面,所以它们极少或不会对飞行器上朝上的定向天线产生影响。在这样的情形下,天线增益的有利之处在于增加信号强度,尤其对于从飞行器到卫星的"下行链路"更是如此,在此情况下该链路在几何上是朝上指向。额外的信号强度将支持更高的信号带宽。

14.2.3 处理增益

在抗干扰余量范畴内,处理增益指的是信号相对于干扰的增强,这种增强是迫使干扰功率在一个比数据链路通信信号带宽更大的带宽上扩展的结果。若干扰源

205

使用单一频率工作,这种增益应对无意干扰具有特有的优势。对可干扰数据链路的辐射性射频源而言,这是一种典型的情况。

处理增益的实现方式是,在传输开始前,以某种能增加带宽的方式对数据链路待传送信息进行编码,然后,在接收端解码来恢复原始带宽。干扰机无法采用与数据链路相同的编码,迫使它必须对人工加宽的传输信号带宽进行干扰,以防止该干扰机将干扰能量集中到原始数据链路的真实带宽上。非干扰机干扰源将只能干扰与其较窄工作波段重叠的部分信号。因为在处理干扰问题时这类处理增益尤为重要,且其设计通常以抗干扰为目标,所以我们将从抗干扰余量及有效性的角度对其进行讨论。

图14.8展示的是处理增益形式之一,即直接扩频传输。直接扩频传输是对原信号加伪噪声调制以增大传输信号带宽,并降低单位频率间隔内的功率。干扰机必须干扰整个扩展传输带宽。若干扰机发射功率大于数据链路发射功率,则整个扩展带宽上信干比(S/J)将小于1。数据链路接收机了解发射端添加的伪噪声调制形式,并能去除接收信号中的伪噪声调制,使其能在原带宽内恢复原始信号。这样接收机便能去除原始信号带宽之外的所有干扰能量。由于干扰能量在传输带宽上扩展,与扩展之前相比,原始信号带宽上干扰功率以一定因数减小,这个因数等于原始带宽与传输带宽的比值。恢复原始信号后,接收端信干比可能会像希望的那样大于1。

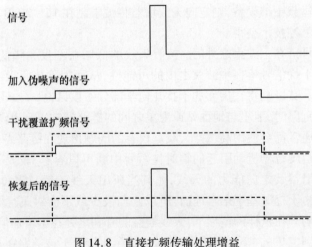

图14.8 直接扩频传输处理增益

处理增益如下式定义:

$$PG_{dB} = 10\lg\left(\frac{B_{Tr}}{B_{Info}}\right) \tag{14.3}$$

式中:PG 为处理增益;B_{Tr} 为传输带宽;B_{Info} 为传输信号所含信息带宽。

206

如图 14.8 所示,将瞬时射频信号扩展到宽带宽的直接扩频传输,是获得处理增益的一种方式。直接扩频传输的优势是,因传输信号看起来很像噪声,其难以被截获和测向。缺点是产生相比下行链路信号带宽而言较宽的信号所用的调制速率非常大,而且整个射频系统必须能够容纳最终带宽。比如,若下行链路具有 1MHz 的信息带宽且需 20dB 的处理增益,则伪噪声调试器工作速率必须达到 100MHz,且射频系统瞬时带宽也必须达到 100MHz。高速调制器(以及接收机中的解调器)和宽瞬时带宽可能会增加数据链路费用。

获得处理增益的另一种方式是跳频传输。对此情况而言,任何瞬时传输的信号都是正常未扩展信号。但是,在伪随机序列跳变中,传输载波频率会一直变化,如图 14.9 所示。若干扰机不了解跳频模式,不能实时跟踪跳频模式,则它必须干扰整个传输跳变频带。接收机当然了解跳频模式并能自动改变频率,从而总能在正确的载波频率上设定匹配带宽来接收信号。结果和直接扩频传输信号相同:干扰功率必须能够扩展至一个宽带宽,且接收机能够抑制传输信号带宽之外的所有干扰能量。处理增益同样由传输带宽与信息带宽的比值决定。此处传输带宽是指系统跳频带宽。

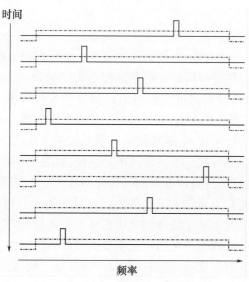

图 14.9　跳频波形示意图

跳频器分为两类。与电子系统处理数据及切换工作模式的速率相比,慢速跳频器以相对较低的速率改变频率。慢速跳频器的跳频速率一般为 1 ~ 100 跳/s。干扰机可在几个毫秒内检测到新信号频率并重新设置干扰频率,可干扰慢跳频数据链路中传输的大部分信息。

快速跳频器跳变的速率与侦察和干扰系统截获、处理信号并做出响应的最大速率相当。例如,快速跳频器的跳频速率可能是10kHz或更快,那么对于频率跟踪式干扰机而言,要想干扰数据链路每个频率上的大部分驻留时间,它只有几微秒的时间来检测频率跳变、确定新频率并调节干扰。

在任一给定时刻,来自跳频器的信号都集中在正常带宽内。但由于在任一给定时刻,侦察接收机不知道在什么位置可找到信号,还是可能需要使用宽带前端。若侦察接收机锁定某一频率并等待跳频器碰到此频率,则它也许很难有效利用偶然间突然截获到的一小段信号。显然,跳频速率越快,跳频器被截获和测向的难度也就越大。

从原理上说,慢速跳频器易被截获、定位(通过测向)及干扰。几十或几百毫秒的驻留时间使得新信号频率有大量的时间被截获并跟踪。实际应用中,若在同一频带有许多发射器作为跳频器工作,特别当其他一些发射器也是跳频器时,问题就会变得复杂起来。敌方电子战系统必须提取数据链路信号的"指纹",并将数据链路信号从其他发射信号中分离出来。但是,对于无人机系统下行链路而言,"指纹"可简单地认为是距敌方前沿很远的空中发射机。由于干扰慢速跳频链路的技术是明显可行的,对慢速跳频器弱点的评判会反复围绕敌方意图的想定和假设细节展开。

由于频率跳变的切换速率比直接扩频调制速率要低得多,且所需射频瞬时带宽也窄很多,在相同处理增益,跳频数据链路要比直接扩频数据链路价格会更低一些。射频系统能利用用瞬时扩频发射覆盖相当大的频带,但可以在更宽的频带内执行跳频,可见采用跳频器也可能获得更高处理增益。有源天线增强(如旁瓣对消)也可能是一种更容易的办法,至少对相对较慢的跳频速率而言是这样的。

与直接扩频传输技术相比,跳频技术的弱点似乎主要是较易被截获、定位以及易被频率跟踪式干扰机干扰。若跳频速率足够快,跳频信号被截获、定位及干扰的概率就会降低,但价格和复杂性方面的一些优势也会随之丧失。实力相当的不同公司在反复权衡的基础上为每个无人机数据链路选择了合适的解决方案,这也表明其中任何一个方案对于某个特殊的应用都可能会是最佳方案。

频率配置与分配问题的产生通常与直接扩频数据链路相关。直接扩频数据链路需要几十兆赫的瞬时带宽,而跳频器可设计成在整个频带,如UHF频带内跳频,或利用更高的1GHz频带执行跳频。但是,直接扩频传输的真正本质是将工作在同一频带的不同系统间的干扰可能性降到最低。

对于刚好在同一传输频带工作的非扩频接收机而言,直接扩频系统只是增加了一点背景噪声,而扩频接收机在进行去除伪噪声调制时,平均处理在扩展带宽上探测到的非扩频信号,从而将非扩频信号转换成低电平噪声。

跳频器具备对抗无意干扰的固有性能,这是因为跳频器可以从干扰出现的任何频率点上离开,最坏情况下可使得干扰时断时续。再者,跳频器一般都会设计成具备跳频图案的编辑功能,从而能够避开可能出现的干扰频率,以防止数据链路受到或产生干扰。若以训练为目的,则可以通过程序控制跳频器不跳频或者在某个严格限制的频带上跳频而不对数据链路的工作造成任何实质性的影响。

在美国和欧洲,对于抗干扰无人机数据链路中使用典型带宽或跳频范围的特定直接扩频与跳频系统,频率配置与分配已经得到了应用。这样在和平或战争时期根本不会出现任何妨碍数据链路工作的重大障碍。每种数据链路在这方面具备什么优势还不十分清楚。频率管理过程的实质是每条特定数据链路的设计必须看成是独立的,唯一看起来具有一般适用性的原则是:在考虑某频带是否适用于扩频模式前,必须确定该频带可用于基本的无人机数据链路。

直接扩频传输的一个特例(也许可与跳频技术结合使用)是带检错码的扰频冗余传输。图14.10展示了一帧视频信息的编码过程:在视频信号数字化后,数据链路对数据帧进行加扰处理,在传输数据帧中以较大的时间间隔分开传输图像连续部分(比如,视频中的连续行)。而且,数据链路会给数据帧内每个小数据块添加附加位,使接收机能检测接收信号中的错误。最后,数据链路会在数据帧内不同位置分两次发送每个数据块。该方案会产生两种效果:一是通过加入检错码和冗余传输(能在接收端被解码以获得处理增益),传输信号带宽得以增加。二是降低了断续干扰(比如由扫频式干扰机产生的干扰)的影响。这是因为:①一小段时间的干扰不会对图像连续部分产生影响,最多也只是在整个画面上散布一些孤立的瑕疵点;②冗余传输可使某时间间隔中受到干扰的全部信息,从其他时间间隔传输的信息中恢复。

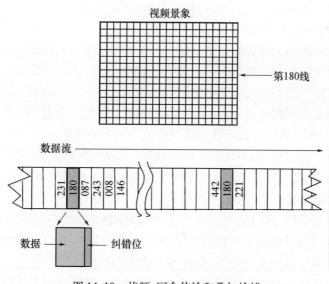

图 14.10　扰频、冗余传输和叠加检错

扰频处理和冗余传输通常最多会将传输带宽扩大 2 ~ 3 倍,产生 3 ~ 5dB 的处理增益。该增益可增加到任何由伪噪声调制或跳频产生的增益上。这些技术对于一个数据帧内包含几次频率跳变的跳频器而言尤为有效。如果跳频器在同一帧内有一次或多次跳变正好落在干扰发射器的顶部,扰频冗余传输能够减少或防止数据丢失。

14.3 抗干扰余量的定义

抗干扰余量的一般数学定义是

$$AJM_{dB} = PG_{dB} + FadeM_{dB} \qquad (14.4)$$

PG_{dB} 在式(14.3)中已定义。衰减余量(Fade Margin,$FadeM_{dB}$)以系统正常工作状态下可用的信噪比与系统所要求的信噪比之间的比值定义。精心设计的数据链路将具有一定的衰减余量,干扰机必须在克服了该余量后才能降低通信系统的工作效能。但是,在干扰机能将有效干扰噪声传入通信系统前,有效干扰功率会因为系统中出现的任何处理增益的作用而被降低。

需要注意的是:抗干扰余量的定义中没有明确包括接收天线增益。若有接收天线增益存在,它将通过提升信号相对于噪声的强度而对衰减余量做出贡献。其他因素保持不变情况下,天线增益增加一定 dB 数,衰减余量会随之增加,进而引起抗干扰余量增加相同的 dB 数。因此,抗干扰余量的定义隐含了这样的假定,即干扰信号落在主波束之外,且不能获得接收天线的增益。

类似地,发射机功率和发射天线增益的增加也会通过衰减余量增加抗干扰余量。接收天线端采用主动旁瓣对消和零点可控技术所带来的影响没有直接计入上面所给出的简单定义。这些影响可以加入处理增益,尽管这些影响在性质上和扩频处理增益有所不同,或者,可以在定义公式中引入一个附加项来代表这些影响。

数据链路基本衰减余量将在 14.5 节(数据链路信噪比预算)做进一步讨论。

应该认识到的是,描述抗干扰余量的任何一个简单数值只是一种逼近,在粗略比较和一般讨论中有用,但不可能在所有情形下都很精确。若需要精确估计抗干扰性能,则应该对每一特殊应用场合给出实际信号和干扰功率的预算,并给出基于该情况的最终信噪比。

同样值得强调的一点是,任何精心设计的数据链路都有一定的衰减系数,所以也都具备一定的抗干扰余量。然而,最开始的 10dB 或 20dB 不是很难得到,相反,在强干扰环境中工作所需的最后 10dB 或 12dB 才是难以实现的。正如前文所述,明白这一点很重要,比如说 50dB 与 40dB 抗干扰余量的区别在于干扰功率降为原来的 1/10,而不是呈线性比例降低 20%。

14.3.1　干扰几何学

数据链路在某一特殊时刻是否被干扰取决于数据链路特征、干扰机特征以及当前时刻数据链路与干扰波束间的几何关系。典型的情况是,当飞行器处在相对于干扰机的某些确定位置时,数据链路会受到干扰,而处在其他位置时不会。就抗干扰余量而言,要精确知道数据链路会受到的干扰的位置,需要对链路及干扰机做功率预算,且计算要针对特定系统及特定情境来进行。然而,定性地对应用到典型小型无人机数据链路上的干扰机(或干扰)几何学做出总体评价是可能的。

若数据链路使用全向(或增益很低的)接收天线,则干扰产生的几何学关系取决于干扰机到接收机的相对距离和数据链路发射机到接收机的相对距离。当信干比(S/J)为某些值时,数据链路刚好能继续正常工作。若信干比低于此值,则链路将受到干扰。简化起见,如果忽略大气衰减和地形对传播的影响,接收端的信号及干扰强度与链路发射机和干扰机到接收机间距离的平方成反比。

图 14.11 所示为无人机上行链路情形。图中所绘距离包括地面上的数据链路天线到无人机的距离(R_L)以及干扰机到无人机的距离(R_J)。简化处理后,信干比 S/J 与 $R_L{}^2/R_J{}^2$ 成反比。

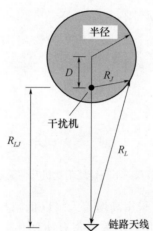

图 14.11　对全向接收天线的上行链路实施干扰

令对应于信干比 S/J 临界值的 R_L^2/R_J^2 的值为"k"。则 k 为常数时的点的轨迹是一个圆,其圆心位于地面站与干扰机的连线上,且在干扰机后方 $D = R_{LJ}/(k-1)$ 处,其中 R_{LJ} 是地面站到干扰机的距离。圆半径为

$$半径 = \frac{R_{LJ}\sqrt{k}}{(k-1)}$$

圆内区域为干扰区域,在该区域内,干扰机能够对上行数据链路产生有效干扰。

若能知道某一特定数据链路和干扰机的 k 值,则在任意情况下都容易计算并可以在地图上面出如图 14.11 所示的几何关系。但若不对数据链路和干扰机的信号强度做全面详细的分析,就很难算出 k 值。k 值与抗干扰余量相关,并随抗干扰余量的增加而增加。圆半径与 $k^{-1/2}$ 成正比,所以它随着抗干扰系数和 k 值的增加而减小。为得到更确切的解决方案,需要考虑的不是 $1/R^2$,而是使圆形变形为椭圆的损耗。且在这样的椭圆区域内,干扰机可对数据链路产生有效干扰。图 14.11 中的简单示例阐明了全向天线上行链路干扰几何学的定性特征。

类似于上行链路,图 14.12 给出了在接收端使用全向天线时,干扰下行链路的简化几何学分析。此处干扰机到接收机的距离 R_J 是固定的,且等于它到地面站的距离 R_{LJ}。对于固定信干比而言,要求干扰距离与链路距离的比是固定的,这样链路距离 R_L 也必须是固定的。因此,数据链路可在以地面站为圆心的圆内的任何位置正常工作,而在圆外的任何位置将受到干扰。若下行链路的发射天线具有高增益,此增益能使该圆面积扩大,但不会改变链路受干扰区域的形状。

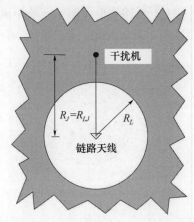

图 14.12　下行链路干扰机几何关系图

若在地面站的数据链路采用高增益天线以抵制与无人机不在同一方向上的干扰,则对下行链路干扰的几何学关系将有所变化。图 14.13 对此情况做了定性描述。若干扰信号落在接收天线主波束内,则干扰情形与使用全向天线时的情况类似,即只有无人机处于以地面站为中心的圆内时,数据链路才能正常工作,且该圆面积大小依赖于数据链路和干扰机的参数。然而,若无人机离地面站和干扰机的连线足够远,使得干扰机落在接收天线主波束之外,则数据链路就获得了与该主波束增益相等的附加抗干扰余量。图 14.13 假定,当干扰信号落在主波束之外时,该附加增益足以使得数据链路在任何时候都能正常工作。这形成了下行数据链路受干扰的楔形区域。此楔形区域以地面站与干扰机间的连线为中心轴线,其角宽等于地面天线的主波宽。楔形的顶部与以地面站为中心的

212

圆相交所形成的区域中,数据链路在没有天线增益提供的附加抗干扰辨别力的协助下也能工作。

　　假定地面天线增益可由阶梯函数描述,且在偏离中轴线的某些角度上具有尖锐边界,则可得到简化后的几何图 14.13。真正天线会有更复杂的增益模式,这种情况可以在“楔形”形状上反映出来。同样,其简化分析假定从干扰机到地面天线的射频通视情况良好。同时假定由于高度角的影响,无人机信号和干扰信号不能被有效区分。最后一个假设对小型无人机而言是准确的,除非飞行器离地面站距离很近,因为地面站到无人机的高度角非常小,机身下方来自地面的信号几乎全部落在主波束内,或可轻易通过多径传输进入主波束。

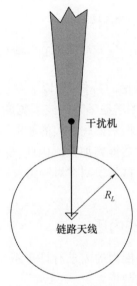

图 14.13　采用高增益天线的下行链路几何关系图

　　若有几部干扰机存在,每种干扰机会以图 14.11 ~ 图 14.13 所示的某种形状来建立保护区。图 14.14 总结出一种典型无人机干扰场景,其中,无人机下行链路配备了高增益地面天线,且其上行链路配备了必要的全向接收天线。以下行链路为目标的两台干扰机都制造了楔形有效干扰区,而以上行链路为目标的干扰机制造了椭圆形有效干扰区。若有足够多的干扰机用于干扰下行链路,则由大量楔形区组成的干扰区面积可大到足以让无人机任务执行效率大大降低的程度。这些楔形区域超过了数据链路的最大工作范围。

　　显然,对依靠天线增益来获得抗干扰余量的无人机数据链路而言,很窄的天线波束是一个重要的有利条件。窄波束与高增益相互结合时,可能存在这样一个位置,该处旁瓣对消或零点可控技术比更高天线增益会更有价值,理由是,链路干扰区域最小化的关键是天线的角度分辨能力,而不仅仅是增益自身而已。

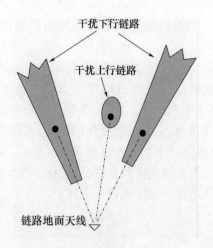

图 14.14 有多台干扰机的上行和下行链路干扰几何关系

低增益天线是一个值得讨论的特例,如以非视线方式接收信号的八木天线。这类天线可能具有 10~15dB 的增益,50° 的波束宽度,可增加链路衰减余量,从而增加通常定义下的干扰余量。但是如此之大的波束宽度使得干扰几乎总处在波束内并会以和信号增益相同的增益得到加强。因此,低增益天线对数据链路在干扰情况下的工作能力贡献甚微。这就说明在对链路鲁棒性做出任何结论之前需要对干扰余量做出评估。

14.3.2 抗干扰能力的系统内涵

对无人机数据链路抗干扰能力的需求有许多系统内涵,并可总结成相互关联的三个方面:工作频率、距离和数据率。

抗干扰能力在高频带较易获得。对于尺寸相同的天线而言,波长短的信号可得到更高增益,而在多数情况下提高天线增益是提高抗干扰余量最容易的办法。但是,高频带的信号倾向于以视距传播方式从发射机传到接收机,这就会限制数据链路的通信距离,除非使用中继设备。若使用中继设备,则很难在链路空对空通信阶段使用高增益天线。

对于同样的相对带宽,较高基础频率可获得更大处理增益。例如,对于 1MHz 的数据带宽和 400MHz 的工作带宽,20dB 的处理增益要求扩频带宽达到 100MHz,或相对带宽达到 25%。当工作频率约 15GHz 时,同样的处理增益和扩频带宽仅需 1.33% 的相对带宽,这是比较容易达到的,而且容易实现对天线信号的主动处理,比如旁瓣对消。

短距离数据链路能在高频带充分利用天线增益和处理增益带来的好处。长距离数据链路也许只能利用处理增益带来的好处。可见,在高频带中,短距离数据链

214

路比长距离数据链路的抗干扰能力要强一些。

高频带的缺点是器件比较贵,且技术不够成熟。高频带受制于视距传播,这对长距离数据链路而言也是一大劣势。

对于任何不能靠视距传播和高增益天线获取大部分抗干扰余量的数据链路而言,抗干扰能力和数据率相互影响很大。一副高增益天线为下行链路提供30dB的抗干扰余量并不难,但要从处理增益中获取同样30dB的抗干扰余量,则要求降低数据率(比如需要从10MHz降到100kHz),或需要增加扩频传输带宽。对于短距离视距传播的数据链路,在中频带获得足够高的数据率并通过使用大尺寸、高增益天线和中等处理增益来获得较好的抗干扰能力是有可能的。而对长距离的数据链路而言,会存在以下三种选择:

(1)低频、低数据率的非视距传播。非视距传播方式使得频率相对较低,反过来,限制了处理增益可用的传输带宽。这也限制了提供抗干扰余量时可用的数据率。

(2)采用低增益天线中继设备与中等数据率的高频视距传播。这种方案以限制可用天线的尺寸、增益为代价,可使用无人机作为中继飞行器。由于数据链路在高频带工作时可采用较大瞬时扩频带宽,故可使用中等数据率。

(3)采用高增益中继天线与高数据率的高频视距传播。这种方案使用大型中继飞行器,携带大尺寸、高增益跟踪天线,可获得天线增益和宽频带所带来抗干扰方面的优势,实现高抗干扰余量下相对较高的数据率。

以下两个简单例子反映出这些权衡选择的显著特性。假定一条数据链路的下行链路必须具备10MHz数据率,同时需要40dB的可用抗干扰余量(高于任何常规信号余量)。若数据链路能接受有限的最大通信距离并在视距传播模式下工作,它就能使用具有30dB增益的地面天线,且只需10dB的处理增益。对链路的要求是100MHz传输带宽,且能与所有方便使用的、低至特高频(UHF)的频带保持一致(假定频率分配可用)。

例14.1

数据率需求:10MHz

抗干扰余量需求:40dB

天线增益:30dB

处理增益(抗干扰余量−天线增益):10dB

传输带宽(处理增益×数据率):100MHz

另一方面,假定数据链路必须按非视距传播模式工作,且采用全向天线进行长距离传输,那么,该数据链路将需要40dB处理增益及100GHz传输带宽,这在任何能进行非视距传播的频率上都是不可能实现的(实际上,这在传统射频技术采用的任何频率上也是不能实现的)。所以,实际上,要求10MHz的数据率加上40dB

的抗干扰余量与无中继设备的长距离传输是相互矛盾的。

例 14.2

数据率需求:10MHz

抗干扰余量需求:40dB

天线增益:0dB

处理增益(抗干扰余量－天线增益):40dB

传输带宽(处理增益×数据率):100GHz

实际上,长距离传输时获得 40dB 抗干扰余量的唯一方法是在高频带采用高增益中继天线。对 10MHz 的数据率而言 40dB 的处理增益是不可行的,其他抗干扰余量的来源只可能是天线增益(如所有简化示例,发射功率被忽略)。若采用低增益中继天线,则天线波束将变得很宽,以至于干扰信号总能落在天线波束之内,天线增益不能用于区分信号和干扰。即使数据率降到 1MHz,由处理增益提供的 40dB 抗干扰余量仍需 10GHz 的传输带宽,而这么宽的传输带宽是不合理的。

图 14.15 描述了数据率、处理增益和传输带宽间的关系。图中虚线给出了 1GHz 的最大传输带宽,尽管在 15GHz 的频带实现更大一点的传输带宽(2GHz 或 3GHz)也是可能的。从图中清晰可见,对于大于 100kHz 的数据率而言,40dB 的处理增益是不可行的。对于上面例子中用到的 10MHz 数据率而言,在最高频带(不久的将来可能会用于数据链路)不超过 20dB 的处理增益是可行的。除了引入与干扰机的功率对抗外,采用高增益天线(无论用何种飞行器来运载)是在 10MHz 的数据率下获得超过 20dB 抗干扰余量的可行方案。

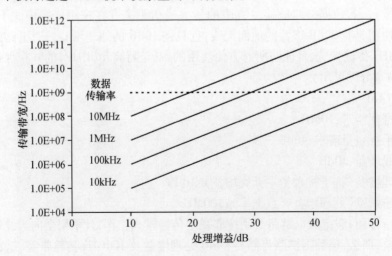

图 14.15 对应不同数据传输率的传输带宽随处理增益的变化关系

216

14.3.3 抗干扰上行链路

本书对抗干扰问题的讨论主要集中于下行链路。上行链路的情况则明显不同,表现在如下两个方面:

(1) 尽管上行链路的无人机机载接收天线可采用零点可控技术来抑制有限数量的干扰信号,由于天线尺寸不可过大,故而无法获得高增益。

(2) 上行链路数据率很低,故它可获得较高的处理增益。

上行链路所需的数据率量级为 1～2kHz。如果上行链路信号不必与下行链路以时分制多路传输模式工作,则 40dB 的处理增益仅需 10～20MHz 的传输带宽。这种情况下上行链路和下行链路各拥有一套独立的发射机和接收机,并以双重单工方式工作。

另外,若数据链路以双工方式工作,接收端及发射端两端同时具备一个发射机和接收机,则上行链路会占用下行链路很短的工作时间间隙,并在该时间间隙内发送数据。这样,上行链路以类似于下行链路数据率的瞬时数据率发射信号,并将具有和下行链路本质上一样的处理增益。

在一个双工系统中,上行链路要和下行链路共用地面天线。若天线具有高增益,则上行链路会因高有效辐射功率而提升性能。但是,干扰上行链路的干扰机可能会采用高增益的、瞄准飞行器的跟踪天线。这时,只剩下处理增益和对天线信号的主动处理(如零点可控技术)来对上行链路进行抗干扰保护。

因此,在双重单工系统中,为上行链路提供很高的抗干扰余量是相当容易的,这是因为在双重单工系统中链路可提供较高的处理增益,且上行链路不必和下行链路共用传输时间。而在双工系统中,上行链路的处理增益与下行链路相类似。如果这种情况没有提供足够的抗干扰余量,则必须通过天线信号的主动处理技术为上行链路提供与接收机天线增益相当的增益。

14.4　信　号　传　播

当射频信号在靠近地面的大气中传播时,信号强度会发生衰减。虽然引起这种衰减的具体细节不在本书的讨论范围之内,但是熟悉影响信号传播的几个基本要素对理解数据链路的设计十分重要。下面各节将阐述数据链路信号传播如下三个基本问题的一般特征:传播路径的阻碍、大气吸收以及降雨导致的损耗。

14.4.1 传播路径阻碍

电磁波一般按直线传播,但是,简单的直线传播模式会因几种效应而改变:大气折射率变化引起的折射(由大气密度变化造成);由障碍物引起的衍射(该障碍物在发射机与接收机的连线附近而不是真正在连线上）；当波长足够长时，在由大气分层和地球表面所组成的"波导管"中的复杂沟槽效应和多重传播路径效应。（当波长较长时，利用最后一种效应可实现超远距离通信。但是这种情况不适用于大部分数据链路，因而不予详细讨论。）

通常，频带超过几个吉赫时只适用于视距通信。视距通信要求发射机与接收机的连线上无障碍物。少量的大气折射使得在这些频带上的波束沿水平方向产生轻微弯曲。若地球可看做光滑的球体，则一般折射校正是，认为地球半径值是其真实半径值的4/3。这种做法相当于将"雷达地平线"向外移出了相同的比例，即考虑了电波相对于实际地平线产生轻微折射的效应。该折射校正适用于海平面，因为海面可近似为一种光滑的地球表面。

然而，对于在陆地上工作的数据链路而言，地平线限制更可能是由位于数据链路传播路径下方的高地所决定，而不是由光滑球面模型来决定。在此情况下，衍射效应要求在直线传播路径两边的一定区域内无障碍物，且此区域大小取决于信号波长。具体地说，人们已经发现传播路径必须与障碍物保持一定距离，才能使约60%的第一菲涅耳带绕过障碍物。

对于传播中的电磁波瓣，当与天线的距离远大于天线尺寸时，菲涅耳带定义为电波传播方向的法平面内的一组圆。电波从发射点出发，绕过菲涅耳带边缘，传播到接收点的路径距离减去电波从发射点直接传播到接收点的路径距离，等于信号半波长的整数倍。图 14.16 所示即为此情况下的几何图形。满足路径 TBR 与路径 TAR 的差为半波长的整数倍，B 点的轨迹是以发射点和接收点为焦点的狭长椭球面，在该椭球中不存在任何障碍才能保证"无障碍"传播。对于最接近的障碍物出现在传播路径的中点这一特殊情况，可以推出第一菲涅耳区的半径大约是 $r = 0.5(\lambda R)^{1/2}$，这里 R 为发射点到接收点的距离。当 $R = 50$km 时，要求障碍物至少距离直接通视线 $0.6r$。这意味着直接视距传播，对于可见光（$\lambda = 0.5\mu$m），要求离直接通视线 0.05m 之内无障碍物；对于 $\lambda = 5$cm 的电波，要求离通视线 15m 之内无障碍物；对于 $\lambda = 5$m 的电波，要求离通视线 150m 之内无障碍物。大部分数据链路在厘米波段或毫米波段工作，所以离通视线 100m 左右的开阔场地可确保无障碍视距传播。

衍射是有价值的，因为衍射可实现超视距通信。在此情况下，波瓣可衍射传播，绕过山丘等障碍物到达山丘背后的山谷。在中等频率的频带（低于 1GHz），衍射效应是最重要的。此效应解释了为什么在电视机所处的位置与电视发射机的连线上出现障碍物的情况下，尽管信号强度较弱，但电视机仍能收到信号。正如前文

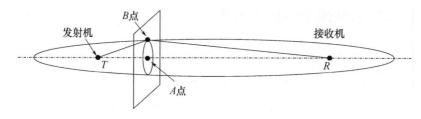

图 14.16   电磁波束的菲涅耳区

所述,频率低于几十兆赫的情况下,视线受到遮挡的影响不大,但其他的、更为复杂的传播模式变得重要起来。

14.4.2   大气吸收

大气中的各种分子都能吸收部分信号能量。在数据链路常用的波长范围内,水蒸汽和氧分子是主要吸收源。在频率达到约 15GHz 时,大气吸收变得很小(100km 的传播距离,吸收一般小于 3dB)。应该说明的是,在更高频率上大气吸收会变得更严重。特别是在 95 ~ 120GHz 的频带(称为"大气窗口"),大气吸收会成为限制数据链路通信距离的一个因素。大气吸收也妨碍了数据链路使用大气窗口之外的频率(极短通信距离除外)。

14.4.3   降雨导致的损耗

在高于 7 ~ 10GHz 的频带,传播路径中雨滴引起的损耗是不能忽视的。在低于约 7GHz 的频带,对于数据链路覆盖的所有通信距离而言,由大雨引起的损耗还不超过 1dB。雨滴损耗的大小取决于信号频率和波瓣仰角。较高的仰角可使波瓣在较短的距离"爬升"到雨区之上,从而降低总损耗。典型无人机数据链路用于长距离通信时,一般具有低仰角,这使得传播路径的大部分处在云雨之中。在此情况下,在 15GHz 处由暴雨(12.5mm/h)引起的损耗(距离为 50km)能达到 100dB。同样条件下,在 10GHz 处雨滴损耗超过 30dB,可见此损耗是不能忽视的。设计很可能在暴雨中工作的系统时,必须考虑雨滴损耗。即使在小雨中(2.5mm/h),15GHz 处的损耗量级在距离约为 50km 时也有 6dB。

14.5   数据链信噪比

数据链路信噪比(S/N)的估算,对于决定数据链路的衰减余量(是数据链路参数及其工作环境参数的函数),是一个非常重要的基本概念。它提供了一种表格,可用于求解数据链路的距离方程式。假定增益和损耗都以 dB 为单位,那么,信噪比的估算简化了通过增益和损耗的累加求出数据链路净衰减余量的过程。

接收天线输出端的信号强度可由下式给出:

$$S = ERP_T G_R \left(\frac{\lambda}{4\pi R} \right)^2 \tag{14.5}$$

式中:ERP_T为发射机相对于全向辐射源的有效辐射功率,已考虑了发射天线的增益、发射机及其天线系统的所有损耗;G_R为接收天线的净增益,包括天线系统的损耗在内。

式(14.5)忽略了一些对无人机数据链路而言相对较小的损耗,其中包括:

(1)大气吸收引起的损耗:在 15GHz 以下,100km 以内的传播路径损耗不超过 3dB;

(2)由发射与接收天线间的极化失配引起的损耗:对于精心设计的系统而言,一般最多在 1~2dB;

(3)传播路径中的雨滴损耗:在某些波长可能相当大。

为便于估算,通常用 3dB 代表大气吸收和极化失配引起的损耗就够了。但是,在高频带由雨滴引起的损耗很大。例如,如前面所述,在 15GHz 由12.5mm/h 的雨在 50km 的传播路径上引起的损耗约为 100dB。显然,如果数据链路要在大雨中工作,就必须考虑雨滴损耗。关于雨滴损耗的数据可在有关的工程手册中查到。

数据链路接收机中的噪声可由下式表示:

$$N = kTBF \tag{14.6}$$

式中:k 为玻耳兹曼常数(1.3054×10^{-23} J/K);T 为以开氏温标为单位的接收机内部温度(决定了极限噪声);B 为接收机的噪声带宽;F 为接收机的噪声系数。按习惯,大多数计算中 T 值取 290K,于是,$kT = 4 \times 10^{-21}$ J $= 4 \times 10^{-21}$ W·s $= 4 \times 10^{-18}$ mW/Hz。

于是,信噪比 S/N 可由下式给出:

$$\frac{S}{N} = \frac{ERP_T G_R \left(\frac{\lambda}{4\pi R} \right)^2}{kTBF} \tag{14.7}$$

上式可改写为对数形式:

$$\lg(S) - \lg(N) = \lg(ERP_T) + \lg(G_R) - \lg(kT) - \lg(B) - \lg(F)$$
$$- \lg\left(\left[\frac{4\pi R}{\lambda} \right]^2 \right) - \lg(降雨损耗) - \lg(其他损耗) \tag{14.8}$$

式中含 λ 的项为自由空间损耗,先取该衰减的倒数,这样取对数后的符号为负。所以,对数形式的剩余信噪比可表示为所有增益项的和减去所有损耗项的和。式(14.8)中还包含了降雨损耗项以及由吸收和极化引起的其他损耗项。

各对数项乘以 10 后,式(14.8)可用 dB 作单位,其结果整理到表 14.1,即构成

"数据链路预算"表。

表 14.1　数据链路预算表格

ERP_T	——dB
$+G_R$	——dB
$-kT$	——dB
$-B$	——dB
$-F$	——dB
$-(\lambda/4\pi R)^2$	——dB
-降雨损耗	——dB
-其他损耗	——dB
=可用 S/N	——dB
-需要的最小 S/N	——dB
=衰减余量	——dB

衰减余量是指可用于处理附加损耗(如顾名思义的几何衰减)的剩余信噪比的量值。它也是采取额外抗干扰措施(如处理增益)之前系统的抗干扰余量。

作为简单示例,一条在 15GHz 工作的视距传播数据链路,性能参数如下:

机载发射机功率:　　　　15W
机载天线增益:　　　　　12dB
发射机系统损耗:　　　　1dB

简单计算后,可将 15W 功率转换为 41.8dBm(以 1mW 为参考基准值的 dB 数)。再考虑天线增益和内部损耗,可计算出净 EPR_T 为:41.8dBm + 12dBm - 1dBm = 52.8dBm。

进而再假定用下列数据描述地面站接收系统的性能:

到飞行器的距离:　　　　30km
带宽:　　　　　　　　　5MHz
噪声系数:　　　　　　　6dB
天线增益:　　　　　　　25dB
最大降水率:　　　　　　7.5mm/h(中等)
需要的最小 S/N:　　　10dB

在 15GHz 由 7.5mm/h 的降雨引起的损耗(距离为 30km)约为 15dB。在这些参数中自由空间损耗项 $10\lg(\lambda/4\pi r)^2$ 是 146 dB,$10\lg(5\ MHz)$ 是 67dB,290K 时 $10\lg(kT)$ 是 -174dBm/Hz(注意到该参数是负值,表示我们将在表格形式的信噪比方程中加上 174dBm/Hz)。

现在填写前面给出的表 14.1,将结果列在表 14.2 中。

表 14.2　完成的数据链路预算表

ERP_T	52.8dB
$+ G_R$	+25.0 dB
$- kT$	$-(-174.0)$ dB
$- B$	-67.0 dB
$- F$	-6.0dB
$-(\lambda/4\pi R)^2$	-146.0dB
$-$降雨损耗	-15.0dB
$-$其他损耗	-3.0dB
$=$可用 S/N	14.8dB
$-$需要的最小 S/N	10.0dB
$=$衰减余量	4.8dB

换句话说,该数据链路应该能在所考虑的距离和条件下正常工作,但是它对于计算中存在的误差,以及由环境因素或硬件故障引入的额外损耗来说,只有很小的余量。只需约 5dB 的额外损耗就能使接收机收到的信号降低到需要的信噪比水平以下。好的设计通常需要至少 10dB 的衰减余量。

参 考 文 献

[1] Skolnik M. *Introduction to Radar Systems*,2nd Edition. New York, McGraw Hill, 1980.

[2] Friedman D, et al. *Comparison of Canadian and German Weather*. Arlington, VA, System Planning Corporation, Report 566, March 1980.

第15章 降低数据传输率

15.1 概　　述

对任何网络或数据链路而言,最具价值的是带宽和数据传输率。对无线网络而言,总带宽包含了电磁频谱的任意部分,它受到许多因素的限制,当然,其有限总频谱被所有想要传输信息的用户所分割。

对于无人机系统数据链路而言,这些问题都是非常重要的,尤其是下行链路,它可能需要很大的带宽来传输大量未处理的数据。

正如前两章所讨论的,抗干扰数据链路,或其至只是一条抗拥堵的数据链路,其数据传输率很可能明显低于传感器未处理数据的可用最大传输率。

比如,在14章中的一个计算示例中,来自高分辨率电视或FLIR传感器的未处理数据可高达75Mb/s,但14章中估算出的可供一条抗干扰数据链路使用的最高数据传输率却仅约为10Mb/s。这种不匹配的结果就是不能将传感器未处理数据传输到地面站。这些数据必须在机上做某些处理以使数据传输率降低至一定水平来适应数据链路性能。

本章接下来将讨论实现数据率消减的方法,并介绍根据需要传输的信息在数据率和功能执行能力之间所必须进行的权衡。

15.2 压缩与截断

有两种方法可用于降低数据传输率:数据压缩和数据截断。数据压缩是将数据变换为效率更高的形式,变换后保留数据原有的全部(或几乎全部)信息,并能在地面重建,按需恢复原始数据。理想情况是,不论是有用或是无用的信息,所有信息都不会丢失。实际上,由于压缩和重建过程中的缺陷,丢失信息的情况时有发生。数据压缩使用了一些算法去除原始数据中的冗余部分。为了使地面站操作员能够理解数据,还需将去除的部分重新插入数据。

关于数据压缩,此处举一简单示例。例如,数据来自每秒一帧读数的空气温度传感器。相比于之前读数,若温度不变,数据压缩过程即不发送新(冗余)读数,而地面站数据重建过程就是在传感器检测到新温度并发送新读数前,保持并显示原来的读数。这样的处理方式可在一段时间内减少许多待传送的数据位,且信息到地面后不会丢失。

数据截断就是为了降低数据传输率而丢掉部分数据。在此处理过程中部分信息会丢失。但是，若能明智地进行数据截断，则能做到丢失的信息恰好是那些执行任务所不需要的信息，从而使得截断处理对执行任务的效能没有影响或影响很小。例如，为了避免显示中的闪烁和快速跳动，使显示效果好一些，视频信号数据传输率一般取30帧/s。而操作员无法按30Hz的速率浏览并利用信息，所以每隔一帧丢掉一帧使数据传输率降低一半，这样做虽然在处理过程中确实丢失了部分信息，但对操作员没有影响或影响很小。

若对无用数据的压缩和截断仍不能使数据传输率降到足够低的水平，则有必要丢掉那些地面站可能需要的数据。此处理可能会降低系统的性能，但即便丢失了较多的传输信息，执行任务的效能也可能不受影响。由于执行任务的不同方法会导致重要信息与一般信息间的划分不同，故此处理往往在系统设计者和使用者的控制之下使用。

关键的一点是链路的数据传输率不能无偿获得，对那些必须提供一定抗干扰性能的数据链路而言更是如此。实际上，依据不同的量化标准，对于长距离、中等造价、具有抗干扰性能的数据链路，高于1Mb/s的数据传输率可能是不可行的。不管更高的数据传输率在技术上是否可行，数据传输率可能都是设计权衡中唯一的重要参数，其指标可能会因为要保持低成本或中等成本这一目标而变化，因为距离指标已经包括在基本任务考虑中，而干扰环境指标则是由其他人控制的。

15.3　视　频　数　据

最常见的高传输率数据来自无人机上的电视或FLIR等成像传感器的视频信号。此数据由一系列静止图像（帧）组成，典型数据传输率为30帧/s。每一帧则由大量像素组成，而每一像素都有对应的灰度值。典型的原始视频信号，在数字化之后每一像素都有6bit或8bit的灰度值。若图像的分辨率为640（水平像素）×480（垂直像素），则一帧图像共有307200像素。按8bit/像素和30帧/s计算，可得原始数据的传输率接近75 Mb/s。如果视频是彩色的，就需要更多的比特来描述像素的颜色。出于这个原因，在为无人机设计成像传感器时，对于图像中包含的信息，第一个可能被去除的就是颜色。

压缩视频信号的主要方法是充分利用图像中的冗余来降低描述每一像素所需的平均比特数。图像数据中存在很多的冗余，相邻的像素不是独立的。例如，图像中包括一片晴朗的天空，那么对应天空这一部分的像素很可能都有相同的灰度值。若人们能够发现一种方法为所有这些像素指定唯一的灰度值而不需要为每一像素重复发送此灰度值，则对于整幅图像而言，每一像素所需的平均比特数就减少了。

即使是图像中含有物体的部分,像素与像素之间也存在相关性。除了影子或对比度较高物体的边沿位置,图像中灰度等级的变化一般是连续光滑的。于是,相邻像素间灰度等级的差异一般比6bit 或8bit 所能表示的最大差异要小得多。利用这点可以进行一种差异编码,即用一像素与前一像素间的灰度差异而不是用灰度值来描述该像素的灰度等级。

对每一像素采用相同的比特数来描述,这样做就算不是必需的,也是非常方便的,因此差异编码通常采用较小的固定比特数来描述所有的灰度差异。例如,有种算法只采用3bit 描述灰度差异。3bit 能代表的灰度差异包括0,±1,±2 或±3。若原始图像数字化后用6bit 描述,则绝对的灰度等级就是0~64。在黑白跳变的位置(如影子的边缘处)灰度等级差异可达到64,若用只能记录3 以内灰度差异的系统来描述这些位置的图像,则会造成很大的失真。为了处理黑白跳变位置的图像,为0~±3 的相对灰度差异分配了绝对差异值,如表15.1 所示。

表15.1　灰阶编码

相对差异	绝对差异
0	0 ~ ±2
±1	±3 ~ ±8
±2	±9 ~ ±16
±3	±17 ~ ±32

绝对差异一栏中的实际数值的选取是根据待传送的多种类型图像的统计分析结果确定的。显然,此处理会引起一定程度的图像灰度失真,也会使本来很锐的图像变得模糊。可见,数据压缩是以地面图像重建中逼真度的下降为代价的。在上面讨论的例子中,数据从6bit/像素降低到3bit/像素,只下降了一半。通过差异编码方案将数据降低到2bit/像素也是可能的。

采用更复杂的方法可进行进一步的压缩。很多方法建立在类似于傅里叶变换的概念的基础之上,即:将图像从位移空间变换到频率空间,然后再发送频率空间的表示系数。典型图像中的大部分信息对应的空间频率相对较低,可以省略高频分量或缩短高频分量的系数,这样处理可减少需要的比特数。在算法的灵活设计方面,如何将图像变换到频率空间进而确定哪些是要发送的系数,哪些是要省略的无用系数,目前仍有很大潜力。通常在传送前,将图像划分成16 像素×16 像素的子图像,这样可根据子图像的内容为每一子图像选择相应的比特数。含晴朗天空或普通草地的子图像只需用到很少的比特数,而含物体细节的子图像需要用到很大的比特数。

联合使用差异编码和变换编码时,有可能以平均0.1bit/像素传送可识别的图像。这就表示从 6bit/像素压缩到原来的 1/60,压缩倍率为 60,而对于本节开头讨论的例子中的 8bit/像素,压缩倍率则为 80。按 0.1bit/像素算,人们能够以 30 帧/s 的速率传送分辨率为 640×480 的图像,其数据传输率不到 1Mb/s。不幸的是,0.1bit/像素的图像在重建后,其分辨率下降了,灰度等级压缩了,变换和重建处理引入了人为失真。

在为支持陆军和其他军种的遥控飞行器计划而进行的测试中,人们已探索了带宽压缩对操纵性能的影响。文献[1]总结了实验的结果。按文献[1]提供的数据重画了图 15.1 和图 15.2,给出了采用差异编码和余弦变换相结合的方法,对应于不同压缩程度的测试性能。测试中使用的目标是按典型的遥控飞行器视角和距离观察到的装甲车辆和炮兵单元。

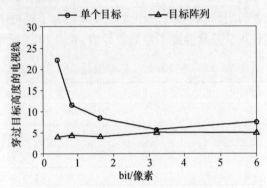

图 15.1　数据压缩对探测概率的影响

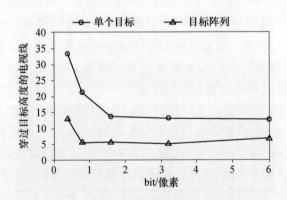

图 15.2　数据压缩对目标识别的影响

对性能的度量标准是穿过目标最小尺度的电视线数目,操作员需要这个数目的电视线穿过目标来完成探测和识别。需要的电视线数越多就相当于要求场景"放大",从而成功地实现上述功能。对于探测来说,这就意味着传感器的瞬时视场在高度和宽度方向都要缩小。这可能会增大对地面上给定区域的搜索时间,所需的搜索时间大约与需要的扫描线数的平方成正比。

实验中有趣的是,对单个目标和含有 10 个目标的阵列都进行了性能测试。目标阵列的实际例子可以是 6 个人员步行穿过一片区域,与位于同一区域的单个人员可以进行对比。多个目标的存在提高了探测概率,对于大部分数据压缩等级都是如此,从直观上看,这是令人满意的,因为这也是有道理的,比如有 4 个目标存在,那么操作员可能只需看到其中至少一个目标,然后在其附近寻找更多目标。

图中给出的结果表明,对含有 10 个目标的阵列在实验中使用最小比特数/像素(0.4)时,压缩程度不影响目标探测能力。然而,对于单个目标,在 1.5bit/像素时,探测能力开始下降,在低于 1bit/像素时,探测能力严重下降。对于目标阵列,在下降到 0.8bit/像素时,识别能力没有下降;但是,在下降到 0.4bit/像素时,识别能力显著下降。对于单个目标的情况,识别能力的测试结果与探测能力的测试结果类似。这些实验表明,压缩到 0.4bit/像素对于某些应用(例如,在开阔区域搜索位于一大群动物后方的重要敌军部队)尚可接受,这里假定一旦发现目标,无人机能够立即改用窄视场对细节进行足够放大继续观察,即使此时在低数据传输率下的性能已经下降,依然可以成功识别目标。这些实验还表明,压缩到 1.0 ~ 1.5bit/像素,对于大多数应用而言应该是可以接受的。

必须注意的是图像的质量与所采用的特定变换算法有关,由某一具体应用得出的结论不能简单地推广到其他应用场合。文献[1]回顾了几个实验并得出结论:在压缩到 1.0 ~ 1.5bit/像素时,所有实验中的操作员判读性能都是类似的。这似乎给出了传输质量可接受的图像所需要的比特数上限。另外,也没有明确的理由可以说明数据传输率不能通过采用更好的编码技术和处理技术而进一步降低。此领域仍存在着进一步开发的潜力,使得数据压缩到 0.1bit/像素时仍能被接受,至少对某些应用如此。人们还希望让操作员可以选择不同的压缩比例,使得在执行任务的不同阶段能综合考虑其他参数以折衷控制图像的质量。

一旦将数据传输率降到不可能再低的程度,就有必要考虑降低要传送的像素数。这需要采用数据截断而不是压缩。对于视频数据,减少每秒像素数的最简单的方法是降低帧传送率。选择 30 帧/s 作为一种视频标准是为了获得无闪烁的图像。在 0.033s 以内地面上的任何物体都不会走得太远,所以,新的一帧图像中仅有很少的新信息。通过保存帧信号并按 30Hz 刷新显示,可避免闪烁现象,而不论采用多大的传输率传输新的视频帧。

大部分观察者都感觉不到帧频已下降到 15 帧/s,除非特别提醒他们注意观察。当帧频下降到 7.5 帧/s 时,若图像中有物体在移动或者传感器的有利位置正在发生变化,则图像会开始出现明显的跳动。当帧频较低时,观察者能明显感觉到帧在刷新,但某些功能仍能像帧频在 15 ~ 30 帧/s 时一样正常执行。文献[1]报道了几个实验,实验结果表明,帧频下降到 0.23 帧/s 时,在传感器视场中检测目标所需要的时间不受影响。此结论与操作员在典型的遥控飞行器视频显示器上完整搜索一幅场景要花约 4s 的时间是一致的[4]。若这样来执行搜索，就要保持传感器对准某区域约 4s，再移动到另一区域（即"步进/凝视"搜索），那么对于这一特殊任务而言，0.25 帧/s 的传输率应该是可以接受的。

其他一些活动需要包含传感器、数据链路和操作员的控制闭环回路。例如，操作员必须能够移动传感器以观察感兴趣的不同区域（粗略回转），指向特殊点或特殊目标（精确回转），将自动跟踪器锁定目标以便进行激光指示或手动跟踪目标。对于某些无人机，操作员能够通过观察来自电视或 FLIR（已经固定指向跑道的终点）的图像手动控制飞行器的降落。在所有这些情况下，帧频的下降造成了从操作员下达指令到其看到指令的结果之间的延迟。

注意到下面这一点非常重要，即长时间的传输延迟对操作人员及系统性能的影响类似于帧频下降的情况，例如我们希望数据链路使用卫星中继传输到绕地球的中途位置或使用广域覆盖网络时因在多节点间传输而产生的明显的"包"延迟等。上述任何一种情况，呈现给操作人员的都是"老"的信息，当操作员看到信息并以上行指令的形式对其做出反应，由上行链路发送到达飞行器的作动器时也已经"过时"了。若 1Hz 的帧频会引起问题，那么由传输（双向）延迟引起的总时延如果在 1s 量级，也可能会造成类似的问题。

从"天鹰座"和模块化综合通信导航系统计划中获得的经验清楚地表明，帧频下降造成的延迟会影响闭环控制行为。若在设计控制回路时没有考虑控制延迟，则其影响可能是灾难性的。文献[1]就三类不同的控制回路报告了传感器精确回转的测试性能与帧频的关系：

（1）连续；

（2）开关量；

（3）图像运动补偿。

"连续"控制指操作员给出简单的速率输入，即操作员推动操纵杆，传感器在显示的方向上按照与操作员推动操纵杆移动的距离或力量成正比的速率移动，直到操作员停止动作。

"开关量"控制指操作员间断地给出输入，类似于个人计算机键盘上的光标控制。操作员间断地输入上、下、左、右等指令，传感器在显示的方向上按指令移动。若操作员保持控制指令不变，则系统启动"重复"功能在显示的方向上重复同样的移动。

第三种控制模式是"图像运动补偿"（IMC）模式。此控制模式利用来自飞行器和传感器万向架的信息计算出传感器正指向哪里，并在呈现给操作员的场景中显示该指向信息，而不需要等待收到新的视频。当操作员发出控制指令使传感器向右转动时，假如帧频较低，屏幕上的光标就会向右移动，显示出相对于当前显示的视频任意特定时刻传感器将会指向哪里。当操作员将光标移到传感器将要指向的位置时,若帧频很低,则可能要等待几秒钟时间。然后,当传送下一帧时,新图像的中心落在老的一帧图像上光标所在的位置。

由图 15.3 显示的结果可见,帧频低于 1 帧/s 时会给"连续"控制和"开关量"控制带来严重影响。即使帧频在 1.88 帧/s,"连续"控制的性能也会下降很多。然而,"图像运动补偿"控制在帧频低到 0.12 帧/s 时仍能正常执行。从"天鹰座"和模块化综合通信导航系统计划(先采用连续控制,后又采用图像运动补偿控制)中获得的大量经验再一次表明帧频至少应该为 1~2 帧/s。

图 15.3 中的数据适用于精确回转和自动跟踪器锁定静止目标的情况。若目标正在运动,则操作员有必要通过手动方式去跟踪目标,至少在某一时刻,自动跟踪器将锁定目标而不是锁定在静止的背景上。为了避免落后于目标,操作员可以试着去预测目标正在向哪个方向运动,并将光标移到目标前面的位置,然后,当目标穿过视场的中心时将它捕捉到。"天鹰座"和模块化综合通信导航系统尝试了此方法,但成功率不高。由这条经验可得出如下结论:使用自动跟踪器锁定运动目标所需要的帧频与手动跟踪所需要的帧频几乎相同。

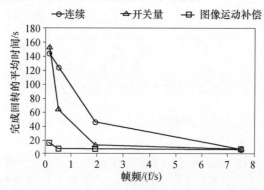

图 15.3　帧频对完成精密回转任务的时间的影响

手动目标跟踪是小型无人机所需要的最困难的闭环控制功能。文献[1]提供的数据显示,在帧频下降到 3.75 帧/s 时,手动跟踪运动目标的性能几乎没有降低。但随着帧频继续下降,手动跟踪很快变得非常困难,最后变得无法实现。

帧频下降对闭环控制功能的影响主要是由低帧频引起的回路延迟造成的。即操作人员对过时图像及数据做出反应,且其控制输入产生的结果在发生之后很长时间才能被看到。如果链路延迟是由传输时间造成的,也可预料到类似的效应,正如用于控制无人机的基于卫星的全球通信频道所遇到的延迟那样,该通道物理上相距操作人员的位置大约有半个地球的距离。除非针对此类延迟采取补偿性措施,否则,锁定跟踪器的性能或对移动目标进行手动追踪的效果将不甚理想。

其他一些功能对控制回路的类型不太敏感。图 15.4 给出了目标搜索成功率与帧频的关系[1]。同样按上面描述的三种控制模式进行了实验,实验要求传感器进行粗略回转以发现视场中的目标。结果发现,对三种控制模式而言,搜索性能差别不大。实验数据在所显示的帧频为 1.88 帧/s 时,粗略回转搜索目标的性能突然变差。应该注意的是,实验中的搜索任务是手动搜索大面积区域,这也测试了控制传感器的能力。从"天鹰座"中获得的经验表明,区域搜索可能应该由软件来控制,采用步进/凝视技术自动控制传感器回转,并保证搜索是彻底的[2]。这种类型的搜索由图 15.1 和图 15.2 中给出的探测性能描述,并且在帧频下降到至少还有1 帧/s 的情况下,探测性能不会严重下降。

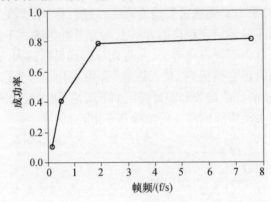

图 15.4　帧频对手动搜索成功率的影响

另外两种已用于无人机系统数据链路的截断形式有:分辨率降低以及视场截断。前者是对相邻像素作平均处理,将垂直方向或水平方向或两个方向的像素个数减少至原来的 1/2 或 1/4。引用文献[1]中的结论,在每个轴的方向将分辨率降低一半可将数据传输率降低到 1/4,通过数据压缩将 2bit/像素降低到 0.5bit/像素同样可将数据传输率降低到 1/4。但标准的传感器性能模型告诉我们,将分辨率降低一半的结果是目标检测的最大距离也会减少一半[2]。若该结论正确,则分辨率的降低没有带来任何好处,因为传感器对地面的视场覆盖也不得不减少一半,这是为了在降低分辨率的条件下还要完成同样的功能。简单地将视场沿每个坐标轴方向裁剪一半也能得到相同的效果,这是在某些时候会用到的另一种截断形式。

当最低的帧频无法支持要完成的功能时,可以采用降低分辨率或视场截断的方法。例如,为了跟踪一个运动目标,需要的最低帧频为 3.75 帧/s,而数据链路即使以最低的比特/像素值,也无法支持这样高的帧频。为了得到可用的数据传输率,可以采用截断方法将视场减小到原来的 1/2 或 1/4。作为可选的方法,传感器可以设定在较窄的视场,其分辨率将比跟踪目标所需的分辨率更高。对于多余的分辨率,可采用降低传输图像分辨率的方法将其丢弃。虽然使用上述方法来降

230

低数据传输率并不常见,但也存在一些实例。在那些应用实例中,若方法使用得当,则可改善而不是降低系统的性能。

总的说来,通过可获取的数据表明,以下压缩或截断的方式对视频数据而言是可接受的:

- 数据压缩到 1.0~1.5bit/像素,用于搜索孤立的单个目标;
- 数据压缩到 0.4bit/像素或更低,用于搜索目标阵列(如卡车车队、大批人群、多建筑院落或连队级战术单位);
- 帧频降低到 0.12~0.25 帧/s,用于自动目标搜索、精确回转以及将自动跟踪器锁定至静止目标;
- 帧频降低到 3.75 帧/s,用于手动跟踪以及将自动跟踪器锁定至运动目标;
- 降低分辨率或视场截断,用于一些特殊场合。

需要强调的是,这些结论对具体实现过程中的细节较为敏感,同时也依赖于如何组织操作员的任务。15 帧/s 与 1.5 帧/s 或 0.12 帧/s 的帧频所对应的数据传输率之间是 10 倍或 100 倍的因子关系,再乘以 1bit/像素与 0.4bit/像素或 0.1bit/像素之间 2.5 倍或 10 倍的因子关系,将会对数据链路的成本和抗干扰性能产生很大影响。

在基础技术(压缩算法)方面还有很大的改进空间,尽管在该领域已有大量的技术成果支持上述性能的提升,例如数码相机和摄录机的使用等。另外,过去 10 年间商业市场在此类功能方面,至少可能推动了压缩算法的发展,达到了接近其实际应用极限的程度。

针对相关技术和方法的测试系统的发展可能仍有一定潜力可挖,这些技术和方法让特定的无人机系统功能可以使用较低帧频,并且能够改进图像运动补偿(IMC)功能,进而帮助操作员补偿数据链路延迟。

降低数据传输率对操作性能和系统控制回路性能的影响的全部方面与操作员的训练和任务组织密切相关,并且可由操作员使用地面和机载测试系统硬件环境进行很好的探索。

15.4　非视频数据

分析和识别由无人机传输到地面的所有非视频数据已超出本章讨论的范围。建议安装在无人机上的部分传感器包括干扰机、电子战截获系统、雷达(成像和非成像)、气象探测组件、生物化学和辐射(CBR)传感器等。

某些可能的数据源本来的数据传输率就较低(与电视和 FLIR 视频相比)。这种类型的数据源包括气象传感器、CBR 传感器和某些电子战载荷,如简易干扰机,它们只需要报告自身状态而不需要收集和报告外部数据。

其他一些可能的数据源具有很高的数据传输率,例如雷达拦截定向系统。这种传感器产生的原始数据含有来自几十部雷达高达每秒钟几万个脉冲的信息。在此情况下,必须考虑采用折中的办法,即除了用数据链路将原始数据传到地面处理之外,再采用机载处理器将几千个数据点转换为几十个目标识别结果和方位值。正如视频数据那样,如果数据链路必须提供很强的抗干扰能力,那么采用机上处理的方式可能是最好的选择。

另一例子是机载侧视雷达(SLAR)系统,它通过相干融合飞行器移动时从多个位置返回的信号,从而获得更强的分辨率,进而合成放大接收孔径。这是一个计算量非常大的过程,几乎肯定需要在飞行器上完成原始数据处理,而仅传输最终"图像"至地面站。

建议用于上文提到的雷达拦截系统的机上处理方法是一种数据压缩形式,该处理目前对视频数据是不可行的,但至少对某些类型的非视频数据或许是可行的。它通过对数据做相关处理从原始数据中提取重要的信息。战场威胁告警接收机已经采用了此处理方式。同样,也可以在无人机上从视频图像中自动识别目标,只将编码后的目标位置信息传送到地面,而不是将一块地面区域的整张图像传送到地面。

用于视频数据的数据压缩技术对于大部分其他类型的数据也是可行的。一个简单的例子就是使用异常报告,即仅在有些事情发生或变化时发送数据到地面,对于每一类型的数据可以按其特点开发更为复杂的类似于视频变换编码的压缩技术。

截断也是可行的。对于非视频数据,可以采用只记录短时间的高速率数据,再用较长的时间将数据通过链路传到地面的方式。其结果是所有的传感器数据都能获得,只不过是仅覆盖了一部分时间而已。这也许是 SLAR 传感器可用的方法。传感器可以截取几秒钟内关于指定区域的数据,然后用几分钟的时间将数据传到地面。

与视频数据情况类似,重要的一点是数据链路能够支持的数据传输率受限于一些因素,这些因素与数据链路距离、抗干扰性能和造价密切相关。基于机上处理降低数据传输率以及选择能够容忍数据率限制的任务执行方法,是系统设计者和用户可采用的主要工具之一,利用该工具使得基于适当的数据链路特性满足基本的系统要求成为可能。

15.5　降低数据率功能的实施环节

假定大部分传感器都要求降低数据传输率,那么问题是在整个无人机系统体系结构的什么位置实现数据传输率降低的功能。数据链路的设计者倾向于在数据链路的内部实现该功能。例如,"天鹰座"的模块化综合通信导航系统具有视频压缩和重建功能,可接收标准的电视视频信号(非隔行标准),提供标准的按 30Hz 刷新的电视视频信号给地面站监视器。这简化了数据链路与系统其余部分的接口定义。

另一方面,能够很好地匹配传感器数据,且信息丢失最少的压缩和重建算法及专门技术也许应该由传感器的设计者而不是由数据链路的设计者来开发。此观点不赞同设计简单的只产生数据的传感器,而把数据截断工作交给数据链路来完成。这将导致传感器无意义的成本增长和复杂度增大。因此,人们可能要争论,在将信息传递给数据链路以便发送之前,是否应该在传感器中执行数据的压缩和重建功能。

如果数据链路必须处理多种传感器的数据,且每种传感器数据需要采用不同的压缩和重建方法,则此争论会变得更加激烈。即使是电视和 FLIR 传感器间的差别也大到了足以使它们所采用的最佳视频压缩算法有所不同。而视频传感器与电子战传感器之间的差别就更大了。一个通用数据链路需要许多不同的模块(软件和/或硬件)来处理各种不同的数据。

若由传感器分系统来完成压缩、截断和重建,则数据链路就成了接收和传送带有一定特性的数据流的信道。无论需要何种处理过程来符合上述特性,都需要传感器和由传感器供应商提供的重建单元来完成这种处理。

对任何一种情况,无人机系统集成者必须理解使用数据链路所需要的数据传输率限制、数据压缩、截断、重建的含义,包括由这些处理引起的控制回路延迟。系统必须提供需要的指挥能力及其软件,使数据传输率适应干扰环境,并改变压缩和截断的组合方式以适应不同任务阶段的需要。

作者倾向于认为,降低数据传输率的功能应该算作传感器分系统的一部分,而不是在数据链路中实现,特别是对于同时安装多种有效载荷的系统更是如此。然而,作为顶层系统工程设计工作的组成部分,应该基于每一个系统的特定情况为其做出这样的决定。

参 考 文 献

[1] Hershberger M, Farnochi A. Application of Operator Video Bandwidth Compression/Reduction Research to RPV System Design, Display Systems Laboratory, Radar Systems Group, Hughes Aircraft Company, EI Segundo, CA, Report AD 137601, August 1981.

[2] Bates H. Recommended Aquila Target Search Techniques, Advanced Sensors Directorate. Research, Development and Engineering Center, US Army Missile Command, Report RD - AS - 87 - 20, US Army, Huntsville, 1988.

第16章 数据链设计权衡

16.1 概　　述

正如前文所述,无人机系统的许多权衡都与数据链的选择和设计有关。

大多数权衡都涉及到数据链路本身范畴之外的内容,例如可以执行的任务、在整个无人机系统能力限制下如何完成任务、操作人员的训练和技能要求、传感器的选择及其规格、地面站设计,以及至少对于飞行器而言的成本、重量和功率要求等。

基于第13～第15章讨论的数据链设计问题,本章罗列了这些设计上的权衡。

16.2　基本的权衡

工作距离、数据传输率、抗干扰余量和成本是数据链设计中紧密相关的因素。长距离传输引起的数据延迟或者分布式通信网络中的其他时延,都会产生与数据传输率降低相类似的效果,因而必须加以考虑。

对于涉及抗干扰余量的设计权衡,传输距离的影响效果可以认为是一个分段函数:在其中一段上的设计考虑适用于距离地面站在视距范围以内的抗干扰数据链,而在另一个分段上的设计考虑适用于必须在视距外工作的数据链。数据传输率和抗干扰余量是与任意给定的距离和成本逆相关的连续函数。通常,增大其他三个因素中的任何一个都会增加数据链的成本。

作用距离直接受任务需求牵引,也许是最容易确定的参数。它不太可能由系统设计者进行设计权衡。一旦确定了作用距离,数据链路的设计就被分为两类范畴:

- 在视距以内工作时,在成本合理的前提下可以用处理增益(多达30～40dB)代替地面天线增益,以便在抗干扰余量相同的条件下,实现更大的数据传输速率。于是就可以在数据传输率、处理增益、抗干扰余量、地面天线尺寸和成本(包括有源天线处理)这四个因素间进行设计权衡,其中成本作为权衡的参数。

- 在视距外工作时,天线增益不再是可权衡的设计因素,除非提供一架大型飞行器作为中继。

　　○ 采用较低频率直接传输信号,或者使用小型中继飞行器(或者两者都用),设计权衡就限制在三个因素之间:数据传输率、处理增益和抗干扰余量。即便对于中等抗干扰余量,都有可能完全占用可用的传输带宽,因而这种权衡就变成了直接在数据传输率和抗干扰余量之间进行取舍。

  ○ 人们越来越相信空中数据和通信中继系统可能是未来战场的重要特征。它可能为高增益天线提供大型平台,进而使用无人机专用数据链来提供抗干扰数据链性能,而无需装备和维护那种只能用于无人机的平台。

• 随着越来越多的军用系统依靠某种通信网络性能来进行快速而广泛的数据交换,因而越来越有可能要求无人机系统使用某些分布式通信网络,这些网络并不是无人机系统的一部分,而且远非无人机系统设计者所能控制的。如果是这种情况,无人机系统支持者就必须做好准备确保该网络支持任何独特的无人机任务需求。无人机系统(也可能是无人地面车辆)独有的任务需求的例子包括处理过程的闭环控制,该控制不能容忍网络中太大的数据延迟。

工作频率包含在上述设计权衡当中,鉴于其对以下因素有影响:

• 天线增益的可用性;
• 视距内与视距外的传播特性;
• 传输带宽限制以及由此导致的处理增益限制。

作为一般规律,更高的抗干扰余量需要更高的频率。更高的频率会增加硬件成本。

对于系统设计者和用户而言,数据传输率是设计权衡中最可控的因素。机上处理技术、充分利用电子技术的技术进步等,都能够显著减少对于给定信息内容所必须传输的数据量。通过合理设计控制回路和系统软件就可以适应由数据传输率降低造成的时延和其他数据延迟。最后应指出,正确选择和运用在知晓数据链路技术限制的条件下研制的无人机系统,仍然可以成功地完成任务,而不受这些限制影响。

考虑了这些因素后,就可以将数据链路特性分等级描述,从容易实现(成本低)到非常难以实现(成本高)。

容易:

• 抗无意干扰;
• 防御反辐射武器;
• 传感器数据的远程地面分发(无抗干扰能力);
• 视距范围内的几何抗干扰(仅通过天线增益);
• 不带处理增益的高数据率下行链路。

中等难度:

• 抗干扰上行数据链;

- 抗盗用和欺骗;
- 对于 1~2Mbps 数据率的远程下行数据链,具有中等抗干扰余量;
- 低截获概率的上行数据链;
- 视距范围内提供导航数据。

很困难:

- 对于 10~12Mb/s 数据率、视距范围内的下行数据链,具有较高抗干扰余量;或者对于 1~2Mb/s 数据率、视距外的下行数据链,具有稍低的抗干扰余量。

极困难:

- 对于 10~12Mb/s 数据率、视距外的下行数据链,具有较高抗干扰余量。

除了最后一类,其他所有的这些特性在专用数据链中提供并且用于无人机都是没有问题的。难度的级别代表了复杂度和成本的递增。实现以上任一特性的技术风险可能不会太大,但是更加困难的特性组合起来实现就可能有很高的时间进度和成本风险。在此列举一例以便于比较:模块化综合通信导航系统(MICNS)落在了"很困难"这一级别。"容易"和"中等难度"这两级的界限较为模糊,取决于单个系统中包含了多少上文所列的特性,以及在系统设计时的一些基本选择。然而,毫无疑问,"很困难"和"极困难"级别下对应的特性肯定是属于那些高风险的、至少也是昂贵的数据链系统。

必须要注意到,如果有可靠的卫星通信网络可用,并且在数据链路有明显的传输延时的情况下,无人机系统仍可以正常完成任务,那么上面列出的"极困难"级别很可能不仅是可行的,而且还会相对简单且不昂贵,只要这个可靠的卫星通信网络可以免费或以极低的成本提供给无人机系统。过去一二十年里世界范围内的通信革命,对无人机系统的设计权衡产生了非常重要的影响。当然,这种通信网络的基础设施很容易受到各种形式的介入、干扰和"黑客"攻击,无人机系统的设计者必须了解并考虑这一点。

"低成本、能抵御干扰"的数据链也许应该归于"中等难度"级别。如果是这样,就不应该期望它能拥有 1~2Mb/s 的数据传输率,除非限定在视距范围内。

作用距离从视距以内过渡到视距以外时,数据链特性的改变是不连续的跳变,这意味着试图同时覆盖所有作用距离要求的通用数据链路,要比分为两种不同的链路分别满足不同的作用距离条件所需的设计研发成本高得多。对于最高性能的数据链路而言,这种区别在某种程度上模糊化了,因为要满足数据传输率和抗干扰要求,它们已经是最昂贵的配置了。

16.3　数据链淘汰升级相关难点问题

在设计上采用高传输率、低数据延迟、只有很小的或没有抗干扰余量的低成本

"过渡"型数据链路的无人机系统,假如日后试图升级数据链以提供很高的抗干扰能力或者使用一个有明显数据延迟的网络,就会发现进入了"死胡同"。可做出的选择局限在以下几点:

- 对无人机系统进行大幅重新设计,包括对训练和任务剖面的重大更改;
- 选择带有大型空中中继的非常昂贵的数据链系统,带有伺服跟踪的高增益天线;
- 抗干扰余量不足以满足电子战环境需求。

为了避免遇到这种"死胡同",在原始设计时就有必要考虑作为最终目标的数据链特性。这需要确定多大的抗干扰余量是最终需要的、这对数据传输率将产生怎样的影响,以及对数据延迟需要多大的容忍度。那么整个系统,包括其将来的使用方式就必须按如下的方法设计:为实现可接受的任务性能提供支撑这一重任要合理地分配给各个子系统,从而得到既满足所有基本需求,在经济上又可承受的目标系统。

当获得理想的数据链路以后,如果仍然在装备中保留了"高/低"搭配的数据链系统,则可能有必要提供一个接口系统,以使简单的、无抗干扰能力的数据链模拟理想的目标数据链系统,用于日常训练。如果不这样做,那么当操作员在两种数据链之间转换时,就可能需要重新训练,因为数据传输率的降低对操作员执行任务的能力会产生影响。这样的接口可能可以完全置于地面站内,但设计上的技术挑战不容低估。

16.4　未　来　技　术

从技术的角度看,对于数据链系统最高层次的、最具促进效果的技术措施表现在下列方面:①改进机载处理技术,降低对数据传输率的要求;②更好地理解操作员执行任务的能力,使任务流程的设计能够最优利用现有可用的数据传输率。理解适用的限制和可选条件,选择系统设计、任务剖面以及操作流程,以便在可承受的数据链性能限制下满足任务性能,是十分关键的。

第六部分 发射和回收

　　发射和回收过程通常被认为是无人机应用中最困难和最关键的阶段,实践证明也确实如此。从一个不断俯仰、滚转、起浮的小型舰船上回收无人机需要精确的降落导航、快速响应和可靠的甲板处理设备。无人机在陆地小区域内的回收有着与海上相似的情况,尽管在陆地回收相对平稳,但是经常会受周围的障碍和风的反复无常的影响。如果讨论所有这些因素的影响,将需要单独一册书才能详细说明。在这里,我们将对无人机发射与回收的基本原理和有关参数进行讨论,因为这些原理和参数对判断各个子系统的相对优点是必要的。

　　对于已经初露端倪的更大尺寸的固定翼无人机,发射与回收往往是利用跑道或航空母舰飞行甲板进行起飞与着陆。在这种情况下,唯一不同的是,无人机上没有飞行员。不管有没有控制站的人工干涉,在这个操作过程中都需要手动远程控制起飞或着陆,或者是某种程度的自动化控制。一些小型无人机以类似的方式操作运行。即便目前已有自动着陆系统用于有人驾驶飞机,但着陆比起飞要困难得多,使用跑道或航空母舰飞行甲板来实现发射与回收仍然代表着目前主流技术水平。

　　这一部分讨论小型飞行器的跑道起飞与着陆,但重点介绍无人系统独有的发射与回收类型。这些类型包括了许多不需要露天场地或大型甲板的"零长"发射与回收的概念,例如弹射器发射与撞网回收或空中回收。同时还阐述了从舰船上回收垂直起降飞行器的概念,包括在中等海况下可能滚转和俯仰的小型舰船上。

238

第17章 发射系统

17.1 概　述

在本章中我们主要讨论中小型飞行器的发射,特别是采用了无需跑道、道路、大的或开放区域概念的发射技术。如果对于特定的无人机,总是有可用的跑道或道路,那么最简单经济的发射方式就是使用轮式起落架起飞。但其仍然有理由使用本章讨论的其他发射技术,不过那都是基于系统的某些特别需求。

没有起飞滑跑的发射经常被称为"零长发射"。事实上,飞机脱离发射器之前,通常有必要将固定翼飞行器加速至最小可控空速,但这在零距离时却没办法做到。然而,使用弹射器或火箭助推器却能获取一至几倍飞行器长度的发射作用距离。

17.2　基本问题考虑

发射与回收应考虑的基本参数比较简单并且与物理学相关。相关的公式有:

线性运动方程

$$v^2 = 2aSn \tag{17.1}$$

动能方程

$$KE = \frac{1}{2}mv^2 \tag{17.2}$$

做功和动能的等价性:

$$KE = FS \tag{17.3}$$

式中:v 为速度;a 为加速度(或减速度);n 为效率因子;m 为被加速的总质量;F 为力;S 为力的作用距离(发射作用距离或回收缓冲距离,也称为"冲程")。

所有真正的系统在一个冲程内加速度是变化的。效率因子 n 是一种能把这种变化考虑进来的经验调节因子。如果加速度是恒定的,当然,n 的值就是1,方程(17.1)简化为熟悉的 $v^2 = 2aS$。

图 17.1 显示的是在三种以"g"值为单位的加速度条件下,运动速度与冲程的关系曲线。为便于讨论,图 17.1 中取 $n = 0.9$。从方程(17.1)中可以看出,为达

239

到给定的速度,在设定的加速度或减速度条件下,由于效率的损失就需要更长的冲程来发射或回收飞行器。

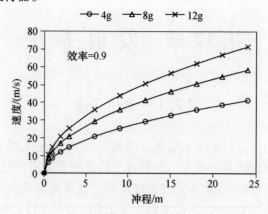

图 17.1　速度与冲程的关系曲线

　　为便于计算,假设我们感兴趣的无人机的总重量是1000lb(453.6kg)。目前我们讨论的"重量"仅指飞行器的重量。实际上,一个发射器的性能还必须考虑"毛重",而不仅仅是飞行器的重量。毛重包括飞行器重量以及与滑车连接的所有活动部件的重量(此滑车用来在发射导轨上托住飞行器)。我们同样假设飞行器发射与回收所需的速度为80kn(41.12m/s)的真空速,且为无风环境,机体及其组件所能承受的纵向加速度或减速度为8 g。

　　参考图17.1,可以看出,在满足加速度为8 g且效率为0.9的条件下,假想系统的发射(回收)冲程是12m。图17.2显示了将一个给定重量的飞行器加速到80kn飞行速度时的动能曲线。从图中可以看出,发射一个重1000lb(453.6kg)的飞行器大约需要消耗400kJ的能量。相反,回收或缓冲飞行器也需要吸收等量的动能。由于速度平方因子决定了提供或吸收的能量,所以在这些运算中,速度是一个关键的因素。

　　一旦确定了所需的能量大小,以及为了限定加速度不超过选定值所需的冲程,就容易计算出在冲程距离内保持不超 g 值限度,且要达到发射速度所需要作用在飞行器上的力。图17.3所示是对于三种不同质量,达到相同的发射速度所需的发射作用力与冲程长度的关系曲线。从图中可看出,当发射冲程约为15m,质量为450kg时,所需要的作用力约为30000N(6750lb)。需要注意的是,这个力是理论值,而且必须施加在完整的发射(或回收)冲程内,如果不是,那么实际冲程需要进行相应的调整。

　　由于在使用公式 $V^2 = 2aSn$ 计算所需冲程时已经考虑了效率损失,因此对于要使用的特定动力源(或能量吸收源),必须查阅作用力与冲程间的关系图。

240

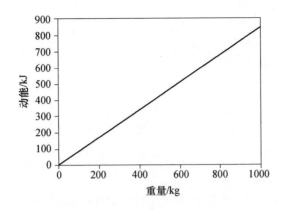

图 17.2 动能随速度的变化曲线

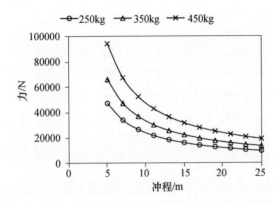

图 17.3 对不同的飞行器重量达到相同的发射速度所需作用力与冲程的关系

注意到动能是力随冲程变化关系曲线下方所对应的面积,图 17.4 显示的是利用弹性绳索驱动弹射器所能实现的性能曲线。此类弹射器的典型代表是橡筋弹射器。力和加速度在开始时是很大的,随后逐渐衰减。显然,最理想的装置要能够在整个冲程距离内提供一个恒定的力。

从工程实现的角度讲,在冲程中获得一个恒定或近似恒定的作用力是完全可能的。然而,如何快速高效地达到期望的力的大小,作用力出现很高的变化速率是必要的,这会经常导致作用力超出期望水平。反过来,过冲也可能导致在冲程开始时(对于回收则是在冲程结束时)出现过大的 g 值。为了避免过冲问题,发射器的设计要允许有一段可控的力的累积时间,并能够拉平且不出现明显过冲。同时为了提供所需的动能,在某种程度上就需要较长的冲程。图 17.5 显示了一个典型的气—液发射器的力与冲程关系图,其中作用力是限幅的,达到理想值后就在剩余的冲程距离内保持常数。

241

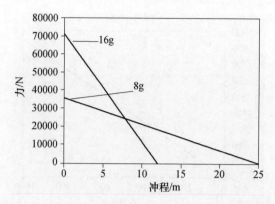

图 17.4 弹力绳的作用力在冲程内随距离的变化曲线

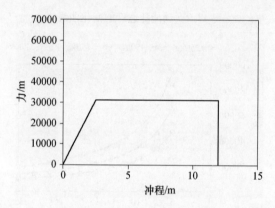

图 17.5 弹力绳的作用力在冲程内随距离的变化曲线

　　前面的讨论是对基本理论的一些考虑,其原理对各种无人机的发射和回收方法都适用。当然,还有一些其他的实现上的考虑,这取决于所使用的机械设备。例如,对于外行旁观者看来,火箭助推发射似乎是"零长"的,但事实上,火箭必须在计算出的距离上提供所需的力(由给出的公式推导出),因此尽管发射设备的机械部分可能是"零长"的,但无人机必须"骑乘"着火箭推力飞过计算出的所需距离。同样的,在撞网回收过程中,一部分能量被拦阻网和拉紧的绳索吸收,减少了制动系统需要吸收的能量。

17.3　固定翼无人机发射方法

　　无人机有很多发射方法。有些在概念上很简单,而有些是很复杂的。许多发射方法的概念来源于各种大型全尺寸飞机的发射经验,而另一些是小型无人飞行器所特有的。

242

也许，最简单的方法是来自模型飞机使用的"手抛发射"。这种方法是很实用的，但是，仅适用于非常轻的飞行器(约 10lb 以下)，这类飞行器具有较低的翼载荷和充足的动力。

常规轮式起飞也很简单，但通常需要一块预先准备好的场地。

一些无人机，特别是靶机，是从空中发射的固定翼飞机。这些无人机通常具有相对高的失速速度，需要涡喷发动机提供动力。这样的飞行器也经常能够使用火箭助推起飞(RATO)方式从地面发射起飞。RATO 发射方法将在后面进行更详细的讨论，但一般要求在有效的距离上施加一定发射力使飞行器达到起飞速度。对于这种应用，推进力的作用线必须仔细地校准以确保没有任何力矩作用到飞行器，从而避免控制问题的出现。

如果有可用的平整地面，但是对于小型无人机采用其小尺寸机轮起飞来说，还是显得粗糙的话，那么车载发射将是一种低成本的实用方法。即使是一辆小型卡车，其较大的车轮和悬架系统也可以带动无人机在砾石地面、崎岖不平的地面或深草丛上达到起飞速度，而这些地面对于比轻型飞机还要小的无人机来说，是不能用来当作跑道的。将飞行器拴在驾驶舱顶部的托架上，机头抬高形成迎角，以提供最大升力。一旦空速达到足够大，飞行器将脱离托架直接向上升起实现自由飞行。驾驶一辆顶部安装有无人机及其支撑托架的卡车，以超过 88km/h(60mile/h)的速度飞驰是相当刺激的！这种方法目前已经投入使用，如图 17.6 所示。

一种新奇的无人机发射方法是使用一种旋转发射系统，第二次世界大战期间用于小型靶机的发射，是在英国由空中加油有限公司(Flight Refueling Ltd.)用来发射"小鹰"靶标。在这个系统中，无人机放在托车上，托车拴在位于一个圆形轨道或跑道中央处的立柱上。无人机还在托车上时发动机就已起动，然后托车被释放并开始沿轨道加速，加速到达发射速度时，无人机脱离小车，沿环形轨道切线方向起飞。虽然这个系统在释放的瞬间需要一些控制输入，但是它很好用且操作简单。当然，使用这个系统也需要固定的发射场地且不可移动。

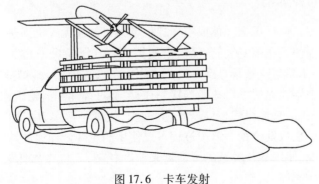

图 17.6　卡车发射

在过去曾建议使用过另一种发射方法,即"飞轮弹射器"。这种发射器使用旋转飞轮存储的能量驱动一套线缆系统,线缆系统连接着装载无人机的滑车。这种方法的原理是,飞轮可逐渐加速,当下达"发射"指令后,飞轮就通过一个离合器与传动系(线缆等)啮合,并将其旋转能量传递给无人机。这种类型发射器的很多派生型还使用了机械离合器或机电离合器。然而"飞轮"发射器只是为了试验和原型机而研制,发射的无人机大部分重量不超过几百磅,而且是以相当低的速度发射。这个概念的主要问题是离合器的操作问题。大多数离合器设计的可靠性都不足以承受快速能量转换的冲击。

使用跑道进行常规起飞和降落的大型无人机为自动驾驶仪和控制带来了挑战,但不需要特殊的发射和回收子系统。接下来的讨论将集中在采用非常规方法发射和回收的小型无人机上。

许多无人机发射系统要求可以移动,即能安装在一个合适的卡车或拖车上。一般来说,这些系统可分为"导轨"弹射器和"零长"弹射器。下面分别介绍这两种弹射器。

17.3.1　导轨弹射器

将无人机固定在导轨或滑轨上加速到发射速度的装置称为导轨弹射器。虽然导轨弹射器可以使用火箭动力,但一些其他类型的推进力也常使用。

很多不同设计形式的导轨弹射器已经用于或打算用于无人机。橡筋动力的弹射器已经用于测试试验,但这种动力形式仅限于重量很轻的飞行器。橡筋弹射器的典型实例是英国用于发射"乌鸦"遥控飞行器的弹射器。对于小型无人机来说,橡筋弹射器可做成无导轨的类似大型弹弓的样子,并且可以手持。

用于发射重量在 500 ~ 1000lb 级别的无人机的大多数导轨弹射器使用气动或液压/气动动力单元。

17.3.2　气动弹射器

气动弹射器只依靠压缩气体或空气提供动力来加速无人机到达飞行速度。

这些弹射器使用压缩空气储气罐,由便携式空气压缩机来充气。当阀门打开时,储气罐中的压缩空气被释放到一个汽缸中,在汽缸内沿发射导轨方向推动活塞。活塞与骑在导轨上的飞机托架连接,有时会通过缆绳和滑轮组连接,这样就可以放大作用力,代价是冲程减小;或者放大冲程,代价是作用力减小。托架刚开始时由一个插栓锁在待发位置。解锁过程可以使用凸轮降低加速度冲击速率。在动力推动冲程末端,使用某种类型的缓冲器来制动托架,飞机飞离托架,以足够的空速保持飞行。

气动弹射器可以满足重量相对较轻的无人机的发射,但在低温条件下操作有一定困难。使用低温的环境空气,压缩气体中就会混入污染物和温气,给发射操作带来不利影响。增加调节设备来解决这个问题又会带来重量和体积等问题。

另一种新颖的气动弹射器的概念是,使用一个"拉链"式密封的自由活塞,在开缝汽缸中运行。给无人机施加驱动力的托架或其他装置与自由活动的活塞相连。当活塞沿汽缸长度方向移动时,密封条被打开然后又被复位。压缩空气被保持在储箱里直到下达"发射"信号。此时,压缩空气进入发射汽缸,通过阀门调节压力以减少初始冲击荷载,在某些情况下,阀门还能调节整个冲程上的压力大小,以获得恒定的加速度。在动力推进冲程结束时,要么让活塞冲击缓冲器,要么在活塞前端建立高压以使活塞停止运动。

这种类型的弹射器也具有上述其他气动弹射器表现出的缺点。有一种情况是,这种"拉链密封条"弹射器放置在雨中或者经历了数天的毛毛细雨后才使用,此时虽然按照预先估计设置了气压,但发射速度也只能达到预计值的2/3。经过几次额外的尝试后,才能达到预计的速度。调查显示,是湿度过大对活塞前方的密封条产生额外的密封作用,于是产生了背压,降低了活塞向前的加速度。这种类型的弹射器存在的另一个可能出现的问题是,弹射器被折叠运输后正确装配汽缸分段的问题。

第三种类型的气动弹射器已经用于以色列和 AAI 公司联合研制的"先锋"无人机。在这种弹射器的设计中,与上述情况一样,压缩空气存储在一个大储气罐中,然后充入空气马达,马达带动一个卷扬机。该卷扬机在动力驱动下卷绕固定着无人机的尼龙带,当无人机越过发射导轨的最末端时,机械机构就松开尼龙带的末端。这种弹射器没有滑车,而是在伸出无人机机身的小鳍顶端安装了滑橇,滑橇骑在沿发射导轨纵向布置的导槽上。该弹射器的储气罐体积足高大,可供多次弹射使用而不需再充气或再加压。较大的储气罐容积,加上在发射过程中尼龙带缠绕卷筒使卷筒有效直径增大的效果,就可以产生接近恒定的发射加速度,从而可以获得相对较高的效率。

就目前所知,这种弹射器仅限于发射重量低于 500lb,发射速度低于 75kn,持续加速度不超过 4g 的无人机。在任何情况下,凡是提供给美国海军陆战队的弹射器,其发射冲程都在 70ft 左右。根据以前使用纯气动弹射器的经验,笔者认为,尽管这种弹射器在温和的气候环境下可以很好地工作,但在低温条件下可能会出现问题,除非采用预压缩干燥机和/或冷却器来调节和烘干空气。这种类型的弹射器对于较大重量和更高发射速度的无人机的适应性尚且未知,但对于这些应用情况,对更大动力的需求将导致空气马达的尺寸和所需空气的体积明显增大。

17.3.3　液气混合弹射器

液气混合(HP)弹射器的概念已被成功应用在一些无人机项目中。

这种发射器可以以44m/s(85kn)的速度发射重量至少为555kg(1225lb)的飞行器。全尺寸和轻量级的弹射器已经由全美工程公司(AAE)(现为工程拦阻系统公司(ESCO),卓达宇航集团的子公司)研制完成。

液气混合弹射器的基本原理是利用压缩的气态氮作为发射动力源。氮储存在气/油蓄能器中。蓄能器中装油的一侧通过导管与发射汽缸相连,活塞杆连接到缆绳缠绕系统的可移动十字接头上。缆绳(大多数情况下是双冗余系统)绕过发射导轨末端,折回到发射滑车。发射滑车被液压驱动释放系统固定在适当位置。当无人机放置在发射滑车上后,油泵将油压进蓄能器的油路,从而拉紧缆绳缠绕系统,使无人机滑车受力。当压力监测系统表示出已达到合适的发射压力时,释放机构开始启动发射程序。该释放机构具有一个可控的驱动时间段,这是为了减少弹射开始时的加速度变化率。一经释放,滑车和无人机以基本恒定的加速度在发射导轨上运动。

发射导轨动力冲程结束时,滑车与连接旋转液压制动器的尼龙拦阻带啮合,使滑车停止运动,无人机起飞。有些弹射器可显示出弹射的最后速度,不过其数值与预测值之间的差别很少超过±1kn。不同于纯气动系统,预充氮气可以保留,除了罕见的泄漏外,很少需要补充。这样就可以使用处理过的干燥空气或者干燥的氮气,从而避免使用环境空气的问题。发射的能量由泵来提供,并通过蓄能器间的液压流体来传递。这种类型的弹射器具有非常低的视觉、听觉和热特征。

图17.7是目前由ESCO公司生产的HP-2002弹射器的一张照片。HP2002是一个轻型弹射器,适用于以35m/s(68kn)的速度发射68kg(150lb)的无人机,或以31m/s(60kn)的速度发射113kg(250lb)的无人机。该弹射器的总重量,包括一辆拖车,重达1360kg(3000lb)。其他ESCO HP弹射器可用于发射重量达555kg(1225lb)的飞机。

图17.7　HP 2002弹射器(此图得到了工程拦阻系统公司的许可)

17.3.4 无人机零长火箭助推发射

"零长"发射不使用导轨。飞行器可直接从固定装置上起飞,一旦起动就可自由飞行。

一种最常见的、最成功的发射方法是火箭助推起飞(RATO)。火箭助推的历史可以追溯到二战时期,当时曾用于缩短大型军用飞机的起飞滑跑。在那时,这种火箭助推装置被称为 JATO(Jet Assisted Take – Off units),即喷气助推起飞,这个术语至今仍然偶尔会用到。火箭助推发射在很长的时间里成为靶机发射的惯用方法,美国空军的无人机如 Pave Tiger 和 Seek Spinner,以及美国海军舰载或地面发射的"先锋"无人机(Pioneer)、美国海军陆战队的 BQM – 147 无人机都采用火箭助推起飞。

下面的讨论提到了关于无人机火箭助推器在设计上的几点考虑。很多针对特殊应用或特殊飞行器的独有因素会极大地影响 RATO 的最终设计,因此,这里给出的内容应该只用于初步估算。

1. 能量(冲量)需求

一个火箭助推器的设计者需要了解需加速的飞行器的质量以及火箭助推器燃尽时飞行器所需的速度。这两项决定了作用在飞机上的能量,最终决定火箭助推器的大小。所需的能量或冲量,通过冲量动量方程得出:

$$I = m(v_1 - v_0) \tag{17.4}$$

如果质量(m)单位为千克,速度用米/秒表示,计算出的冲量单位就是牛·秒(N·s),对于一个固定的弹射器,v_0 等于 0。以上的关系也可以用图表表示,如图 17.8 所示。需要注意的是,公式和图表中假设火箭助推器本身的质量比无人机的质量要小,因为火箭助推器必须和无人机一起加速。火箭助推器的初始质量包括了加速过程中会燃烧的发动机药柱质量。将这些考虑进去后做一个简单的估算,我们应将火箭助推器的质量加到无人机的质量上,在方程中用这个总数来作为 m 的值。

例如,"敢死蜂"(Exdrone)无人机质量约 40kg(忽略火箭助推器质量),其火箭助推器燃尽时速度约为 15m/s,其工况在图上对应于该 v_2 值在 50kg 曲线偏下位置。这样的结果导致所需的冲量约为 630N·s。"先锋"无人机明显重很多,加上全套传感器质量大概 175kg,要达到燃尽时 40m/s 的速度,则需要约 7000N·s 的冲量。

2. 需要的推进剂重量

推进剂释放的能量或比冲量主要取决于所使用推进剂的类型以及火箭本身的设计效率。

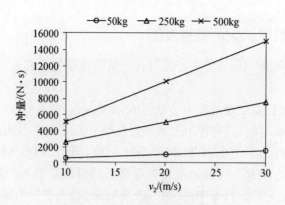

图 17.8　零长弹射器的能量需求

　　推进剂的成分包括的范围很广,从高能浇注复合推进剂,如聚丁二烯和高氯酸盐氧化剂粘合,到低能的、燃烧缓慢的硝酸铵,以及模压的单基或双基配方。推进剂的类型由设计师根据对环境条件、寿命要求、发烟量、燃烧速率、比能量、处理能力、对炮弹碎片和轻武器意外点火的不敏感程度、价格等方面的相对重要性来选定。推进剂的"比冲"是燃烧单位质量推进剂所产生的冲量的度量。其单位为冲量除以质量,即磅·秒/磅(lb·s/lb)或牛·秒/千克(N·s/kg)。比冲通常使用英制单位来表示。一般情况下,推进剂所释放的比冲范围在 180~240 lb·s/lb 之间。

$$W_p = \frac{I}{I_s P} \tag{17.5}$$

　　影响发动机效率的火箭设计参数包括工作压力、喷管设计以及喷管上游的高压室容积,不过高压室容积影响程度较小。简单地用需要的总冲量除以发动机提供的比冲,就可以得出所需推进剂的重量估计值。

　　整套火箭助推器的总重量可以粗略地估算为推进剂重量的 2 倍。

3. 推力,燃烧时间和加速度

　　火箭释放的冲量(原著在此称为能量,译者注)就是在一定时间段内所产生的推力 F 与时间的乘积(从时间 t_0 到时间 t_1):

$$I = F(t_1 - t_2) \tag{17.6}$$

　　具有一定质量 m(或重量 w)的飞行器加速度可以表示为

$$a = \frac{F}{m} = F\frac{g}{w} \tag{17.7}$$

　　一个飞行器(或搭载的子系统)能承受的最大加速度是非常重要的,通常是由机身结构设计决定的。当最大加速度和飞行器的重量已知时,推力和燃烧时间可以使用上面的公式计算得到。

248

4. 火箭助推器的结构形式

火箭助推器可以以很多不同的方式与飞行器连接,这取决于飞行器的设计以及结构硬支点的位置。在某些情况下,所使用的火箭助推器可能不止一个。当使用单个火箭助推器时,可以沿纵轴方向将其安装在飞行器后面,或者在机身下方。火箭助推器的安装部位和安装方式决定了它的尺寸、连接附件的特点以及喷管是轴向还是倾斜的。任何情况下,火箭助推起飞系统一般都设计成使其发射时产生的火箭推力线通过飞行器的重心。

如前所述,对于"零长"火箭助推起飞,推力方向必须向上倾斜来支撑飞行器重量,直到它以足够快的速度运动能产生升力为止。

5. 点火系统

火箭助推起飞的点火系统既可以从头部也可以从喷管端进入火箭燃烧室。其中任一种方法都是可以接受的,都可以使用点火器,点火器可以与发动机分开运输和存放,发射之前在现场安装即可。

已经使用过的点火器有多种,包括利用通电螺线管驱动的冲击起爆剂,以及装在遥控驱动旋转臂上的电爆管。"先锋"无人机的火箭助推器采用了双电桥、滤波器针刺点火器,"敢死锋"的火箭助推器则使用了冲击起爆剂驱动的激波管点火系统。每一种点火系统都按照其独特的系统特点和用户要求设定。火箭助推器点火系统和其他军用火工品类似,必须满足严格的安全要求,避免意外点火。

6. 火箭助推器使用后的分离

大多数飞行器的飞行性能与飞行器重量密切相关。因此,不希望飞行器携带用过的火箭助推器等发射系统结构件飞完整个飞行航线。所以,用过的结构件通常是通过气动、机械、或弹道方法与飞行器分离。分离系统的选择取决于用过的结构件飞得多快,以及必须朝哪个方向抛弃。由于下落的火箭助推器壳体会对发射场附近的人员和设备带来安全隐患,因此必须格外小心。

7. 其他发射设备

火箭助推起飞需要的其他设备包括一个发射架,通常还有一套飞行器锁定/释放系统。

发射架使飞行器的机翼水平,机头抬起形成一个适宜的发射角。每一架特定的飞行器都有其独有的发射角。通常情况下,火箭助推器起动时,飞行器的迎角越小越好。发射架还可以提供其他功能设备,如甲板系留装置、火箭尾焰导流装置等,还可能是可折叠的以便于运输。

锁定/释放机构使飞行器离架前免受阵风和发动机起动冲击力的影响;在火箭助推器点火瞬间它还能自动释放飞行器。已经使用过的系统包括"先锋"无人机的剪切线释放系统和"敢死蜂"无人机的弹道切割器释放系统。

17.4　垂直起降无人机的发射

　　由于垂直起降无人机的独特设计,其对发射设备的要求很少,尤其是对陆基操作使用更是如此。然而,出于对军事行动的机动性考虑,通常需要垂直起降无人机能够在某种车辆平台上操作。该车辆平台应该包含在运输过程中固定无人机的设备,还可能要包含检测、起动和维修设备(如维修起重机)。

第18章 回收系统

18.1 概 述

最简单的回收方式是像载人飞机一样着陆,将无人机降落在道路、跑道、平地或者航空母舰甲板上。对大中型飞行器来说,由于回收网与降落伞的使用不切实际,几乎没有其他的选择。但是,因为成本最低,轮式降落也已应用于许多中小型飞行器。

当有"零长"回收要求时,小型飞行器有多种可行的选择。最常用的方法将在本章予以阐明和讨论。毫无疑问,特殊的无人机和有特别任务要求的其他回收方法在此不做介绍。

18.2 常 规 着 陆

固定翼无人机最常用的回收方法与全尺寸飞机有相似之处:在跑道上降落。除了非常小的飞行器之外,要使用这种回收方法,无人机必须装有起落架(机轮),同时它的控制系统必须能够完成固定翼飞机的常规拉平操纵。实践证明在飞机着陆滑行期间,方向控制是极为重要的,这也就要求无人机必须具备某种制动系统。

一种经常使用的适于跑道降落的技术是给无人机装一个尾钩,并在跑道上安装拦阻装置。在这种方式中,飞机着陆进场期间对方向控制的需求和对机载制动的需求可以减至最低。这种方法与甲板着陆技术类似。

目前普遍使用的拦阻装置吸能器主要有两种:①摩擦制动,它有一个绕着缆绳或带子的卷筒,其缆绳或带子连接到甲板拦阻索上(与无人机尾钩咬合的缆绳或带子,即使是用于着陆跑道也可称作"甲板拦阻索");②旋转液压制动,一个带有转子的简易水涡轮,与一个绕着尼龙带的卷筒衔接。与摩擦制动类似,尼龙带与甲板拦阻索依次相连。这两种制动系统之间有着明显的区别。使用摩擦制动时,制动力通常可以预先设定,且制动距离(无人机被拦阻的距离)取决于无人机的重量和着陆速度。而旋转液压制动器被认为是"恒定距离拦阻装置",即使无人机的重量和着陆的速度有变化,它也会差不多在同一个位置上停止。当然,这种说法只有在一定限制条件下才是正确的。旋转液压制动系统按照无人机的重量和着陆速度设计点来设置,与设计点之间有 10% ~20% 误差,是可以接受的。

滑橇式着陆在"天眼"（Skyeye）无人机中得到了成功的运用,并且具有无需铺装的跑道路面的优点,没有大的障碍物的较平整的跑道面都可使用。"天眼"使用一个配有减振器的滑橇,沿路保持无人机直线滑行。当触地时,发动机停车,滑橇和地面之间的摩擦使无人机停止运动。减振器的使用免去了飞机拉平动作;无人机只需设定一个较低的下沉率,然后飞到着陆场地。

由经典的拦阻索回收系统派生而来的是将拦阻网连接到缓冲器的滑轮绳系上,取代甲板拦阻索。这种网必须设计成能将无人机罩住,并使制动负荷平均作用于机身结构上。

非常小型的飞机只需以一个较小的角度飞到地面,然后滑行停止。

18.3　垂直网回收系统

垂直网概念是由跑道拦阻系统（即钩索型和撞网型）自然派生的产物。在其基本构造中,回收网悬挂在两根立杆上,网线末端与立杆绳索相连,立杆绳索依次连接到吸能器上。垂直网通常使用架子或线悬挂在地面上方,这样就可以在无人机停住时使其悬挂在网内。

使用拦阻网通常就不能使用安装在机身前部的拉进式螺旋桨。因为螺旋桨要么损坏回收网,要么被网打坏,或者通过传递到主轴和轴承的力对发动机造成损害。根据飞行器的构造,推进式螺旋桨也需要安装桨罩来避免这些问题。

如图18.1所示,早在其他垂直网系统诞生之前,"依阿华"战列舰上的"先锋"无人机和洛克希德·马丁公司生产的"牵牛星"无人机已经使用了三杆网回收系统。在20世纪70年代中期特里达因 – 瑞安公司（Teledyne Ryan）生产的 STARS遥控飞行器系统就成功地使用了三杆垂直网系统。该方法采用"收口网袋"的布置与卷绕系统构成一个口袋,在制动过程中抓住无人机。在一些改进的系统中,有一根橡筋绳绷在网的下边缘,用以保证无人机的撞网安全。另一种是以色列早期的遥控飞行器系统中使用的四杆垂直网。

拦阻网系统成功的关键在于拦阻网本身的设计。早期的回收网系统使用简单的货运网,甚至有一个小型无人机系统中使用网球网。拦阻网必须具有将制动力合理分布在无人机上的能力,已经使用各种方法来满足这一要求。在"先锋"无人机系统中,早期试验的多元回收网是从全尺寸飞机应用中演变而来的,后被证明重量太大,且很容易在舰船向前行驶时逆风移位。最终拦阻网的构造是在"最佳点"或瞄准点使用一个普通的小网（15ft × 15ft）,用多个三角形构形连接大网的四个角。这种结构形式的网风阻小,同时为手动回收提供了一个足够大的目标。

拦阻网设计的一个非常重要的方面是无人机飞入网内的精度有多高。"天鹰座"和"牵牛星"使用了一个非常精确的末段自动跟踪导航系统,飞机进入拦阻网中心的误差仅有 1ft 左右。该网大约只有 15ft 高、26ft 宽。相比之下,"依阿华"战列舰上的拦阻网有 25ft 高、47ft 宽。使用较大尺寸的原因是"先锋"无人机的翼展较大,同时末段跟踪导航是由人工操纵的(由操作员用无线电控制)。

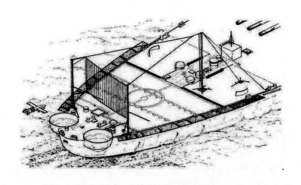

图 18.1 "先锋"无人机回收装置在美国依阿华号战列舰上的安装
(此图得到了工程拦阻系统公司的许可)

18.4　降落伞回收

在靶机和一些无人机上使用降落伞回收系统已有较长的历史。当然,降落伞的使用,要求无人机有足够的载重和容量来容纳堆积的降落伞。为了减少地面、水面冲撞对无人机造成的损坏,人们设计使用了许多不同形状的降落伞,都具有相对低的下降速率。一些无人机采用充气袋或易碎结构以减少触地冲击荷载的影响。运用该方法的经典例子是特里达因 – 瑞安公司生产的带有气囊的 Model 124 型无人机。英国 BAE 系统公司的"不死鸟"回收时,飞机会倒过来以一块易碎的上表面接地着陆。

虽然降落伞的设计款式有很多,其性能也各不相同,但如图 18.2 所示的十字伞却是特别成功的一种,它的伞包体积较小,下降过程中有极好的稳定性,还具有开伞拉力小的优点。

标准降落伞的缺点之一是开伞后的方向难以控制。降落伞展开后,无人机的下降受到变化无常的风场影响,在地面风较大的情况下,可能将飞机沿着地面拖拉,造成损坏,所以使用一个落地释放装置是非常必要的。为减少飘移距离,降落伞通常控制在很低的高度才打开。

如果降落伞降落到水面,则要求无人机能够保护内部系统免受水的浸泡,或者迅速使用净化设备进行净化,特别是降落到海水中。

为了克服标准降落伞存在的一些问题,近年来开始使用滑翔伞。翼伞,或充气

图 18.2　十字伞(此图得到了工程拦阻系统公司的许可)

伞,已显示出相当多的优越性。使用差动控制吊带可以对翼伞实施方向控制,翼伞通过不停调整前进速度以得到较低的下降速率。实践证明,通过人工控制或利用导引信标、机载传感器和控制系统,翼伞可以实现精确着陆。翼伞具有恒定的速度特性,所以如果无人机发动机提供推力,悬挂在翼伞下的无人机就可以爬升,保持水平飞行,或者随发动机推力减小而下降。在动力作用下,能够实现较好的方向控制。

翼伞无人机要实现舰载回收,就需要增加一些舰载辅助设备。使用牵拉系统进行无人机的降落是一种有前景的方法。当无人机向甲板上抛下绳索时,用一个绞盘牵拉无人机。绞盘对绳索的松紧控制很有必要,不能因为船体的摆动而使翼伞及牵拉绳绷得过紧。这种方法的操作流程如图 18.3 和图 18.4 所示。对已着陆无人机的固定保护也很有必要,特别是当海况达到 4 级以上时,应该严格遵守甲板上的操作流程。(关于甲板上操作的一些限制将在下面的部分进行讨论。)

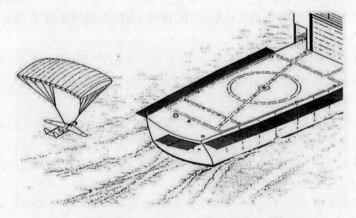

图 18.3　翼伞回收(此图得到了工程拦阻系统公司的许可)

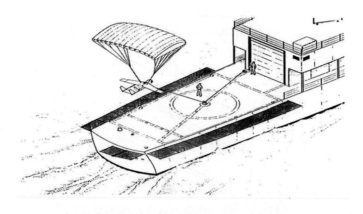

图 18.4　使用绞盘的翼伞回收(此图得到了工程拦阻系统公司的许可)

18.5　垂直起降无人机回收

　　大量垂直起降无人机已经研发成功并列装,范围从纯直升机到矢量推力装置和倾转机翼飞机。任何垂直起降无人机都具有使无人机和甲板之间保持相对较低速度的优势。正如前面所述,这也导致了相对较低的能量转移需求。

　　舰上操作垂直起降无人机需要一个末段跟踪导航系统,一个适合于舰上操作的飞机结构,以及合适的捕获设备以确保一旦着陆到甲板上,无人机是稳固的,同时也不会影响舰船的其他操作。

　　图 18.5 和图 18.6 所示为两种常用的垂直起降无人机回收技术。两者都包括在舰船甲板上的发射和回收平台。安装在轨道上的平台能从机库移进移出,避免了在起伏的甲板上从轨道滑离的危险。机库内可能有多个平台,带有旁轨可滑离主轨道,允许多个飞行器在机库内进行停放和回收。

　　图 18.5 所示的回收原理是:无人机抛下一根带钩的系留绳,钩住钩挂线。对挡块和绳子进行巧妙布置(图上未详细展示),使得钩挂线被回收系统卷绕,将系留绳连接到绞盘,这和图 18.4 所示的翼伞回收使用的绞盘回收类似。系留绳被绞盘绞起,由飞行器保持绳上的拉力。当飞行器与平台相接时,自动紧固装置立即将飞行器锁定,此时飞行器的发动机关闭。

　　图 18.6 所示为无绳回收原理。通过一个基于着陆甲板上的传感器的闭环控制回路系统,使飞行器自动降落在平台上。传感器能提供飞行器相对于回收平台的准确定位信息,利用该信息通过自动驾驶仪实现紧密闭环控制,即使在起伏的甲板上平台发生三维位移,也能进行准确着陆。

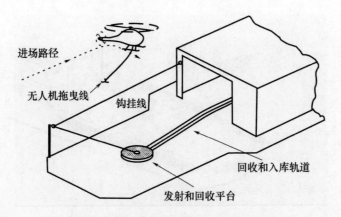

进场路径

无人机拖曳线

钩挂线

发射和回收平台

回收和入库轨道

图 18.5　使用系留绳回收垂直起降无人机

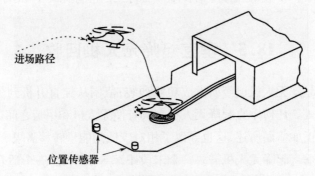

进场路径

位置传感器

图 18.6　自动降落回收垂直起降无人机

图 18.7 提供了回收平台的详细工作情况,展示了无人机着陆后被可靠固定的简单原理。在这个原理中,钩形的夹钳被固定在平台中心的任意一边轨道上,当飞机滑橇起落架接触到平台,夹钳滑过滑橇,夹住飞机将其安全固定到平台上。

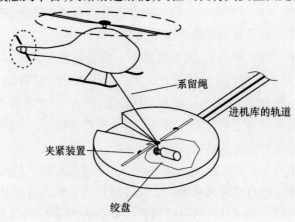

系留绳

进机库的轨道

夹紧装置

绞盘

图 18.7　起飞和回收平台

18.6　空中吊挂回收

空中吊挂回收系统(MARS)为无人机的回收提供了一种新的途径,使得回收可在舰船外进行,只需使用普通的直升机把无人机像货物一样卸在甲板上。目前完全有可能在现役直升机上配备由吸能绞盘和辅助吊舱组成的任务组件,使得直升机能够对伞降无人机进行空中打捞。如果采用的是翼伞,回收性能还会有进一步的改善,直升机驾驶员不必判断翼伞无人机的垂直速度,即使该速度对空中回收有影响,因为当翼伞张开后,如果无人机持续施加推力,无人机可以进行低速带动力飞行。有持续动力的无人机会比传统的降落伞以更加缓慢的速率下降,这就给直升机飞行员更多的时间进行回收操作。

图 18.8 ~ 图 18.10 显示了经典的空中吊挂回收操作流程。对于重型无人机(2500lb)而言,在完成吊挂后,主伞立即被抛掉。

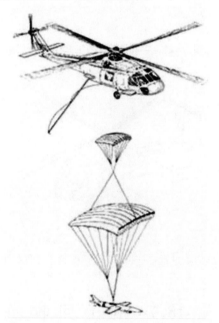

图 18.8　空中吊挂回收过程——对准(此图得到了工程拦阻系统公司的许可)

在空中回收方面美国空军具有丰富的经验,他们已完成了数千次成功回收靶机、巡航导弹等。例如,在越南战争中,侦察无人机计划保持了任务成功率超过96%的纪录。空中回收不需要末段跟踪导航,但需要机组人员娴熟的技能和专用的特殊配置的飞行器。空中回收通常只能在白天并且能见度高的情况下进行,但是通过在降落伞下方进行照明操作,一些试验性的夜间回收也已完成了。

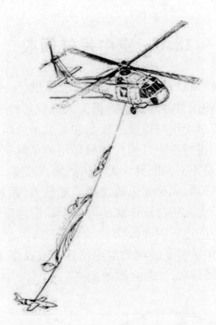

图18.9　空中吊挂回收过程——钩住（此图得到了工程拦阻系统公司的许可）

图18.10　空中吊挂回收过程——回收（此图得到了工程拦阻系统公司的许可）

18.7　舰上回收

安全性对于无人机舰载回收来说是首先要考虑的因素。无人机的类型和回收方法绝不能损害到船体和人员的安全。不论是实际的回收行动，还是安装在舰船上的回收设备，包括无人机操作、收纳以及系统的其他方面，都必须坚持这个原则。其他要考虑的因素是可靠性和任务的有效性。在多数情况下，舰船的空间是有限的，这就要求舰上操作具有高度的可靠性，只有这样才能在没有大量配件供应的情况下，保持系统良好的运行。任务的有效性指的是除安全回收外，系统还必须易于架设、需要少量操作人员、对回收的无人机损伤最小。但也不能只为了保证无人机的回收,而使舰船明显偏离其正常工作状态。

与地面无人机回收不同,海上回收要求无人机在各种海况和非常恶劣的环境中,船体摆动时也必须正常操作。海况与船体摆动的关系是复杂的,不同等级的舰船对各种海况也会有不同的反应。比如,与护卫舰相比,在给定海况下战列舰的俯仰和滚转速率可能是不易觉察的。

关于无人机回收的条件,有一个实例可以说明,就是军用规范 MIL – R – 85IIA,即"LAMPS MKⅢ直升机的回收辅助、固定与转移系统"。这个规范要求在规定条件下保持"所有需要的功能特征"。要求的天气条件是:温度范围 – 38 ~ + 65℃,有露水和冰霜存在的空气相对湿度为95%。舰船的摆动条件是:

船首或船尾相对于正常水平面恒定保持倾斜达到 5°,沿垂直面向任意一边持续倾斜 15°,相对于正常水平面上下俯仰 10°,或沿垂直面向任意一边滚转 45°。若船体滚转超过 30°,不需要保持全部系统性能;但是经历船体沿垂直面向任意一边滚转至 45°后,当船体滚转减小到 30°或更小时,不能导致性能损失。

由于气流流过甲板上各种上层建筑,大多数水面舰船尾部会出现尾流或船尾"旋涡"。这使得海况导致的舰船运动对无人机回收的影响更加复杂。在一些舰船上,当无人机飞过旋涡区域接近甲板时,这种空气旋涡会对无人机的控制造成很大的影响。已收集的关于这方面考虑的数据可以作为参考以确保直升机在各种舰船上的作业安全。无人机设计者考虑无人机舰载回收时,应充分参考这些数据,并在穿越旋涡区域提供足够的控制或规划航线避开这个区域。

海湾战争之后,美国海军的战列舰退役了,舰载"先锋"无人机的能力随之消失,舰载"先锋"无人机曾使用了舰载"先锋"拦阻系统(SPARS)垂直网回收系统。为了维持舰载无人机的作战能力,美海军对 SPARS 装备进行了改进,将其安装在较小的两栖作战舰船上。这个命名为 SPARS Ⅲ 的系统沿着舰尾飞行甲板的船舷上缘安装拦阻网后支撑杆,同时在上层建筑上部安装一个略微偏离中心的前杆。与安装在战列舰上的基本几何结构相同,但前后杆之间的距离增加了。安装的设备基本上占据了整个飞行甲板,实质上也阻止了直升机在甲板上的使用。除了最初的一些绳索问题外,该系统运行良好。

随着具有精确末端制导的"通用自动回收系统"(CARS)的引进,SPARS 的操作得到了明显的改善。应用 CARS 系统之后,小尺寸的拦阻网和小型垂直网系统都是可行的。这一点很重要,因为 SPARS 系统存在的问题之一与立网的面积以及回收过程中网施加在无人机上的阻力有关。该阻力会影响到回收网包裹无人机使其不至于滑出网外的方式。

SPARS 系统的另一个改进之处是使用了四根杆支撑的拦阻网系统,这也减小了无人机在甲板上的操作区域。这种改进与简化的架设过程以及可放倒能力相结合,使舰船甲板具备交替互用的潜力,即在无人机操作间歇内进行直升机操作。为防止无人机错过回收网这种小概率事件,在主回收网的下部可以再安装一个拦阻网。

垂直网回收系统实际上适合于任何没有安装拉式螺旋桨的固定翼无人机。加上 CARS 或其他自动控制系统,就会形成一个有效、可靠的回收系统。

最后,必须认识到,舰长们都不希望有任何物体像导弹一样瞄准船体。因此,无人机所采用的回收方式必须具有高度的可靠性,不能对舰船造成任何损害。

第 19 章　发射和回收设计权衡

19.1　无人机发射方法权衡

在前面的章节中,讨论了各种关于无人机发射技术和设备的问题。作为总结,在此列出了各种发射方法以及对每一种方法的权衡比较。为了更好地作出评价,只考虑从跑道、道路或其他预设场地的常规起飞、气动轨道发射器、液压/气动轨道发射器、火箭助推发射器等目前常用的发射类型。研发成本在此不作讨论。

跑道或预设起飞场地

轮式起飞

优点:

- 无需使用硬件,因此不会对系统的运输性或成本造成影响;
- 适用于各种型号的无人机;
- 没有明显可探测特征。

缺点:

- 要求有跑道、道路或其他铺装的或平整场地;
- 要求有轮式起落架,增加了无人机重量,加大了复杂性。

车载式发射

优点:

- 可以使用不适合小型无人机轮式起飞的不平整的道路或露天场地;
- 不需要在无人机上安装轮式起落架;
- 没有明显可探测特征。

缺点:

- 仅适用于相对较小的无人机;
- 至少需要等级公路,或平坦开阔的地形。

气动导轨弹射器

开缝汽缸型

优点:

- 从发射到飞行速度达到之前,无人机能保持一个固定的姿态;
- 零件数量相对较少;
- 毛重量轻(指飞行器、支架和其他在轨道上运行部件的总重量);

- 原理可行；
- 忽略消耗品和重复使用成本；
- 没有明显可探测特征。

缺点：
- 仅适用于相对小型的无人机；
- 无人机系统增加了成本相对较高的子系统；
- 恶劣气候条件下性能降低；
- 加压时间相对较长；
- 需要空气调节系统进行气体加压；
- 折叠汽缸可能会出现密封问题；
- 前期投入大；
- 占地面积大。

空气马达型

优点：
- 从发射到达到飞行速度之前,无人机能保持一个固定的姿态；
- 零件数量相对较少；
- 毛重量轻；
- 原理可行；
- 忽略消耗品和重复使用成本；
- 没有明显可探测特征。

缺点：
- 仅适用于相对小型的无人机；
- 无人机系统增加了成本相对较高的子系统；
- 恶劣气候条件下性能有所降低；
- 加压时间相对较长；
- 在低温条件下性能未知；
- 前期投入大。

液气混合导轨弹射器

优点：
- 从发射到达到飞行速度之前,无人机能保持一个固定的姿态；
- 在恶劣环境下可靠性高,性能良好；
- 可提供重复性好、精确的速度；
- 已验证将最少 1000lb 的无人机加速到 85kn；
- 加压时间短；
- 适合的飞行器重量、速度、耐"g"力范围广；

- 忽略消耗品和重复使用成本；
- 没有明显可探测特征。

缺点：

- 仅适用于相对小型的无人机；
- 无人机系统增加了成本相对较高的子系统；
- 占地面积大；
- 前期投入大。

火箭助推起飞发射器

优点：

- 占地面积小；
- 没有明显的环境条件限制；
- 前期投入小；
- 无加压时间需求；
- 发射器安装后，无人机仍可以存放较长时间（"待机"概念）；
- 能被大型无人机用于短距起飞。

缺点：

- 仅适用于相对小型无人机实现"零长"发射；
- 有热、光、声特征；
- 火箭需要专门的操作；
- 推力线对准无人机重心很关键；
- 安全系数低；
- 重复使用成本高。

　　最后，对经典轨道发射器系统和火箭助推发射器系统的耗费进行比较是很有意义的。在这个权衡比较中，为简单起见，人员耗费、运输耗费和开发费用都不予考虑，其他一切附加费用，比如火箭的专门操作和存储设备的费用也都不考虑。发动机燃料等附带费用也同样忽略不计。

　　图19.1是各种系统耗费与发射次数的关系。从图中可以看出，假如有合适尺寸的火箭可用，且其研发费用不高，当发射次数较少时，选择火箭助推发射系统比较有吸引力。另一方面，如果需要进行多次发射，选择轨道发射是比较划算的。

　　无人机的研发人员对发射器有多种选择，必须通过评估各种发射原理的优缺点，来决定哪一种对特定的飞行器和任务要求是最佳的选择。总之，设计者应在设计的初期就选择好发射系统的种类，以便将发射因素融合到设计的方方面面，形成一个总系统，这样就能够消除或极大地减小发射过程中产生问题的概率。

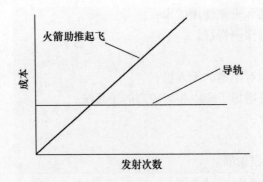

图 19.1　对导轨弹射与火箭助推起飞两种发射方式进行成本权衡

19.2　回收方法权衡

和发射一样,无人机回收也有许多种方法。下面主要对回收的几种基本类型进行对比。

跑道或预设着陆场地

轮式着陆

优点:

- 除了拦阻式着陆之外,无需补充设备;
- 可平稳回收传感器设备。

缺点:

- 需要人工或自动着陆控制;
- 需要准备着陆场地;
- 着陆地点不易隐藏。

滑橇着陆或机腹着陆

优点:

- 无需补充其他设备;
- 对着陆地点的准备几乎无要求;
- 着陆地点更易隐藏。

缺点:

- 硬着陆可能性大。

垂直网系统:

优点:

- "零长"回收

缺点:

- 无人机系统增加了成本相对较高的子系统；
- 相对粗暴的着陆；
- 着陆地点易被敌人发现。

伞降回收

优点：

- 易于展开。

缺点：

- 增加了飞行器的体积与重量；
- 相对粗暴的着陆；
- 不易掌控精准的着陆点。

翼伞回收

优点：

- 软着陆；
- 可以进行着陆地点的精准控制（通过控制系统）；
- 易于展开。

缺点：

- 一些着陆地点需提前准备。

垂直起降飞行器

优点：

- 精准的软着陆；
- 无需补充设备。

缺点：

- 飞行器本身昂贵；
- 垂直起降飞行器巡航飞行效率低。

空中吊挂回收

优点：

- 回收系统不受损。

缺点：

- 需要相当大的有人驾驶飞机资源，每次回收出动飞机架次的耗费太大；
- 需要进行额外的通信与协调。

舰载回收有一些特殊的限制，但能使用常规航母甲板着陆（拦阻网）、垂直网回收、翼伞回收或者垂直起降回收。如果编队内的某战舰拥有有人驾驶飞机的话，舰载发射的飞行器也能使用空中吊挂回收方式。

水上迫降不在上述权衡的范围之内，但对舰载发射的飞行器来说这也是一种可能的选择方式。这是一种经济的选择，但却极有可能对飞行器或其有效载荷造成较大的损害。

19.3　结　论

　　无人机的发射和回收有许多有效且可靠的方法。以上分别进行了多种可能的发射与回收方法的权衡对比。但是无人机系统的整体权衡必须同时包括发射和回收两部分，因为大部分无人机系统都有这两个需求，它们不是相互独立的。例如，若选择轮式起飞，那么同样的轮式着陆就不需要额外的成本。另一方面，若选择轨道发射，轮式起落架可能就需要设计成可收放的，以避免干扰轨道发射，但这就增加了飞行器的重量与成本。发射与回收方法的权衡比较必须与完整无人机系统的其他基本设计同时进行。

　　当然，没有一种发射或回收技术适合所有无人机。任务要求和机体的设计决定了对于特定项目哪一种才是最合适的技术。特别地，那些与"捕食者"属于相同尺寸级别的固定翼飞机，只能选择常规的起飞与降落，在起飞过程中也可使用火箭助推器或航空母舰的弹射器辅助起飞，并且选择使用适合大型飞机的装备进行拦阻。

　　然而，最重要的是，无人机的研发者需要牢记于心：无人机发射和回收问题必须在项目设计的初期就加以考虑，否则，可能要冒的风险不仅仅是在飞行器设计上做出妥协，而且还可能对整个任务做出妥协。